高等学校计算机教材

U0128981

# ASP.NET 2.0 实用教程

# （第2版）

郑阿奇　主编

顾韵华　王志瑞　陈冬霞　编著

电子工业出版社

**Publishing House of Electronics Industry**

北京·BEIJING

## 内 容 简 介

Visual Studio 2005 是当前业界广为推崇的主流开发平台，本书以该平台为基础，介绍利用 ASP.NET 2.0 进行 Web 程序设计，采用 C#编写脚本。本书分为实用教程（第 9 章为综合应用）、实验和附录三部分。分别介绍 Web 基础知识与开发平台、XHTML 与 CSS、ASP.NET 2.0 体系结构、ASP.NET 2.0 控件与事件模型、ASP.NET 2.0 内置对象、数据库基础与 ADO.NET 2.0、ASP.NET 2.0 数据源控件与数据绑定控件、ASP.NET 2.0 高级特性和 ASP.NET 2.0 项目开发实践。本教程各部分内容依据教学特点精心编排，方便读者根据自己的需要进行选择。

本书可作为大学本、专科有关课程的教材。由于内容实用，也可供各类 ASP.NET 培训和广大用户自学与参考。

**图书在版编目（CIP）数据**

ASP.NET 2.0 实用教程 / 郑阿奇主编. —2 版. —北京：电子工业出版社，2009.1
高等学校计算机教材
ISBN 978-7-121-07830-9

Ⅰ．A… Ⅱ．郑… Ⅲ．主页制作－程序设计－高等学校－教材
Ⅳ．TP393.092

中国版本图书馆 CIP 数据核字（2008）第 181671 号

责任编辑：赵云峰
特约编辑：张荣琴
印　　刷：北京市顺义兴华印刷厂
装　　订：三河市双峰印刷装订有限公司
出版发行：电子工业出版社
　　　　　北京市海淀区万寿路 173 信箱　邮编：100036
开　　本：787×1 092　1/16　印张：19.75　字数：506 千字
印　　次：2009 年 1 月第 1 次印刷
印　　数：4 000 册　定价：29.00 元

凡所购买电子工业出版社图书有缺损问题，请向购买书店调换。若书店售缺，请与本社发行部联系，联系及邮购电话：（010）88254888。

质量投诉请发邮件至 zlts@phei.com.cn，盗版侵权举报请发邮件至 dbqq@phei.com.cn。

服务热线：（010）88258888。

# 前　言

目前，我们已经进入了.NET 时代，Visual Studio 2005 是这个时代最流行的开发平台。其中，ASP.NET 2.0 是最引人注目的，它与此前的 ASP.NET 1.1 版有许多根本的变化，从开发者角度看，便捷多了。

ASP.NET 2.0 实用教程（第 2 版）继承了已经出版的系列实用教程的成功经验，以 Visual Studio 2005 为平台，对 ASP.NET 实用教程（第 1 版）从结构、内容到实例都做了许多根本的变动，其中脚本语言完全采用 C#。

本书第 1 章到第 5 章为 ASP.NET 2.0 的基础；第 6 章、第 7 章为数据库基础和数据库操作；第 8 章为 ASP.NET 2.0 的进一步介绍；第 9 章为综合应用，以一个典型而且系统的实例介绍 ASP.NET 2.0 在数据库应用中可以遇到的基本问题。实验部分与教程部分对应，主要训练学生的基本能力。另外，C#常用语法和基本程序设计放在附录中，可以方便教学安排。

本书与现有的 ASP.NET 教材相比具有明显的特色。读者只要阅读本书，结合实验进行练习，就能在较短的时间内基本掌握 ASP.NET 2.0 及其应用技术。欢迎读者比较后选择本教材。

本书配有 ppt 电子课件，ASP.NET 2.0 项目开发实践的所有原文件，请到电子工业出版社华信教育网 http:\\www.hxedu.com.cn 上免费下载！

本书由顾韵华（南京信息工程大学）、王志瑞（三江大学）、陈冬霞（南京师范大学）编写，南京师范大学郑阿奇统编、定稿。

目前，参加本套丛书编写的有郑阿奇、梁敬东、顾韵华、王洪元、刘启芬、殷红先、彭作民、姜乃松、杨长春、曹弋、徐文胜、丁有和、张为民、王一莉、郑进、刘毅、周怡君等。

由于作者水平有限，书中错误在所难免，欢迎广大读者批评指正！

作者 E-mail：easybooks@163.com

编　者

2008.8

# 目　　录

## 第 1 部分　实　用　教　程

# 第 2 部分　实　　验

# 第 3 部分　附　　录

# 第·1部分 实用教程

# 第 1 章 Web 基础知识

Web 是在 Internet 上运行的信息系统，是 Internet 上一项最基本的、应用最广泛的服务。本章主要介绍 Web 技术应用基础以及与这些技术相关的基础知识与原理。

## 1.1 Internet 基础

Internet 又称国际互联网。Internet 是全球最大的、开放的、由众多网络互连而形成的计算机网络。它是由各种不同类型和规模的、独立管理和运行的主机或计算机网络组成的一个全球性特大网络。Internet 集合全球的信息资源，是信息时代人们交流信息不可缺少的工具、手段和途径。

### 1.1.1 Internet 概况

为了全面了解 Internet，可以从网络互连、网络通信、网络提供信息资源以及网络管理等不同角度来考察它所提供的功能。

#### 1. 从网络互连的角度来看

Internet 利用成千上万个具有特殊功能的计算机（称为路由器或网关），通过各种通信线路，把分散在各地的网络在物理上连接起来。在广大用户看来，它是一个覆盖全球的单一网络，而它实际的内部结构是十分复杂的，且对用户不可见。

#### 2. 从网络通信的角度来看

Internet 是依靠 TCP/IP 协议把各个国家、各个部门、各个机构的内部网络连接起来的超级数据通信网。

#### 3. 从网络提供信息资源的角度来看

Internet 是一个集各个部门、各个领域内信息资源为一体的超级资源网。凡是加入 Internet 的用户，都可以通过工具访问所有的信息资源，查询各种数据库、信息库，获取自己所需的各种信息资料。

#### 4. 从网络管理的角度来看

Internet 是一个不受政府或某个组织管理和控制的，包括成千上万个相互协作的组织和网络的集合体。连入 Internet 的每一个网络成员都自愿地承担对网络的管理并支付费用，友好地与相邻网络协作进行 Internet 数据传输，共享网络资源，并共同遵守 TCP/IP 协议的一切规定。

## 1.1.2  Internet 基本服务功能

随着 Internet 的高速发展，它提供的服务在不断增加，应用领域也在不断扩大。它的一些基本服务功能有电子邮件、WWW 服务、文件传输服务、新闻和公告类服务等。

### 1. 电子邮件（E-mail Electronic Mail）服务

电子邮件是 Internet 提供的一项最基本的服务，也是 Internet 用户使用最频繁的一种服务功能。它是网上的邮政系统，是一种以计算机网络为载体的信息传输方式。

E-Mail 的功能是用于发送和接收信件，采用简单邮件传输协议（SMTP）。发信人调用用户代理编辑要发送的邮件，用户代理用 SMTP 协议将邮件传送到发送方邮件服务器，发送方邮件服务器用 SMTP 协议向接收方邮件服务器传送邮件，接收方邮件服务器收到邮件后放入收信人用户邮箱中，收信人通过用户代理用 POP3 协议从邮箱取回邮件，如图 1.1 所示。

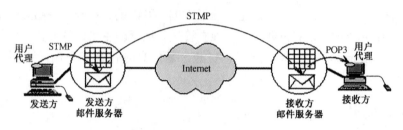

图 1.1　电子邮件服务

### 2. WWW（World Wide Web）服务

WWW 简称 Web，它的出现加速了 Internet 向大众普及的速度，是 Internet 最方便、最受用户欢迎的信息服务类型。WWW 集中了全球的信息资源，是存储和发布信息的地方，也是人们查询信息的场所。Internet 包含成千上万的 WWW 服务器。

Web 浏览器和服务器用超文本传输协议 HTTP 来传输 Web 文档，通过统一资源定位符 URL 标识文档在网络上服务器的位置及服务器中的路径，Web 文档用 HTML 语言进行描述，如图 1.2 所示。

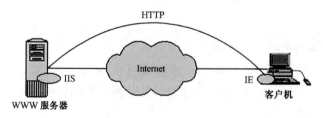

图 1.2　传输 Web 文档

### 3. 文件传输服务 FTP（File Transfer Protocol）

FTP 协议是 Internet 文件传送的基础，它既是一种文件传输协议，也是一种服务。提供这种服务的设施称做 FTP 服务器。有了 FTP 的帮助就能使 Internet 上两台主机间互传（复制）文件。FTP 有一套独立通用的命令（子命令），其命令风格与 DOS 命令相似，如 DIR 为显示目录/文件。

用户要享受 FTP 服务器提供的服务，必须有用户标识和相应的口令才能登录 FTP 服务器。而实际上互连网中更多的是匿名（Anonymous）FTP 服务器。用户无须拥有标识和口令就能与匿名 FTP 服务器实现连接和复制文件。这类服务器的目的是向公众提供文件复制服务。

### 4．新闻和公告类服务

Internet 的新闻和公告类服务主要有电子公告栏（BBS）和网络新闻组（Usenet 或 NewsGroup）。

BBS 是 Internet 上的一种电子信息服务系统，每个用户可以在 BBS 上发布信息并提出自己的观点。电子公告栏可以按不同的主题、分主题形成多个布告栏。BBS 允许用户上传和下载文件，讨论和发布通告。

Usenet 是针对某个主题的网上新闻组。新闻组可以使兴趣相同的人们通过电子邮件和电子布告栏的方式讨论共同关心的问题。当你加入某个新闻组后，可以浏览新闻组的文章，回复别人的文章，也可以发布自己的文章。

## 1.1.3　TCP/IP 协议

网络协议是网络中各台计算机进行通信的一种语言基础和规范准则，它定义了计算机进行信息交换所必须遵循的规则。TCP/IP（传输控制协议/网际协议）规范了网络上的所有通信设备，尤其是一个主机与另一个主机之间的数据传输格式以及传输方式。TCP/IP 是 Internet 的基础协议，它是一个协议集，其中最重要的是 TCP 协议和 IP 协议。凡是连入 Internet 的计算机都必须遵循 TCP/IP 协议。

## 1.1.4　IP 地址、域名和 URL

### 1．IP 地址

IP 地址是识别 Internet 中的主机及网络设备的唯一标识。每个 IP 地址通常分为网络地址和主机地址两部分，长度为 32 位（bit）（4B），书写时每个字节用 4 个十进制数（0～255）表示，十进制数之间用"."分隔，即 X.X.X.X。例如 202.119.106.253。IP 地址可分成 5 类，其中常用的有 3 类。IP 地址组成如图 1.3 所示。

A 类地址用于规模很大、主机数目非常多的网络。A 类地址 1B 为网络地址，网络地址范围为 1～126，后面 X.Y.Z 为主机地址。

B 类地址用于中型到大型的网络。B 类地址前面 2B 为网络地址，网络地址范围为 128.X～191.X，后面 Y.Z 为主机地址。

C 类地址用于小型本地网络。C 类地址前面 3B 为网络地址，网络地址范围为 192.X.Y～223.X.Y，后面 Z 为主机地址。

主机地址的末字节不能取 0 和 255 两个数。

图 1.3    IP 地址组成

## 2. 域名

IP 地址是连网计算机的地址标识，但对大多数人来说记住很多计算机的 IP 地址并不容易。为此 TCP/IP 协议中提供了域名服务系统（DNS），允许为主机分配字符名称，即域名。在网络通信时由 DNS 自动实现域名与 IP 地址的转换。例如，南京师范大学 Web 服务器的域名为 www.njnu.edu.cn。

Internet 的域名采用分级命名机制，其基本结构如下：

计算机名.三级域名.二级域名.顶级域名

域名的结构在于：DNS 将整个 Internet 划分成多个域，称之为顶级域，并为每个顶级域规定了国际通用的域名。顶级域名划分采用了两种划分模式，即组织模式和地理模式。有 7 个域对应于组织模式，其余的域对应于地理模式，如 cn 代表中国，us 代表美国，jp 代表日本等。顶级域名分配如下：

| | |
|---|---|
| com | 商业组织 |
| edu | 教育机构 |
| gov | 政府部门 |
| mil | 军事部门 |
| net | 网络中心 |
| org | 上述以外的组织 |
| int | 国际组织 |

互联网的域名管理机构将顶级域的管理权分派给指定的管理机构，各管理机构对其管理的域继续进行划分，即划分成二级域，并将二级域的管理权授予其下属的管理机构，依次类推，便形成了树状域名结构，如图 1.4 所示。由于管理机构是逐级授权的，所以最终的域名都得到了 Internet 的承认，成为 Internet 中的正式名字。

## 3. 统一资源定位器 URL

WWW 的信息分布在全球，要找到所需信息就必须有一种说明该信息存放在哪台计算机的哪个路径下的定位信息。统一资源定位器 URL（Uniform Resource Locator）就是用来确定某信息位置的方法。其格式如下：

　　<信息服务类型>是指 Internet 的协议名,例如 ftp(文件传输服务)、http(超文本传输服务)、mailto(邮子邮件地址)、telnet(远程登录服务)、news(提供网络新闻服务)等。

　　<信息资源地址>指定一个网络主机的域名或 IP 地址。在有些情况下,主机域名后还要加上端口号,域名与端口号之间用冒号(:)隔开。这里的端口是操作系统用来辨认特定信息服务的软件端口。一般情况下,服务器程序采用标准的保留端口号。此端口号在 URL 中可以省略。以下是一些 URL 的例子:

http://www.njnu.edu.cn

ftp://ftp.microsoft.com/Products/

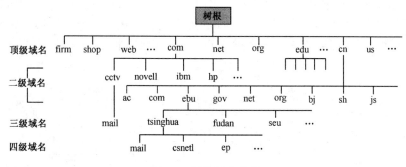

图 1.4　树状域名结构

## 1.2　Web 简介

　　Internet 采用超文本和超媒体的信息组织方式,将信息的链接扩展到整个 Internet。Web 是一种超文本信息系统。Web 的一个主要的概念是超文本连接,它使得文本不再像一本书一样是固定的、线性的,而是可以从一个位置跳到另外的位置。用户可以从中获取更多的信息,转到别的主题上,想要了解某一个主题的内容只要在这个主题上单击,就可以跳转到包含这一主题的文档上。正是这种多连接性我们才把它称为 Web。

### 1.2.1　Web 技术

　　早期的 Web 页面是静态的,用户只能被动浏览。静态网页就是网页本身没有程序代码,在客户端向服务器端发出请求时,服务器器端不必执行任何程序,只需将请求的网页传送到客户端的浏览器上就可以了。

　　网页的动态表现技术是指在浏览器端的动态网页,也就是 DHTML(Dynamic HTML)。DHTML 作为浏览器自带的功能,是在 HTML 基础上扩展出来的几种新功能的总称。这些新功能主要有动态功能、定位功能和应用 CSS 的功能。DHTML 可以跟踪页面上的每一个元素,每个标记成为浏览器建立的数据库中的一个记录。其次 DHTML 可通过在浏览器端的脚本语言来控制文档中所有需要控制的元素。页面下载后,DHTML 也能处理页面元素,改变页面版面、内容和位置,并把结果不断提供给用户。

　　动态内容交互是指网页内含有在服务器端执行的程序代码,当客户端向服务器端提出请求时,程序的代码会先在服务器端执行,然后再将 Web 服务器端执行的结果传送给浏览器。由于每次执行的结果因客户端请求而异，故称为动态网页。

本书要向读者介绍的正是全新的 Web 应用平台——ASP.NET。 ASP.NET 是面向下一代企业级的网络计算 Web 平台，它并不是 ASP 的简单升级，而是建立.NET Framework 公共语言运行库上的编程框架，可用于架构功能强大的 Web 应用程序。ASP.NET 是微软发展的新的.NET 体系平台的一部分，全新的技术架构会让编程工作变得更为轻松。

## 1.2.2　Web 工作原理

从本质上讲，Web 是基于客户机-服务器的一种体系结构，如图 1.5 所示。一般用户的计算机称为客户机，用于提供服务的机器称为服务器。客户机向服务器发送请求，要求执行某项任务，而服务器执行此项任务，并向客户机返回响应。Web 应用的特点之一是客户端数量多且比较分散。客户机程序是标准化的第三方软件——浏览器（Browser）。Web 上的客户机应该是轻量级客户端。基于这一点来说，Web 体系结构实际上多为浏览器-服务器结构。

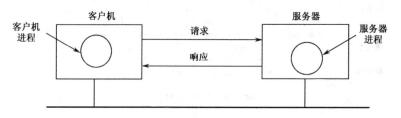

图 1.5　客户机-服务器模型

在客户机-服务器体系结构中，通常很容易将客户机和服务器理解为两端的计算机。但事实上，"客户机"和"服务器"概念上更多的是指软件，是指两台机器上相应的应用程序，或者说是图 1.5 中的"客户机进程"和"服务器进程"。

在 Web 系统中，Web 服务器向浏览器提供服务的过程大致可以归纳为以下几个步骤。

（1）用户打开计算机（客户机），启动浏览器程序（Netscape Navigator，Microsoft Internet Explorer，Maxthon 等），并在浏览器中指定一个 URL（Uniform Resource Locator，统一资源定位器），浏览器便向该 URL 所指向的 Web 服务器发出请求。

（2）Web 服务器（也称为 HTTP 服务器）接到浏览器的请求后，把 URL 转换成页面所在服务器上的文件路径名。

（3）如果 URL 指向的是普通的 HTML 文档，Web 服务器直接将它送给浏览器。HTML 文档中可能包含有 JavaScript、ActiveX、VBScript 等编写的小应用程序（applet），服务器也将其随 HTML 一道传送到浏览器，在浏览器所在的客户机上执行。

（4）如果 HTML 文档中嵌有 CGI（Common Gateway Interface，公共网关接口）或 ASP 程序，Web 服务器就运行 CGI 或 ASP 程序，并将结果传送至浏览器。Web 服务器运行 CGI 或 ASP 程序时还可能需要调用数据库服务器和其他服务器。

（5）URL 也可以指向 VRML（Virtual Reality Modeling Language）文档。只要浏览器中配置有 VRML 插件，或者客户机上已安装 VRML 浏览器，就可以接收 Web 服务器发送的 VRML 文档。

基于 Web 的数据库应用采用 3 层客户机-服务器结构，也称 Browse/Server/Database

Server 结构。第一层为浏览器，第二层为 Web 服务器，第三层为数据库服务器。浏览器是用户输入数据和显示结果的交互界面。用户在浏览器表单中输入数据，然后将表单中的数据提交并发送到 Web 服务器。Web 服务器应用程序接受并处理用户的数据，并从数据库中查询用户数据或把用户数据录入数据库。最后 Web 服务器把返回的结果插入 HTML 页面，传送到客户端，在浏览器中显示出来。

## 1.3 软件编程体系结构

目前在应用开发领域中，主要分为两大编程体系：一种是传统的 C/S（Client/Server，客户机-服务器）结构，主要用来开发基于特定操作系统运行的 GUI 应用系统；另一种是当前比较流行的 B/S（Browser/Server，浏览器-服务器）结构，主要用来开发基于浏览器运行的 Web 应用程序。应用程序开发体系如图 1.6 所示。

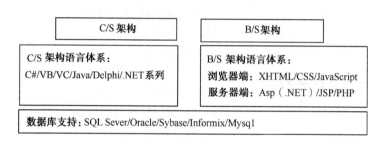

图 1.6 应用程序开发体系

### 1.3.1 C/S 架构编程体系

C/S（Client/Server）结构，即大家熟知的客户机-服务器结构，通过它可以充分利用两端硬件环境的优势，将任务合理分配到 Client 端和 Server 端来实现，降低了系统的通信开销。

21 世纪以前，C/S 架构占据应用软件开发领域的主流。随着网络的发展和普及，B/S 架构显得越来越重要，C/S 架构逐渐被 B/S 架构所取代。

C/S 架构的主要优点是：

（1）在本地操作系统上直接运行，响应速度快；

（2）操作界面美观、形式多样，可以充分满足客户自身的个性化要求；

（3）适合于开发与操作系统相关的性能要求比较高的底层软件。

任何事情都有它的两面性，C/S 架构也有它本身的缺点：

（1）需要专门的客户端安装程序，分布功能弱，不方便实现快速部署安装和配置；

（2）兼容性差，对于不同的开发语言，具有较大的局限性；

（3）开发成本较高，需要具有一定专业水准的技术人员才能完成。

### 1.3.2 B/S 架构编程体系

B/S（Browser/Server）结构即浏览器-服务器结构。它是随着 Internet 技术的兴起，对 C/S 结构的一种变化或改进的结构。在这种结构下，用户工作界面是通过 WWW 浏览器来实现的，极少部分事务逻辑在前端（Browser）实现，但主要事务逻辑在服务器端（Server）实现。这样就大大减轻了客户端负荷，减轻了系统维护与升级的工作量，降低了用户的总体成本。

B/S 架构的主要优点是：

（1）任何时间、任何地点、任何系统，只要可以使用浏览器上网，就可以访问 B/S 系统；

（2）开发简单，共享性强。很少涉及与操作系统相关的编程：消息队列，多线程等复杂功能；

（3）简化了客户端，所有的工作都集中在服务器端，方便系统的开发、维护与升级；

（4）业务扩展简单、方便，通过增加网页即可增加应用系统的功能模块。

B/S 架构也有其尚待改进的问题：

（1）个性化特点明显降低，难以实现具有个性化的功能要求；

（2）以鼠标为最基本的操作方式，无法满足快速操作的要求；

（3）页面动态刷新，响应速度明显降低，不适合对速度要求高的系统；

（4）功能弱化，难以实现传统模式下的特殊功能要求。

### 1.3.3 B/S 架构相关技术介绍

B/S 架构编程语言主要分为浏览器端编程语言和服务器端编程语言。

浏览器端编程语言主要包括 HTML（Hypertext Markup Language，可扩展的超文本标记语言）、CSS（Cascading Style Sheets，层叠样式表）和 JavaScript 语言。

用浏览器编程语言编写的程序成为客户端脚本，客户端脚本是被浏览器解释执行的。HTML 和 CSS 是被浏览器解释的，JavaScript 是在浏览器上执行的。这三者构成了 W3C 标准的三个组成部分：结构、表现和行为。HTML 是结构化标准，描述页面由哪些内容组成；CSS 是表现标准，主要用来描述页面的外观和布局；JavaScript 是行为标准，主要用来实现页面的客户端的行为。

为了实现一些复杂的功能，比如：连接和操作数据库，操作文件，发送邮件等功能，需要使用服务器端编程语言。目前主流的服务器端编程语言主要是：ASP（ASP.NET）、JSP、PHP 语言，通常简称为 3P 技术。

#### 1. ASP

ASP（Active Server Page）是一种微软开发的服务器端脚本环境，ASP 内含于 IIS 3.0 以上版本之中。通过 ASP 可结合 HTML 网页、ASP 指令和 ActiveX 组件建立动态、交互且高效的 Web 服务器应用程序。有了 ASP 就不必担心客户的浏览器是否能运行你所编写的代码，因为所有的程序都将在服务器端执行，包括所有嵌在普通 HTML 中的脚本程序。当程序执行完毕后，服务器仅将执行的结果返回给客户浏览器，这样也就减轻了客户端浏览器的负担，大大提高了交互的速度。ASP 应用程序可以手工编码制作，也可以通过 Dreamweaver MX 等可视化工具创作生成。

#### 2. PHP

PHP（Hypertext Preprocessor，超文本预处理器）是一种易于学习和使用的服务器端脚本语言。PHP 自从诞生以来，以其简单的语法、强大的功能迅速得到了广泛应用。PHP 除了能够操作页面，还能发送 HTTP 的标题，它不需要特殊的开发环境和 IDE；不仅支持多种数据库，还支持多种通信协议；具有极强的兼容性，在大多数 UNIX 平台，GUN/Linux 和微软 Windows 平台上均可以运行。

### 3．JSP

JSP 与 Microsoft 的 ASP 技术非常相似。两者都提供在 HTML 代码中混合某种程序代码、由语言引擎解释执行程序代码的功能。与 ASP 一样，JSP 中的 Java 代码均在服务器端执行。

JSP 与 ASP 虽然有很多相似之处，但两者也有重要区别：第一，ASP 的编程语言是 VBScript 之类的脚本语言，而 JSP 使用的是 Java；第二，两种语言引擎用完全不同的方式处理页面中嵌入的程序代码。在 ASP 下，VBScript 代码被 ASP 引擎解释执行；在 JSP 下，代码被编译成 Servlet 并由 Java 虚拟机执行处理代码。

### 4．ASP.NET

ASP.NET 沿袭了 ASP 的名称，不过在实质上已经完全超越了 ASP，不再局限于脚本语言，可以使用 VB.NET、C#等编译语言，支持 Web 窗体、.NET 服务器控件和 ADO.NET 等高级特性。

ASP.NET 是一个统一的 Web 开发模型，它包括开发企业级 Web 应用程序所必需的各种服务，能够让开发人员使用尽可能少的代码完成任务。作为.NET FrameWork 的一部分，ASP.NET 不失为 Windows 平台上 Web 开发技术的集大成者。

C#是微软公司专门为.NET 量身定做的编程语言，它与.NET 有着密不可分的关系。C#是最适合开发.NET 应用的编程语言。

网页开发中除了语言方面外，还包括其他的相关技术：图像处理和动画制作。此两门技术在网页美工方面占据重要的地位。图像处理主要采用 Photoshop 等软件，动画制动主要采用 Flash 等软件。

## 1.4  利用 ASP.NET 2.0 开发简单的小程序

下面通过一个具体实例说明如何在 Visual Studio 2005 中创建 ASP.NET Web 应用程序，Visual Studio 2005 安装方法可以参考附录 D。

【例 1-1】  创建一个 ASP.NET Web 应用程序，程序运行时能够获取文本框内用户所输入的内容。

（1）运行 Visual Studio 2005，进入 Visual Studio 开发环境，选择"文件"→"新建网站"，如图 1.7 所示，在模板框内选择"ASP.NET 网站"，在位置栏选择"文件系统"，在存放位置处输入要存放的位置，在"语言"下拉列表中选择"Visual C#"语言，单击"确定"按钮，创建网站并创建一个 Default.aspx 文件，Visual Studio 会自动打开本文件，并进入其"源"视图编辑界面，如图 1.8 所示。

注意：ASP.NET 2.0 为每个页面提供了两种编辑视图，一种是"设计"视图，提供了可视化的所见即所得的开发环境；另一种是"源"视图，它是 ASP.NET 2.0 的源代码视图，通常结合"设计"视图一起进行页面的调节。大多数情况下使用"设计"视图进行页面开发。

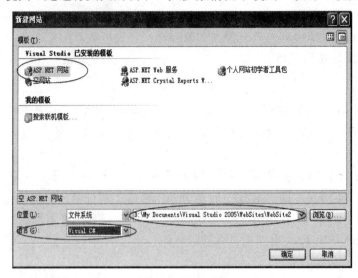

图 1.7　新建网站

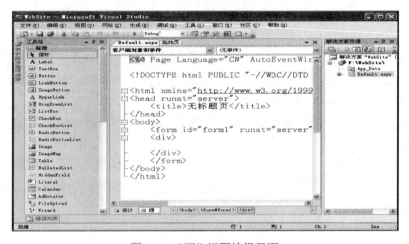

图 1.8　"源"视图编辑界面

（2）单击窗体下的"设计"选项卡，切换到 Default.aspx 的"设计"视图。从"工具箱"拖放 TextBox、Button、Label 控件各 1 个，效果如图 1.9 所示。

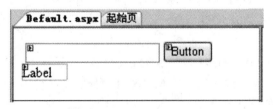

图 1.9　设计效果

（3）双击"Button"按钮，进入到 Default.aspx 的 CodeFile 页 Default.aspx.cs，如图 1.10 所示，在"Button"按钮的 Click 事件中加入如下的代码：

```
Label1.Text = "你输入的内容为：" + TextBox1.Text;
```

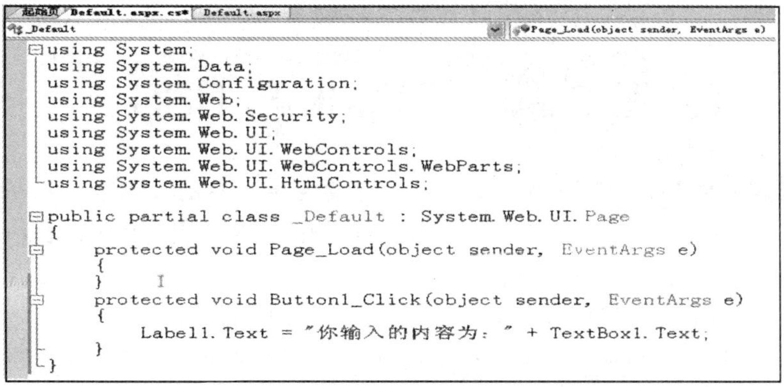

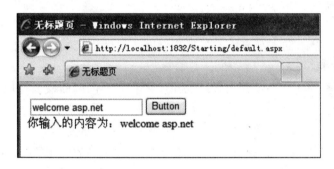

起始页 Default.aspx.cs* Default.aspx
_Default
Page_Load(object sender, EventArgs e)
using System;
using System.Data;
using System.Configuration;
using System.Web;
using System.Web.Security;
using System.Web.UI;
using System.Web.UI.WebControls;
using System.Web.UI.WebControls.WebParts;
using System.Web.UI.HtmlControls;
public partial class _Default : System.Web.UI.Page
{
protected void Page_Load(object sender, EventArgs e)
{
}
protected void Button1_Click(object sender, EventArgs e)
{
Label1.Text = "你输入的内容为：" + TextBox1.Text;
}
}

图 1.10　Default.aspx 的 CodeFile 页面 Default.aspx.cs

（4）按 F5 键，调试运行 Web 应用程序，在 TextBox 内输入内容，并单击“Button”按钮，运行结果如图 1.11 所示。

无标题页 - Windows Internet Explorer
http://localhost:1832/Starting/default.aspx
无标题页
welcome asp.net
Button
你输入的内容为：welcome asp.net

图 1.11　运行结果

## 本章小结

本章主要介绍了 Web 编程的基础知识，包括 Web 的基本概念和工作原理、Internet、IP 地址、域名和统一资源定位器 URL；概述了现行软件编程体系结构，介绍了两种结构之间的区别和优缺点，并重点介绍了 B/S 结构下相关的技术体系，它是一项复杂的技术，涉及许多技术，既包括浏览器端技术，也包括服务器端技术，还包括美工相关的技术；最后简要地介绍了利用 Visual Studio 2005 开发 ASP.NET 的开发步骤和开发方式，为下文的深入学习提供简单的入门。

# 第 2 章　XHTML 与 CSS

HTML（Hypertext Markup Language，超文本标记语言）是一种基本的 Web 网页设计语言，主要用来实现静态的万维网文档。HTML 是一种简单、通用的标记语言，可以利用标记制作出包容图像、文字、声音等精彩内容的网页。网页是用超文本标记语言 HTML 或 XHTML 编制的文档文件，由浏览器解释并显示在浏览器的窗口中。

为了适应 XML（Extensible Markup Language，可扩展标记语言）的需要，随后又出现了 XHTML（Extensible Hypertext Markup Language，可扩展超文本标记语言）。XHTML 是一种基于 XML 的标记语言，带有从 HTML 升级为 XML 的过渡性质，是目前流行的网页设计语言之一。

## 2.1　Web 标准

对于学习 Web 开发的人员来说，如果想对网页设计语言发展有全面的了解，首先必须知道什么是 Web 标准。

互联网开始兴起的时候，从网页设计的角度来看，不同厂商最初都是从如何方便地实现某些功能，如何方便地让用户访问这些角度来考虑的，不会考虑不同厂商之间的兼容性问题。随着 Internet 的普及，人们逐渐意识到如果没有统一的标准，就会严重制约网络的发展。于是出现了一些制定标准的组织，其中最典型的就是 W3C、ECMA 等。

W3C（World Wide Web Consortium）是全球万维网联盟的简称。W3C 创建于 1994 年，从 1998 年开始，为了让软件生成厂商重视这些规范，W3C 将"推荐规范"重新命名为"Web 标准"。像 CSS、XML、XHTML 和 DOM（Document Object Model，文档对象模型），都属于 W3C 制定的 Web 标准。可见 Web 标准是一系列标准的集合。

除 W3C 之外，还有其他制定标准的组织，ECMA（European Computer Manufacturers Association，欧洲计算机制造商协会）是其中比较有代表性的组织之一。我们平时所说的"标准 JavaScript"就是符合 ECMA 规定标准的 JavaScript。

**注意：**为什么要求 Web 开发必须符合这些标准呢？这是因为客户端浏览器并不仅有一种，除了我们熟知的 IE 浏览器外，还有其他浏览器，例如：Firefox，Mozilla，Maxthon 等，如果开发者设计的网站不符合 Web 标准，使用其他浏览器的用户，就可能无法正常显示网页的内容。Web 标准是国际上通用的标准，凡是符合这些标准的网站，都能用任何一种浏览器正常浏览。

在 Web 标准中，为了清晰地描述网页的各种特性，W3C 把一个网页分为结构、表现和行为三部分。在设计网页时也应该把不同的部分分开，不要把几个部分交叉在一起，方便网页的日后调整和维护。对应的标准也分为 3 个方面，即结构化标准（XHTML、XML）、表现标准（CSS）和行为标准（DOM、JavaScript）。

### 1. XML 和 XHTML

网页设计的第 1 种标准是结构化标准，主要包括 W3C 制定的 XML 和 XHTML，规定了描述结构化数据的规范。

XML 是 The Extensible Markup Language（可扩展标记语言）的简写。目前推荐遵循的是 W3C 发布的 XML 1.1。XHTML 是 The Extensible Hypertext Markup Language 可扩展标记语言的缩写。目前的标准是 XHTML 2.0。

### 2. CSS

网页设计的第 2 种标准是表现标准，目前最新的标准是 CSS 3.0。

CSS 是 Cascading Style Sheets 的缩写，称为层叠样式表，也称做级联式样式表。W3C 创建 CSS 标准的目的是以 CSS 取代 HTML 表格布局和外观表现。纯 CSS 布局与结构化 XHTML 相结合能帮助开发人员分开页面的外观与结构，使站点的访问和维护更加容易，建议以后设计网页的过程中，表现特性采用 CSS 实现，XHTML 主要用来描述结构化数据。

CSS 的优点主要体现在以下几个方面。

（1）采用 CSS 技术，可以有效地对网页的布局、字体、颜色、背景和其他外观效果进行更加精确的控制。利用 CSS，只需对相应的 CSS 代码做一些修改，就可以方便地改变网站的外观效果。

（2）Web 开发人员可以通过 CSS 统一控制页面的布局，通过调整 CSS 代码，可以快速地改变页面的布局。

（3）以前必须通过图片转换才能实现的功能，利用 CSS 可以轻松地实现，方便地对图片的效果进行修改。

### 3. DOM 和 JavaScript

网页设计的第 3 个标准是行为标准，如 DOM、JavaScript 等。

DOM 是 Document Object Model 的缩写，称为文档对象模型。DOM 是一种与浏览器、平台和语言无关的接口，使 Web 开发人员可以访问页面中的任何一个文档对象，给 Web 开发者提供了一种标准的方法来访问站点中数据、脚本和表现层对象。

JavaScript 是 ECMA 制定的标准脚本语言。目前推荐遵循的是 ECMAScript 4。

## 2.2 HTML

1990 年，HTML 和 WWW 一起诞生，它是众多标记语言的一种。HTML 采用 SGML（Standard Generalize Markup Language，标准通用标记语言），通过标记告诉浏览器该如何显示文档的内容，从而使各种 Web 文档能在不同的计算机上显示出来。同时通过标记符清晰地定义超链接，方便用户通过链接访问万维网上更多的资源。

HTML 从 1990 年诞生，到 1997 年 1 月被发布为正式标准，同年 12 月，具有严谨、过渡和架构 3 个特性的 HTML 4.0 建议标准问世，1999 年 12 月，W3C 又推出了 HTML 4.01，是 HTML 最新、也是最终的版本。

HTML 从诞生到发展为 HTML 4.01，其结构日趋成熟，内容逐渐丰富。它可以帮助人们快速了解和熟悉网页设计，是一个设计网页时不可缺少的语言工具。由于 HTML 语言简单且容易掌握，因此深得网页开发人员的喜爱。

## 2.2.1 HTML 文档格式

在 HTML 文档中，数据的语法结构是通过标记来表示的，标记是 HTML 语言的标记符号和用标记符号构成的各种元素的统称。标记是描述性的标记，用一对<>中间包含若干字符表示，通常成对出现，前一个是起始标记，后一个为结束标记。HTML 语言的标记符不区分大小写。

支持 HTTP 的浏览器均为图形用户界面（GUI），GUI 通常由标题栏和窗口构成，对应于 HTML 文档中的头部分"head"和文档主体部分"body"。HTML 的基本结构如下：

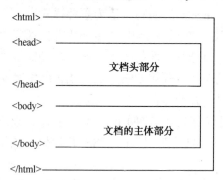

基本 HTML 页面从<html>标记开始，到</html>结束。在它们之间，就是 HEAD 部分和 BODY 部分。HEAD 部分用<head>…</head>标记界定，一般包含网页标题，文档属性等不在页面上显示的元素。BODY 部分是网页的主体，内容均会反映在页面上，用<body>…</body>标记来界定，主要包括文字、图像、动画、超链接等内容。

## 2.2.2 HTML 标记

HTML 包含很多的标记，不同标记具有不同的功能，这里只需大概了解某个标记的功能即可。详细的标记使用将在新版的 XHTML 中进行介绍。

### 1. HTML 标记

HTML 标记表示文档内容的开始和结束标记，<html>是开始标记，</html>是结束标记，其他所有 HTML 代码都位于这两个标记之间。浏览器将该标记中的内容看做一个 Web 文档，按照 HTML 语言规则对文档内的标记进行解释。

### 2. 首部标记

首部标记的格式如下：

<head>…</head>

首部标记中提供与 Web 页有关的各种信息。在首部标记中，一般可以使用下列标记：

<title>…</title>：指定网页的标题
<style>…</style>：定义文档内容样式表
<script>…</script>：插入脚本语言程序

```
<!-- -->：注释内容。这些信息向浏览器提供，但不作为文档内容提交
```

### 3．正文标记

正文标记的格式如下：

```
<body 属性=值…事件=执行的程序…>…</body>
```

正文标记中包含了文档窗口内所能看到的所有标记。

### 4．标题标记

标题标记的格式如下：

```
<hx 属性=值…>…</hx>，x 的取值为[1，6]。x 代表标题级别
```

标题标记用于设置文档中的标题和副标题，<h1></h1>标记表示字体最大的标题，<h6></h6>标记表示字体最小的标题。

### 5．换行标记

换行标记的格式如下：

```
<br>
```

换行标记强行中断当前行，使后续内容在下一行显示。

### 6．分段标记

分段标记的格式如下：

```
<p 属性=值…>…</p>
```

段落是文档的基本信息单位。利用分段标记，可以忽略文档中原有的回车和换行，定义一个新段落，换行并插入一个空行。

### 7．超链接标记

超链接标记的格式如下：

```
<a 属性=值…>超链接内容</a>
```

用来在网页内创建超链接，当单击的时候，能够链接到超链接的目标。

### 8．层标记

层标记的作用是在页面内创建一个区块，可以在区块内放置内容，其格式如下：

```
<div 属性=值…>…</div>
```

### 9．水平线标记

水平线标记在文档中添加一条水平线。该标记的格式如下：

```
<hr 属性=值…>
```

### 10．有序列表标记

有序列表是在各列表项前面显示数字或字母的缩排列表，可以使用有序列表标记 ol 和列表项标记 li 来创建。

有序列表标记的格式如下：

```
<ol 属性=值…>
    <li>列表项 1
    <li>列表项 2
    …
    <li>列表项 n
</ol>
```

### 11. 无序列表标记

无序列表是一种在各列表项前面显示特殊项目符号的缩排列表，可以使用无序列表标记 ul 和列表项标记 li 来创建。创建无序列表的格式如下：

```
<ul>
    <li>列表项 1
    <li>列表项 2
    …
    <li>列表项 n
</ul>
```

### 12. 图像标记

利用图像标记，可以在网页中插入图像。

图像标记的格式如下：

```
<img 属性=值…>
```

图像标记的属性如下所示。

（1）src=图像文件的 URL 地址，图像可以是 JPEG 文件、GIF 文件或 PNG 文件。

（2）alt=图像的简单文本说明。

通过上文所介绍的所有标记不难看出，标记格式主要分为两类：成对出现的标记和单个出现的标记。

成对出现的标记一定要有开始标记和结束标记，成对标记内可以放置别的标记或数据。例如<hx 属性=值…>…</hx>，表示要把标记内的数据以 hx 的标题样式显示。单个出现的标记内不需要内嵌任何内容。例如，回车<br>，只是产生一个回车符号，不需要嵌套任何其他的内容。

【例2-1】 使用 HTML 设计一个简单的网页。

（1）运行 Visual Studio 2005，通过"文件"→"新建网站"，在"位置"下拉框内选择"文件系统"，在"语言"下拉框内选择"C#"，在文本框内输入"F:\XHTML 与 CSS"，单击"确定"按钮，创建网站"XHTML 与 CSS"。

（2）在"解决方案资源管理器"中用鼠标右键单击项目名"XHTML 与 CSS"，选择"添加"→"新建项"命名，然后在打开的窗口中选择"HTML"，在名称栏输入"HTMLExample"，单击"确定"按钮。

（3）通过"视图"→"工具栏"→"HTML 源编辑"，把 HTML 源编辑工具栏显示在工具栏位置。选择工具栏中的"验证的目标框架"为"HTML 4.01"。

（4）在"解决方案资源管理器"中用鼠标右键单击项目名，从快捷菜单中选择"添加现有项"命令，把素材目录中的"njnu.jpg"添加到项目中。

（5）切换到"HTMLExample"的"源视图"，清除所有代码，然后添加如下的代码：

```
<html>
<head>
    <title>一个 Hello 网页</title>
    <script language="Javascript" type="text/javascript">
    function myp()
    {
        alert("大家好!");
    }
    </script>
</head>
<body bgcolor="#8888FF" onload="myp()">
    <div align="center">
        <img src="njnu.gif" width="300" height="60" alt="图片找不到"><br>
        <font color="red" size="40px">学生成绩管理系统</font></div>
</body>
</html>
```

（6）在页面上单击鼠标右键，选择"在浏览器中查看"命令，在浏览器中将打开文档，显示如图 2.1 所示的界面。

图 2.1 简单的 HTML 网页显示

在 HTML 的所有标记中，许多标记还有若干属性，通过设置属性值，可对标记内的内容进行控制，多个属性之间必须用空格隔开。如果不设置这些标记的属性值，则使用系统的默认属性值。例如上例中的 body、img、p、font 标记。还要注意，有些标记没有结束标记，如上例中的 br 标记。

属性设置的一般格式为

```
<标记 属性1="值1" 属性2="值2"…>  …  </标记>
```

有些标记（如上例<body>标记）还有一些事件，通过设置事件代码，当该事件产生时，事件代码便被执行。事件代码用脚本语言编写，目前常用的脚本语言为 JavaScript 和 VBScript。脚本语言编写的程序用 Script 标记括起，language 属性告知浏览器 Script 标记括起的脚本是用什么脚本语言编写的。用 JavaScript 脚本语言，language="Javascript" 或 language="JScript"；用 VBScript 脚本语言，则 language="VBScript" 或 language="VBS"。

## 2.3  XHTML

HTML 从出现到现在，标准不断完善，功能也越来越强大，但它的规范化要求不是很严格，仍有很多缺陷和不足。例如，代码琐碎、臃肿，尤其是标记使用不规范，浏览器需要有足够的能力才能够正确显示 HTML 页面。随着 Web 的发展，当面对多样的数据和表现时，如数学公式、音乐标注等非传统文档类型时，HTML 显得力不能及。另外，HTML 不能适应越来越多的网络设备和应用的需要，如手机、PDA 等显示设备不能直接显示 HTML。

为此，W3C 开发了 XML 标准。XML 是用来对信息进行自我描述而设计的一种新语言，具有很强的可扩展性。与 HTML 一样，XML 也是一种基于文本的标记语言，但是 XML 可以让用户根据要表现的文档，自由地定义标记来表现具有实际意义的内容。而且 XML 不像 HTML 那样具有固定的标记集合，它实际上是一种定义语言的语言，使用 XML 的用户可以自己定义各种标记来描述文档中的任何数据元素，将文档的内容组织成丰富的、完整的信息体系。可以说，XML 是 Web 设计的发展趋势。

在 XML 1.0 标准推出时，仍然有大量的 Web 开发人员采用 HTML，而且在万维网中已存在数以百计的网页是用 HTML 编写的，显然不能直接抛弃 HTML，于是 HTML 的后继者 XHTML 就出现了。XHTML 是为了适应 XML 而重新改造的 HTML。它是一种独立的语言，以 HTML 4.01 为基础，又以 XML 应用为目的，是从 HTML 到 XML 的过渡。2000 年 1 月，W3C 推出了 XHTML 1.0 标准。该标准与 HTML 4.01 具有相同的特性，也是一种标记语言，但是做了一些限制和改进。XHTML 非常严格，兼容性强，交互性好，能够解决 HTML 发展的问题，如多种显示设备的支持，多样数据的表现等。

### 2.3.1  XHTML 文档格式

XHTML 的格式和 HTML 很类同，只是文档前边加了一个文档说明和标记的命名空间。它的基本格式为

```
<!DOCTYPE html PUBLIC "-//W3C//DTD XHTML 1.0 Transitional//EN"
    "http://www.w3.org/TR/xhtml1/DTD/xhtml1-transitional.dtd">
```

```
<html xmlns="http://www.w3.org/1999/xhtml">
 <head>
     <title>XHTML 的格式</title>
 </head>
 <body>
     <div>XHTML 文档的主体部分</div>
 </body>
 </html>
```

| | |
|---|---|
| 文档头部分 | |
| 文档的主体部分 | |

HTML 和 XHTML 文档结构的差异主要是前 2 行代码不同。

第一行代码是 DOCUMENT 声明。DOCUMENT 是 document type（文档类型）的缩写，用来说明所使用的 XHTML 是什么版本。上例代码所采用的是 xhtml1-transitional 文档类型。文档类型中包含了文档的规则，浏览器展现页面时会根据页面所采用的 DTD（文档类型定义）来解释页面内的标识，并将其显示出来。

XHTML 1.0 提供了 3 种 DTD 声明选择。

（1）Transitional（过渡型）：要求宽松的 DTD，它和 HTML 4.01 的标准最相似。在这种情况下，开发者可以使用符合 HTML 4.01 标准的标记，但是必须符合 XHTML 的语言规范，声明代码如下：

```
<!DOCTYPE html PUBLIC "-//W3C//DTD XHTML 1.0 Transitional//EN"
"http://www.w3.org/TR/xhtml1/DTD/xhtml1-transitional.dtd">
```

本规范是 ASP.NET 2.0 环境默认采用的规范。

（2）Strict（严格型）：要求严格的 DTD，这时不能使用任何表现层的标记和属性，所有表现特性必须采用 CSS 描述。不能通过 XHTML 标记或属性描述。声明代码如下：

```
<!DOCTYPE html PUBLIC "-//W3C//DTD XHTML 1.0 Strict//EN"
"http://www.w3.org/TR/xhtml1/DTD/xhtml1-strict.dtd">
```

（3）Frameset（框架型）：专门针对框架页面设计使用的 DTD，如果在页面中包含有框架，则需要采用这种 DTD。声明代码如下：

```
<!DOCTYPE html PUBLIC "-//W3C//DTD XHTML 1.0 Frameset//EN"
"http://www.w3.org/TR/xhtml1/DTD/xhtml1-frameset.dtd">
```

第二行代码和 HTML 也有明显差别。在 HTML 代码中仅有<html>，但在 XHTML 中，标记内还有 xmlns="http://www.w3.org/1999/xhtml"。"xmlns"是 XHTML namespace 的缩写，即 XHTML 命名空间，它用来声明网页内所用到的标记是属于那个命名空间的。在不同的命名空间中，可以有相同的标记表示不同的含义，可见声明命名空间是非常必要的。

## 2.3.2　XHTML 与 HTML 的区别

因为 XHTML 的目标是在 HTML 中使用 XML，所以不论是在结构上还是在标记的使用上，XHTML 都要比 HTML 严格。很多在 HTML 4.01 下合法的书写形式，到了 XHTML 中就变得不合法。两者之间既有相似之处，又有不同之处。

### 1．标记的嵌套使用

标记的嵌套使用是对文档结构的要求。尽管 HTML 也要求正确地嵌套，可是在实际中，即使 HTML 使用了不正确的嵌套形式，很多浏览器也一样可以正常显示。但是 XHTML 为了适应 XML 的发展需要，对文档的结构要求较严格，整个文档一定要有正确的组织格式，所有的嵌套必须完全正确。

### 2．大小写的使用

HTML 是不区分大小写的，元素和属性名称可以是大写、小写或是混合书写。但是 XML 对大小写敏感。为此 XHTML 文档要求所有的元素和属性名称必须小写，属性值不做要求。

### 3．引号的使用

HTML 中的引号比较随意，属性值可以用引号引起来，也可以不使用引号。但是 XHTML 中要求所有的属性值都必须加引号。

### 4．结束标记

在 HTML 中，有些标记是可以省略结束标记的，由下一个标记的出现来让它自然结束。这种省略形式在 XHTML 中是绝对不允许的，它要求所有的标记必须都有结束标记。即使是单个标记，也需要使用"/>"来结束。

### 5．样式的使用

在不使用样式表的情况下，HTML 中的每个属性都可以直接使用"属性名=属性值"的方法设置外观样式。例如：

```
<img src="image\njnu.jpg" width=300 height=60>
```

上例中的图片的高度和宽度样式是直接通过属性设置的。但在 XHTML 中，如果不使用样式表，则只能通过 style 属性来设置样式。上述代码在 XHTML 中如下所示：

```
<img style="width: 300px; height: 60px;" src="image/njnu.jpg" />
```

### 6．id 和 name

HTML 中，每个元素都可以定义 name 属性，同时也可以定义 id 属性，两个属性都可以来标记某一个元素。但是在 XHTML 中，每个元素只能有一个标记属性 id，name 属性不再被使用。

【例 2-2】 XHTML 与 HTML 的区别。

（1）运行 Visual Studio 2005，选择"文件"→"打开"→"网站"，在打开的窗口中，选择"F:\XHTML 与 CSS"目录，打开上文所创建的站点。

（2）在"解决方案资源管理器"中用鼠标右键单击项目名"XHTML 与 CSS"，选择"添加"→"新建项"命名，然后在打开的窗口中选择"HTML 页"，在名称栏输入"XHTMLExample"，单击"确定"按钮。

（3）切换到"XHTMLExample"的"源代码"视图，并输入如下代码：

```
<!DOCTYPE    html    PUBLIC    "-//W3C//DTD    XHTML    1.0    Transitional//EN"
"http://www.w3.org/TR/xhtml1/DTD/xhtml1-transitional.dtd">
    <html xmlns="http://www.w3.org/1999/xhtml" >
    <head>
        <title>一个 Hello 网页</title>
        <script language="Javascript" type="text/javascript">
        function myp()
        {
            alert("大家好!");
        }
        </script>
    </head>
    <body onload="myp()" style="background-color: #8888ff; text-align: center;">
        <div style="text-align: center;">
            <img src="njnu.gif" alt="图片找不到" style="width: 300px; height: 60px;"/><br/>
            <div style="font-size: 40px; color: red;">学生成绩管理系统</div></div>
    </body>
    </html>
```

（4）在页面上单击鼠标右键，选择"在浏览器中查看"命令，在浏览器中将打开文档，显示如图 2.1 所示的界面。

（5）查看，并列出例 2-1 与例 2-2 中代码存在的区别。

## 2.3.3　XHTML 标记

### 1．主体标记 body

XHTML 的主体标记和 HTML 是一样的，在两个标记之间定义了网页上要显示的所有内容。默认背景色是白色，字体默认是 12 像素、黑色、Times New Roman。

要更改网页主体的默认样式，可以给 body 标记定义 style 属性，例如，字体的大小、颜色，页面的背景色和背景图等。它的一般格式为

`<标记 style="样式 1:值 1; 样式 2:值 2;…">`

style 中常用的样式有如下几种。

（1）background-color：设置网页的背景颜色。

（2）color：设置网页中字体的颜色。

（3）font-family：设置网页中字体的名称，例如宋体、黑体等。

（4）font-size：设置网页中字体的大小。

（5）text-align：设置文本的对齐方式，有三种取值：left（左对齐，默认值）、right（右对齐）、center（居中对齐）。

## 2. 注释标记

在设计页面时，适当地给出注释，可以增强文档的可读性和可维护性。它的一般格式为

```
<!-- 注释内容 -->
```

浏览器在解析 XHTML 文档时不会显示注释的内容。

## 3. 标题标记符 hx

标记符 hx（其中 x＝1～6）用于设置文档的标题，在浏览器中显示为黑体。标记<h1>表示最大标题，标记<h6>表示最小标题。<hx>与</hx>必须配对使用，且在</hx>后的文字会自动换行。

例如：

```
<h1>一级标题</h1>
```

## 4. 文本样式标记

XHTML 中不再使用 HTML 中的<font>标记，style 属性中的 color、font-family 和 font-size 提供了和 font 一样的功能，常见的字体样式都可以通过 style 属性设置。

例如：

```
<h1 style="font-size: 16pt; color: blue; font-family: 宋体;">一级标题</h1>
<div style="color: black; font-family: Arial;">一段文字</div>
```

XHTML 也保留了 HTML 所提供的一些字体样式标识符：

```
<sub>…</sub>使文字成为下标
<sup>…</sup>使文字成为上标
```

例如：

```
<div>3<sup>2</sup></div>  为 3²
```

## 5. 空格标记

在 XHTML 中，在"源"视图中，直接输入多个空格，仅会被视为一个空格；输入多个回车换行，"设计"视图下文字并没有换行，而是被视为一个空格。

XHTML 保留了 HTML 提供的空格标记" "。"源"视图中一个" "代表一个空格，多个" "表示多个空格。例如："         "表示 5 个空格，也可以将空格和空格标记" "联合使用，例如："     "也表示 5 个空格。

## 6. 段落标记

在 HTML"源"视图中，直接回车达不到段落换行的目的。若想表示段落的分行，可以使用两种常用的标记<p>…</p>和<br/>。

<p>…</p>是配对使用的，用来划分段落，不同的段落之间会自动换行且有一定的间隔。

<br/>是单独使用的，表示强制换行。它中断当前行而另起一行，但新行与上一行是属于同一段落的，与上一行保持相同的属性。

如果希望浏览器显示的内容和"源"视图中输入的文字信息格式完全一样，则可以使用与格式化标记符<pre>…</pre>。它们之间输入的内容将在浏览器中按照原格式毫无变化地显示出来。

修饰段落还可以选用标记符<hr />，标记<hr />单独使用，可以实现段落的换行，并绘制一条水平直线，在直线的上下两端留出一定的空白。

例如：

> <p>在 HTML "源"视图中，直接回车</p>
>
> <p>达不到段落换行的目的。若想表示段落的<br />分行，可以使用两种常用的标记</p>

效果如下：

在HTML "源"视图中，直接回车

达不到段落换行的目的。若想表示段落的
分行，可以使用两种常用的标记

### 7．有序列表和列表项

使用标记<ol>…</ol>可以在 XHTML 中定义有序列表。两个标记之间只能包含列表项标记<li>…</li>，每一个列表项后会自动换行，有序列表在显示时，会在每个条目前面加上一定形式的有规律的项目序号，如 1、2、3 之类。

在 XHTML 中，有序列表的项目序号默认是十进制数字，可以通过"style"属性的"list-style-type"设置其他样式的序号。<ol>的"list-style-type"可能的取值为

● decimal（十进制），如 1、2、3…；
● lower-alpha（小写英文字母），如 a、b、c…；
● upper-alpha（大写英文字母），如 A、B、C…；
● lower-roman（小写罗马字母），如 i、ii、iii…；
● upper-roman（大写罗马字母），如Ⅰ、Ⅱ、Ⅲ…。

### 8．无序列表和列表项

使用<ul>…</ul>可以在 XHTML 中定义无序列表。两个标记之间只能包含列表项标记<li>…</li>，每一个列表项后会自动换行，无序列表在显示时，会在每个条目前面加上一个符号。

在 XHTML 中，无序列表的项目符号也可以通过"style"属性的"list-style-type"设置其他样式的序号。常用 3 种取值："disc"、"circle"、"square"，分别表示实心圆、空心圆和小方框。

在 XHTML 中，列表可以嵌套使用，一个列表可以是另一个列表的一个条目。有序列表和无序列表也可以各自或互相嵌套使用。嵌套一定要注意层次关系，各标记符号必须正确对应，正确嵌套。一般情况下，无序列表"list-style-type"的默认值为"disc"。在嵌套时，第二层嵌套默认值为"circle"，第三层嵌套默认值为"square"。

【例 2-3】 有序和无序列表练习。

（1）运行 Visual Studio 2005，选择"文件"→"打开"→"网站"，在打开的窗口中，选择"F：\XHTML 与 CSS"目录，打开上文所创建的站点。

（2）在"解决方案资源管理器"中用鼠标右键单击项目名"XHTML 与 CSS"，选择"添加"→"新建项"命名，然后在打开的窗口中选择"HTML"，在名称栏输入"ListExample"，单击"确定"按钮。

（3）切换到"ListExample"的"源代码"视图，并输入如下代码：

```
<!DOCTYPE html PUBLIC "-//W3C//DTD XHTML 1.0 Transitional//EN"
"http://www.w3.org/TR/xhtml1/DTD/xhtml1-transitional.dtd">
<html xmlns="http://www.w3.org/1999/xhtml">
<head>
    <title>有序和无序列表练习</title>
</head>
<body>
    <h4>
        嵌套 1 层的列表：</h4>
    <ol style="list-style-type: lower-roman;">
        <li>肉类</li>
        <li>蔬菜
            <ul>
                <li>番茄</li>
                <li>青菜</li>
            </ul>
        </li>
        <li>酒类</li>
    </ol>
    <h4>
        嵌套 2 层的列表：</h4>
    <ol>
        <li>动物
            <ul style="list-style-type: lower-alpha;">
                <li>两栖动物</li>
                <li>哺乳动物
                    <ul>
                        <li>人</li>
                        <li>猩猩</li>
                    </ul>
                </li>
                <li>鱼类</li>
            </ul>
        </li>
        <li>植物</li>
```

```
        </ol>
    </body>
</html>
```

（4）在页面上单击鼠标右键，选择"在浏览器中查看"命令，在浏览器中将打开文档，显示如图2.2所示的界面。

### 9．图像标记

XHTML 通过<img/>标记来实现图像的插入。标记<img/>单独使用，内部不需要包含别的内容，通过属性的方式为其设定要显示的图片，常用属性有如下几种。

src 属性：指定网页中所要显示的图像的位置。

alt 属性：用简单的文字说明所引用的图像，当图像不能显示或鼠标停在图片上时，可以通过它来描述图片。

还可以通过 style 下的 width 和 height 两个样式分别设置图片的高度和宽度，单位可以是像素。

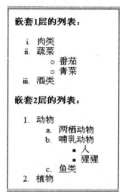

图 2.2　有序和无序列表显示效果

例如：

```
<img src="njnu.gif" alt="图片找不到" style="width: 300px; height: 60px;"/>
```

### 10．超链接标记

互联网的一个特色就是可以通过网页上的超链接连接到任何所希望的资源。在 XHTML 中使用标记符<a>…</a>创建超链接。标记<a>主要有如下几个属性。

id 属性：用来定义文档内创建的锚点（类同书签），在实现页面内链接的时候使用。

href 属性：用来指定超链接所链接的目标文档 URL。它提供了多种链接方式，可以在页面创建超链接，也可以链接到别的站点上的某个文件。

target 属性：用来定义打开超链接页面的方式。主要取值为"_blank"，再新建一个浏览器窗口，显示超链接的页面；"_self"在当前浏览器窗口中显示超链接的页面。

（1）链接到本网页内的某个锚点。实现一个网页内的链接时，需要先使用 id 属性定义一个锚点，再使用<a>标记的 href 属性指向该锚点。

在某位置创建锚点：

```
<a id="锚点名称">所要创建锚点的内容</a>
```

链接到本页面内的某个锚点：

```
<a href="#锚点名称">跳转到锚点位置</a>
```

在锚点名称前面加上"#"代表链接到本页内的某个锚点。

例如：

```
<a id="one">第一节</a>
…
…
<a href="#one">跳到第一节</a>
```

（2）链接到另一个页面。可以使用相对和绝对 URL 指向另一个页面。

链接到站内，一般采用相对地址：

```
<a href="XHTMLExample.htm">链接到 XHTMLExample 文件</a>
```

链接到站点外的文件，一般采用绝对地址：

```
<a href="http://news.qq.com/a/20080528/000770.htm">链接到网站外的文件</a>
```

（3）链接到另一个页面内的某个锚点。将前两种链接方式结合即可实现从一个页面转到另一个页面内的某一处。首先在目标页面内定义一个锚点，然后在源页面内建立超链接指向该锚点。一般形式为

```
<a href="页面文件名#锚点名称">跳转到另一个页面内的某锚点位置</a>
```

文件名后加#号，表示链接到目标文件中所定义的锚点处。

例如：

```
<a href="XHTMLExample.htm#one">链接到 XHTMLExample 文件中第一节位置</a>
```

（4）链接到另一个站点。在网页内创建超链接，直接链接到另一个网站。href 属性设置为要链接的目标网址即可。

例如：

```
<a href="http://www.sina.com">打开新浪</a>
```

（5）链接到电子邮件。在网页上，可以创建指向电子邮件的超链接，在创建指向电子邮件的超链接时，href 属性需要采用"mailto"协议，在该协议后面给出一个具体的电子邮件地址。

例如：

```
<a href="mailto:master@126.com">联系管理员</a>
```

（6）链接到浏览器不支持的文件类型。在创建超链接指向浏览器所不支持的文件时，如.rar 压缩文件格式，那么浏览器则自动弹出提示下载文件的对话框。

例如：

```
<a href="工具.rar">工具下载</a>
```

## 2.4 样式表（CSS）

网页设计中比较烦琐的工作之一就是样式控制和页面布局。样式是否美观、布局是否合理，会直接影响网站的效果。

### 2.4.1 样式

在 XHTML 中，每一个标记都可称为一个元素。元素是构成 XHTML 源代码的基本单位，一般用"<元素名称>"开头，用"</元素名称>"结束。如<body>…</body>，<div></div>等，有些元素也可以以"<元素名称/>"的形式出现，如<br />。

样式是指元素在浏览器中的呈现形式，如元素的高度、宽度、是否有边框、边框颜色、边框粗细、字体大小、字体颜色、元素的背景色和背景图片，元素内数据的对齐方式等。在

XHTML 中可以通过 style 属性设置元素的样式，每个 style 内包含一个或多个属性，其一般形式为

> style="属性名 1: 属性值 1; 属性名 2: 属性值 2; …"

属性名与属性值之间用冒号 ":" 分隔，如果一个样式有多个属性，各属性之间用分号 ";" 隔开。

例如：

```
<p style="font-family: "宋体"; color:green; background-color: yellow; font-size: 9pt">
…
</p>
…
<p style="font-family: "宋体"; color:green; background-color: yellow; font-size: 9pt">
…
</p>
```

又例如：

```
<body style="font-family: "宋体"; font-size: 12pt; background: yellow">
…
</body>
```

通过元素的 style 属性给元素设置样式称为内联式样式。使用内联式的优点是方便、直观，但是缺点也很明显。如果几个元素使用相同的样式，则需要给每个元素设置。如果要修改网页的外观样式，还必须打开网页文件对每个元素进行修改。

开发大型网站的时候，定义和修改网页的样式将会占据设计者很多的时间，特别是网页设计完成后，网站维护是网站设计人员的主要负担，CSS 为网站外观的维护提供了很好的解决方案。

## 2.4.2  样式表的使用

样式表（Cascading Style Sheets，CSS）是 W3C 协会为弥补 HTML 在显示属性上的不足而制定的一套样式标准。CSS 标准中重新定义了 HTML 中原来的文字显示样式，并增加了一些新概念（如类、层等），提供了更为丰富多彩的显示样式。CSS 可对网页的样式进行集中管理，它允许将样式定义单独存储于样式文件中，以便实现页面的结构和表现分离，使多个 HTML 文件共享样式定义。

CSS 规定了 3 种定义样式的方式，除了内联式，还有嵌入式和外部链接式。嵌入式在网页的 head 部分定义样式；外部链接式以扩展名为.css 的文件保存样式定义。3 种方式分别适用于不同的场合。

（1）内联式。内联式适用于单独控制某个元素样式的情况。这种方式的优点是设置样式直观、方便；缺点是修改某些元素的样式时，需要打开网页文件才能修改。

下面的代码采用内联式控制各个元素的样式：

```
<body style="background-color: #8888ff; text-align: center;">
    <div style="text-align: center;" id="div0">
        <img src="njnu.gif" alt="图片找不到" style="width: 300px; height: 60px;"/><br/>
        <div style="font-size: 40px; color: red;" id="div1">
            学生 成绩管理系统<br />
               
        </div></div>
</body>
```

（2）嵌入式。嵌入式适合于控制一个网页内具有相同样式的多个元素。采用这种方式的优点是当修改某些元素的样式时，只需要修改 head 部分的样式规则即可，该网页内所有使用了修改过的样式规则的元素都会自动应用新的样式。但这种方式仅仅适用于修改某个网页内的具有相同样式的元素，如果多个网页的很多元素均采用相同的样式，仍然需要在各个网页的 head 部分重复定义相同的样式规则。

如果把上例中的样式改为嵌入式定义，在 head 内控制样式，则可以将代码改成如下形式：

```
<head>
    <title>一个 Hello 网页</title>
    <style type="text/css">
        #div0{text-align: center;}
        img{width: 300px; height: 60px;}
        #div1{font-size: 40px; color: red;}
    </style>


</head>
<body style="background-color: #8888ff; text-align: center;">
    <div id="div0">
        <img src="njnu.gif" alt="图片找不到" id="img"/><br/>
        <div id="div1">
            学生 成绩管理系统<br />
               
        </div></div>
</body>
```

（3）外部链接式。外部链接式适用于控制多个网页内具有相同样式的元素。这种方式将样式保存在一个或多个单独的.css 文件中，当需要修改元素的样式时，只需要修改.css 文件中的样式规则即可。一旦修改了.css 文件中的某个样式规则，凡是引用了.css 内修改过的样式规则的元素，都会自动应用新的样式。

.css 文件内的内容和嵌入式方式下 head 标记内的 style 标记内的内容相同，只是单独保存在一个文件中，例如，将下列内容保存到 StyleSheet.css 文件中。

```
#div0{text-align: center;}
img{width: 300px; height: 60px;}
#div1{font-size: 40px; color: red;}
```

在 XHTML 中引用样式文件后，文件内的元素才会应用样式文件内的样式规则。引用样式文件的方法：在 head 标记块内添加下面的代码。

```
<link href="StyleSheet.css" rel="stylesheet" type="text/css" />
```

其中，rel 属性规定了 XHTML 与被链接文件的关系，type 属性规定了链接文件的类型，href 属性规定了要链接的样式文件的 URL。

**注意**：在某网页"设计"视图下，打开"属性"栏，在"顶部"下拉列表中，选择"DOCUMENT"，在属性列表中找到"StyleSheet"属性，单击后会出现文件浏览窗口，通过文件浏览定位到.css 文件，就可以通过可视化方法给文件添加对.css 文件的引用。设置完后会自动在 head 内生成如上的代码。

可见，比较好的方式是将样式放在单独的.css 文件中，然后在每个网页内添加对它的引用。

## 2.4.3　CSS 样式规则

页面采用内联式的时候，样式直接定义在元素的 style 属性上，所定义的样式只对某个元素起作用，但当页面采用嵌入式和外部链接式时，样式是单独定义的，我们把这种单独定义的样式称为样式规则。

样式必须符合的格式如下：

样式选择符{ 样式属性 1:值 1; 样式属性 2:值 2;样式属性 3:值 3; … }

其中包含两个部分：样式选择符，样式属性。

样式选择符用来设置样式所作用的元素范围。{ }内是所采用的样式。{ }内的样式会对样式选择符作用范围内的所有元素生效。样式属性可以通过可视化的"样式生成器"生成，它和 sytle 属性的值相同，可见理解样式规则的关键是样式选择符。

为了方便地控制样式规则所作用的元素范围，CSS 中把样式选择符分为几类：标签选择符、类选择符、ID 选择符、虚类选择符、包含选择符和并列选择符。

### 1．标签选择符

标签选择符（即 HTML 或 XHTML 标记）是最典型的选择符类型。定义的时候直接使用标记名称作为选择符名称。常见格式如下：

标签名{ 样式属性 1:值 1;样式属性 2:值 2;样式属性 3:值 3; …}

例如：

```
div
{
    background-color: white;                //背景颜色
    text-align: center;                     //文本水平布局
}
```

引用本.css 文件的页面内所有 div 标记会采用{ }内的样式。

### 2. 类选择符

标签选择符比较方便，能够对某种标签定义样式，但是有的时候并不想对网页内所有标签应用同一种样式，而只想对某些标签应用某种样式，它们不一定会是相同的标签。常见格式如下：

.类名{ 样式属性 1:值 1; 样式属性 2:值 2; 样式属性 3:值 3; … }

例如：

```
.center
{
    background-color: white;          //背景颜色
    text-align: center;               //文本水平布局
}
```

如果某个标签的 class 属性设置为类选择符的名称，类选择符就会对此标签起作用。例如：

```
<h1 class="center">类选择符</h1>
<h2 class="center">类选择符</h2>
```

h1 和 h2 的 class 属性都设置为 center，则 center 样式规则就会对它们起作用。

**注意**：类名的前面有个 "."，表示是自定义类。利用样式生成器定义的时候，系统会自动加上这个点，但引用的时候不要带点。

### 3. ID 选择符

ID 选择符用于对某一个元素定义样式规则，只能用于某个元素。常见格式如下：

#ID 名称{ 样式属性 1:值 1;样式属性 2:值 2;样式属性 3:值 3; … }

例如：

```
#header
{
    background-color: white;
    text-align: center;
}
```

如果某个标签的 ID 属性的值和 ID 选择符的名称相同，则 ID 选择符会对此标签生效。例如：

<div id="header">…</div>

可以看出类选择符和 ID 选择符定义方式非常相似，但也存在一定的区别。多个标签可以使用同一个自定义类，而 ID 却只能用于某一个标签。

利用 CSS 定义样式时还要注意，如果某个元素同时受标签选择符、类选择符和 ID 选择符的影响，要注意它们的优先级问题：ID 选择符的优先级最高，其次是类选择符，标签选择符优先级最低。

### 4. 虚类选择符

"虚类"是专门针对超链接标签的选择符，使用虚类可以为访问过的、未访问过的、激

活的以及鼠标指针悬停于其上的 4 种状态超链接定义不同的显示样式。即

A:link　　代表未访问过的超链接；

A:visited　　代表访问过的超链接；

A:active　　当超链接处于选中状态；

A:hover　　当鼠标指针移动到超链接上。

例如：

```
A:active
{
    color: blue;
    background-color: buttonface;
}
```

### 5. 包含选择符

包含选择符用于定义具有层次关系的样式规则，它由多个样式选择符组成，一般格式如下：

```
选择符 1　　选择符 2…{ 样式属性 1:值 1；样式属性 2:值 2;样式属性 3:值 3; … }
```

各选择符之间用空格分割。例如：

```
DIV　P　H1
{
    font-weight: bold;
    color: red;
}
```

代表只有处于 Div 标签内的的 P 标签内的 H1 标签才会应用如上的样式，其他地方的 H1 不会受此样式影响。

## 2.4.4　样式生成器

每个元素可以设置的样式有很多，对于初学者不可能很快地掌握，因此 Visual Studio 2005 集成了一个图形化的"样式生成器"能够快速地对元素的样式进行图形化的设置。对于初学者只需掌握样式生成器的使用即可，不需要完全掌握 CSS 的所有知识。

样式生成器可以帮助设计者快速地设置元素的样式，在"设计"视图下，选择某个元素，然后用鼠标右键单击该元素，在快捷菜单中选择"样式"命令，即可看到如图 2.3 所示的"样式生成器"对话框。

**注意**：Visual Studio 2005 为了便于元素的选择，提供了 HTML 标签导航，如图 2.4 所示，用于显示目前鼠标所在区域所使用的 HTML 标签，在 HTML 标签导航单击一个标签，就可以选中该元素。

如果在"设计"视图中，不方便精确选择。可以打开"属性"侧栏，再切换到"源"视图，把光标定位到某个元素内。"属性"中就会显示所在元素的属性，单击 style 属性，也就会出现如图 2.3 所示的对话框。

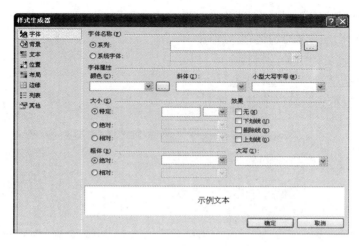

图2.3 "样式生成器"对话框

**注意：** CSS 只能对 XHTML 的标记进行设置，对于 ASP.NET 中提供的服务器控件不方便使用，服务器控件有专门的"外观文件"对其设置，后面章节会进行介绍。

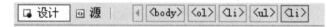

图2.4 HTML 标签导航

如图 2.3 所示的对话框分为两个窗格。左窗格列出 8 种常规类别（字体、背景、文本、位置、布局、边缘、列表和其他），基本包括了 CSS 样式中常用的类别。当选择某种类别时，右窗格会显示所选类别下的相关样式，在窗格下部显示了设置该样式后的预览效果。设置完样式选项后，单击"确定"按钮，样式生成器会自动给对应的元素生成样式定义。

样式生成器常用选项介绍如下。

## 1. 字体

如图 2.3 所示，字体类别主要用来对元素内的文本的字体进行相应的设置，可以设置"字体名称"、"字体颜色"、"字体大小"、"字体效果"、"粗体"、"斜体"等。

字体名称：单击字体的 [...] 按钮，打开"字体选择器"窗口，设置需要的字体。也可以采用系统字体。

字体颜色：单击颜色的 [...] 按钮，打开"颜色选择器"窗口，设置需要的颜色。

字体大小：字体大小分为特定、绝对、相对三个选项。

"特定"是根据 CSS 的长度单位来设置字体的大小。

CSS 的长度单位分为绝对单位和相对单位，其中绝对单位有 px（像素）、in（英寸）、pt（点，1pt＝1/72in）、cm（厘米）、mm（毫米）、pc（1pc＝12pt）；相对单位有%（百分比）、em（当前浏览器字体中大写字母"M"的宽度）、ex（当前浏览器默认字体中小写字母"x"的高度）。字体一般采用 pc 作为单位。

"绝对"是根据 CSS 的 7 种 Keyword 设置字体大小。

Keyword 用于分配一种与基准文本尺寸有关的尺寸：xx-small、x-small、small、medium、large、x-large、xx-large。其中 medium 和浏览器的基准字号相同（基准字号默认是 16px），其他每一种都是在这个基础上增加或者减小 1.2 个系数的尺寸。

"相对"可以让设计者根据父元素的字体大小来设置元素字体大小，取值有"较大"、"较小"，即相对于父元素字号较大或较小。

### 2．背景

如图 2.5 所示，背景类别主要用来对元素的背景进行相应的设置，可以设置"背景色"、"背景图像"、"背景图像的平铺方式"、"背景图像的滚动方式"、"背景图像的位置"等。

图 2.5　样式生成器——背景

背景色：单击颜色的 $\boxed{...}$ 按钮，打开"颜色选择器"窗口，设置需要的颜色。

背景图像：单击背景图像的 $\boxed{...}$ 按钮，打开"选择背景图像"窗口，选择要使用的背景图像。

背景图像的平铺方式：如果图像的尺寸比元素的尺寸小的情况下，可根据需要把图像平铺显示，可以设置为沿水平方向平铺、沿垂直方向平铺、沿两个方向平铺，不平铺。

背景图像的滚动方式：当元素内有滚动条的时候，可以设置图像是否随滚动条一起滚动。可以设置为滚动背景、固定背景。

背景图像的位置：可以设置背景图像在元素内的水平或垂直位置，可设置居左、居中、居右，还可以自定义图像在元素内距左部或顶部的距离。

### 3．文本

如图 2.6 所示，文本类别主要用来对元素内的文本进行相应的设置，可以设置"水平和垂直对齐方式"、"字母和行间距"、"文字缩进"、"文本方向"等。

图 2.6　样式生成器——文本

水平和垂直对齐方式：设置文本在元素内的水平对齐或垂直对齐方式。

字母和行间距：设置行中字母的间距，不同行之间的间距。

文字缩进：设置元素内首行文字缩进。

文本方向：设置元素内文字是从左到右排列，还是从右到左排列。

### 4．位置

如图 2.7 所示，位置类别主要用来设置元素的位置属性。其中"高度"和"宽度"两项是用来设置元素大小的。在网页设计中，经常要对元素大小进行设置，此两项是经常使用的样式设置。

除了要设置元素的大小外，还需要设置元素在页面中的位置。CSS 中提供了几种位置模式，分别为"正常流中的位置"、"正常流中偏移量"、"绝对位置"。

（1）正常流中的位置。正常流中的位置是按照如下的布局显示的。网页中的元素按照从左到右、从上到下的顺序显示，各元素之间不重叠。如果不设置元素定位方式，则正常流中的位置作为默认显示方式。

（2）正常流中偏移量。正常流中偏移量是指元素在正常流中的位置基础上，再做一定的偏移后所处的位置为元素的显示位置。如果元素在正常流中的位置做了偏移，那么以前所在的位置会出现一个空洞，别的元素无法占用。为此一般只把一个元素的模式设置为"正常流中偏移量"，而实际不进行位置偏移。

（3）绝对位置。绝对位置是指元素显示在页中的位置由 style 样式的 left、top、width、height 以及 z-index 属性决定。z-index 值大的元素会覆盖 z-index 值小的元素，即 z-index 值大的元素会显示在上层。left 是元素在 $x$ 轴方向上离其参考物的距离，top 是元素在 $y$ 轴方向上离其参考物的距离。width 和 height 是元素的宽度和高度。元素的参考物是以它最近的具有 position 属性的父容器作为参考物的，如果没有上述的父容器，就相对于浏览器窗口。为了控制"绝对位置"元素在网页上的位置不随客户端分辨率改变而改变，通常用定位模式为"正常流中偏移量"的元素作为"绝对位置"的元素的参考物。

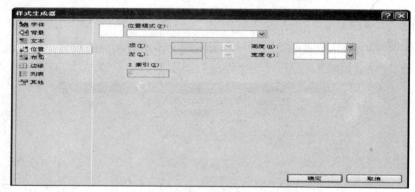

图 2.7　样式生成器——位置

### 5．布局

如图 2.8 所示，布局类别主要用来设置元素在网页内的布局，具体的内容会在下文讲布局的时候详细讲解。

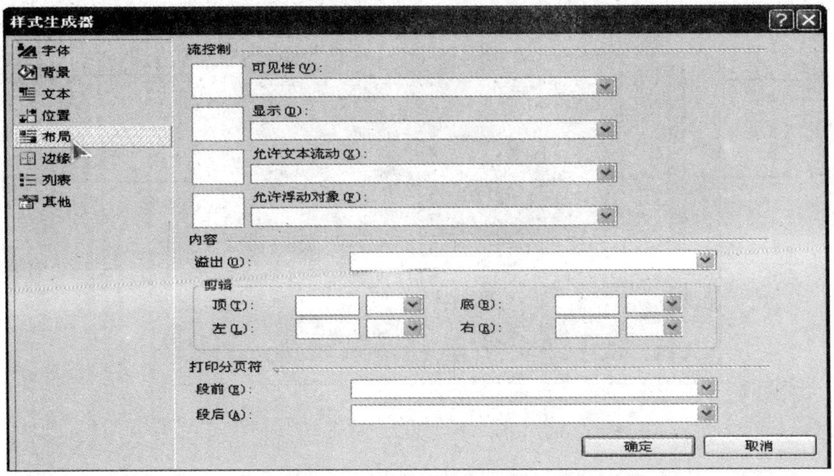

图 2.8　样式生成器——布局

## 6．边缘

如图 2.9 所示，边缘类别主要用来设置元素边缘属性。"边距"是控制环绕某元素的矩形区域与其他元素之间的距离，可以为正值，也可以为负值，当是负值时，两个元素就可以重叠在一起。"空白"是控制元素与边框之间的距离，只能取正值。

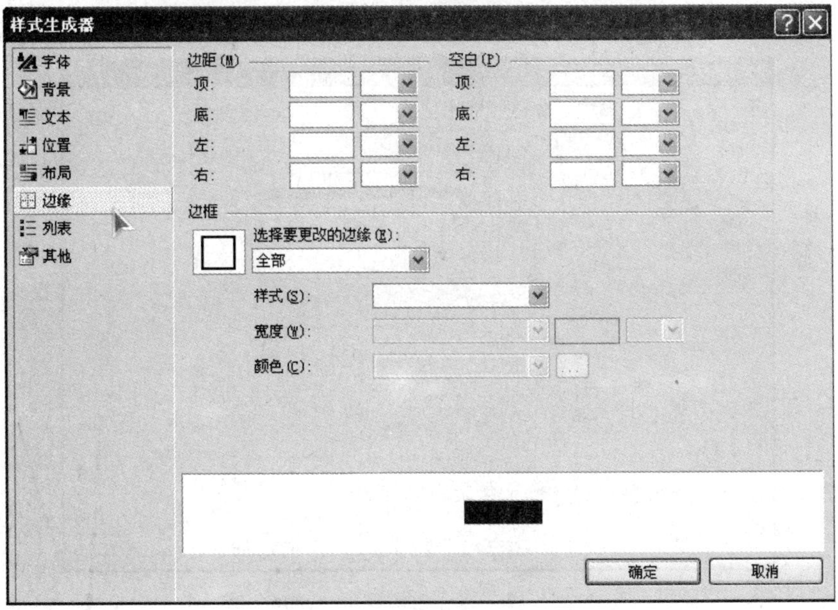

图 2.9　样式生成器——边缘

要理解元素的"边距"和"空白"，需要理解 CSS 中元素的"盒模型"。网页内的每一个元素在网页上都可以看做一个盒子，盒子模型如图 2.10 所示。即一个元素由如下几部分组成：内容、空白、边框、边距。可见一个元素的实际长度＝左边距＋左边框＋左空白＋内容＋右空白＋右边框＋右边距。通过位置属性所设置的元素大小是元素内容的大小，元素所占用的大小比设置的要大。

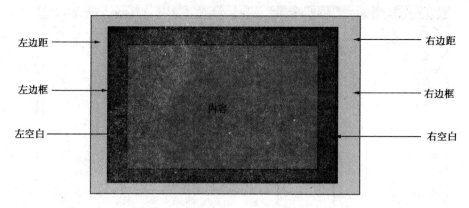

左边距　　　　　　　　　　　　　　　　　　右边距

左边框　　　　　　　　　　　　　　　　　　右边框

内容

左空白　　　　　　　　　　　　　　　　　　右空白

图 2.10　盒子模型

若要让元素与边框之间有空隙，可以通过元素的"空白"设置。要让两个元素之间有一定的距离，可以通过元素的"边距"设置。

"边框"属性可以给元素的边框添加边框样式和边框的颜色、宽度等属性，使元素展现出边框。可以只对元素的某一边的边框进行设置，也可以对全部边框进行设置。

**7. 列表**

列表类别主要用来设置元素内的列表元素的列表样式。只有元素内有列表元素的时候，列表元素的列表样式才受影响。可以通过"列表"设置有序列表和无序列表的样式。

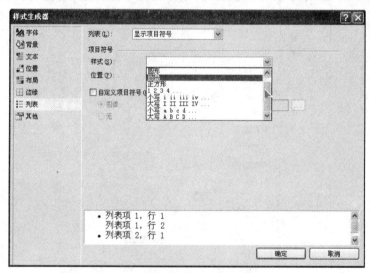

图 2.11　样式生成器——列表

【例 2-4】　利用 Visual Studio 2005 可视化创建样式规则。

（1）运行 Visual Studio 2005，选择"文件"→"打开"→"网站"，在打开的窗口中，选择"F:\XHTML 与 CSS"目录，打开上文所创建的站点。

（2）在"解决方案资源管理器"中用鼠标右键单击项目名"XHTML 与 CSS"，选择"添加"→"新建项"命名，然后在打开的窗口中选择"样式表"，在名称栏输入"StyleSheet.css"，单击"确定"按钮。

Visual Studio 2005 将开发 StyleSheet.css 文件，并在工具栏显示出样式表工具栏，如图 2.12 所示。

图 2.12　样式表工具栏

（3）单击 按钮，将打开如图 2.13 所示的"添加样式规则"对话框。

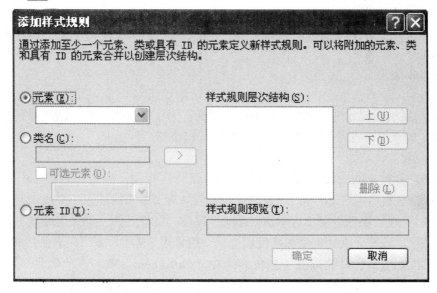

图 2.13　"添加样式规则"对话框

元素下拉列表内列出了可用的 HTML、XHTML 标记和虚类，主要用来创建"标签选择符"和"虚类选择符"。

类名用来创建"类选择符"。

元素 ID 用来创建"ID 选择符"。

创建好的选择符通过单击 按钮，可以把其添加到样式规则层次结构中，用来创建包含选择符。

在 CSS 文件中建立好样式选择符后，可以把光标定位到样式选择符上，通过单击"样式表"工具栏中的"生成样式"工具项，打开可视化的"样式生成器"，通过样式生成器给样式规则设置对应的样式，设置结束后，单击"确定"按钮后就会自动在{}内生成对应的样式。

## 2.4.5　网页布局与页面布局

网页布局和页面布局在网页设计中占据重要的作用。一个网页的布局直接影响了一个网站的效果，下面将对常见的布局问题进行介绍。

网页布局方式主要分为左对齐、居中和满屏显示。默认情况下，网页布局为水平左对齐显示。但在实际的网站中，我们看到的网站都是水平居中或满屏显示。下面介绍具体实现方法。

### 1. 网页水平居中显示，宽度固定

实现网页水平居中显示的方法很简单，只需要在 body 的 style 样式中，设置文本水平居中（text-align 属性为 center）即可。如果希望页面宽度固定，可以通过设置 body 内的第一个 div 的宽度（width）属性来实现。代码如下：

```
<body style="text-align: center">
    <form id="form1" runat="server">
    <div style="width: 910px">



    </div>
    </form>
</body>
```

一般显示显示器的分辨率最低都是 1024×768，为了使用更多的空间展现页面可以把宽度设为 910，如果网页内容不是很多，可以相对设得小些。

图形化设置的方法如下。

（1）新建一个 aspx 页面，切换到页面的"设计"视图，用鼠标右键单击，选择"属性"，在"属性"窗口内给 div 的 ID 属性赋一个值（对于网页内的每一个层，习惯上要给其 ID 属性赋值），在"属性"窗口内单击"style"属性，在打开的"样式生成器"对话框中，切换到"位置"，设置元素的宽度和高度属性，一般采用像素。

（2）在"属性"窗口的顶部下拉框内选中"Document"项，在"属性"窗口内单击"style"属性，在打开的"样式生成器"对话框中，切换到"文本"，设置"对齐方式"内的"水平"对齐为"居中"。

### 2. 网页水平居中显示，宽度随浏览器分辨率大小自动调整

要实现此功能，只需要将 body 内的第一个 div 的固定宽度改成百分比即可。代码如下：

```
<body style="text-align: center">
    <form id="form1" runat="server">
    <div style="width: 95%">



    </div>
    </form>
</body>
```

注意不要设置为 100%，因为网页滚动条会占居一部分宽度，如果设为 100%，网页水平方向就会出现滚动条。这种方式也有缺点，如果客户的浏览器分辨率特小，页面可能出现错位的问题，如本来一行的元素，会显示成两行。

图形化设置的方法：在上面设置方法的第一步——样式生成器的"位置"内，设置元素的宽度为百分比，取值为（1～100），单位为"%"。

### 3. 表格页面布局

常用的网页布局方式有两种：一种是传统的表格布局，优点是布局直观、方便，缺点是

日后调整布局麻烦，网页显示速度慢（整个表格下载结束后才能显示）；另一种是利用DIV＋CSS布局，也是当前网页设计中主要采用的方法。

（1）表格的用法。在 HTML 或 XHTML 中，用\<table\>标记表示表格，每个表格均由行和列组成，\<tr\>表示表格的行，\<td\>表示表格的列，行列交叉构成单元格，下面的代码构成了一个 1 行 2 列的表格。

```
<table style="width: 400px">
    <tr>
        <td style="width: 200px">第一行第一个单元格</td>
        <td style="width: 200px">第一行第二个单元格</td>
    </tr>
</table>
```

为了控制表格的布局，需给表格和表格的单元格设置对应的高度和宽度，使其符合布局的需要。

常用表格属性如下。

border：用来设置表格边框宽度，如果不想显示表格边框则可以设置为 0。

cellspacing：表格内宽（table 与 tr 之间的间隔）。

cellpadding：表格内单元格间隔（tr 与 tr 之间的间隔）。

要插入表格，把光标定位到要插入的位置，通过 VS 2005 的菜单栏"布局"→"插入表格"命令，打开"插入表格"对话框，设置表格的行数和列数，以及表格的宽度信息，并设置单元格的属性后，单击"确定"按钮即可生成。

（2）不规则表格。在规则的表格内，\<tr\>内的每一个\<td\>表示一个单元格，可以通过rowspan 和 colspan 使一个单元格占据多行和多列，构建出不规则的表格，如图 2.14 所示。

| (1,1)(1,2)(1,3) | | |
|:---:|:---:|:---:|
| (2,1) | (2,2) | (2.3) |
| (3,1)(3,2)(3,3) | | |

图 2.14　不规则的表格

源代码如下：

```
<table style="width: 300px">
    <tr>
        <td colspan="3"> (1,1)(1,2)(1,3)</td>
    </tr>
    <tr>
        <td style="width: 100px"> (2,1)</td>
        <td style="width: 100px"> (2,2)</td>
        <td style="width: 100px">(2.3)</td>
    </tr>
    <tr>
```

```
                <td colspan="3"> (3,1)(3,2)(3,3)</td>
        </tr>
</table>
```
也可以通过先插入一个规则的表格，然后再通过单元格的合并来生成不规则的表格。

（3）利用表格布局。利用表格布局主要通过将网页中的内容分为若干个区块，用表格的单元格代表区块，然后分别在不同的区块内填充内容，如图 2.15 所示。

| 导航区 | | |
|---|---|---|
| 左栏 | 中间 | 右栏 |
| 版权信息 | | |

图 2.15　表格布局

一般先把整个网站分为几个大的区块，规划出页面整体布局，然后根据页面的布局利用表格绘制页面，如果单元格内元素很多，需要在单元格内再插入一个表格，对单元格内的元素再进行布局，依次类推，直到网页内的元素位置可以方便控制为止。

利用表格布局的局限性：因为网页内所有元素都在表格内，而浏览器需把整个表格全部下载到客户端后才可以显示表格内的内容，那么用户会感觉到网站打开速度有些慢，所以不提倡采用表格对整个网页布局，一般情况下只是利用表格控制网页局部的布局。

### 4. DIV＋CSS 页面布局

DIV＋CSS 的页面布局是 Web 2.0 时代提倡的一种页面布局方式，是一种比较灵活、方便的布局方法。对于 DIV＋CSS 布局的页面，浏览器会边解析边显示。实际上 DIV＋CSS 布局的最大优点不仅是这些，它体现了结构和表现的分离，方便日后网站的维护和升级。

DIV＋CSS 网页布局的基本流程如下。

（1）规划网页结构，把网站整体上分为几个区块，规划好每个区块的大小和位置。

（2）把区块用 DIV 标签代替，设置好每个 DIV 的大小和样式。

（3）通过布局属性设置 DIV 的位置布局。

要控制 DIV 的布局属性，可以采用 Visual Studio 2005 的样式生成器中的"布局"来设置，主要用到如下几个属性。

① 允许文本流动（float），可取值：

● "不允许边上显示文本（none）"，即在 DIV 的两边不能显示其他的元素，独占一行。

● "靠左（left）"，DIV 在父元素的左面。

● "靠右（right）"，DIV 在父元素的右边。

② 允许浮动对象（clear，代表浮动清除），可取值：

● "任何一边（none）"，DIV 的任何一边可以有浮动对象。

● "仅左边（left）"，DIV 的左边允许出现浮动对象，右边的元素被清除。

● "仅右边（right）"，DIV 的右边允许出现浮动对象，左边的元素被清除。

● "不允许（both）"，DIV 的两边不允许出现浮动对象，两边的元素都被清除。

上面两个属性必须结合起来一起使用，来控制 DIV 的布局。

页面布局主要分为两栏布局和多栏布局。下面分别介绍利用 DIV＋CSS 进行页面布局的方法。

两栏布局，即网页主体部分由两栏组成，如图 2.16 所示。

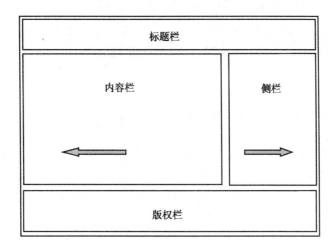

图 2.16　两栏页面布局

整个网页插入一个宽 800 像素的 DIV，在其内部再放入其他的 DIV。顶部是标题栏，底部是版权栏，主体分为两栏，"内容栏"宽 500 像素，"侧栏"宽 300 像素。为了能够让"内容栏"偏到左边，需设置其 float 属性为 left，为了让"侧栏"偏到右边，需设置其 float 属性为 right。为了让"版权栏"两边没有别的元素，需设置其 clear 属性为 both。

如栏数超过两个，则可以通过层嵌套，把其分隔成如上的布局。例如 3 栏，则可以如图2.17 所示布局。

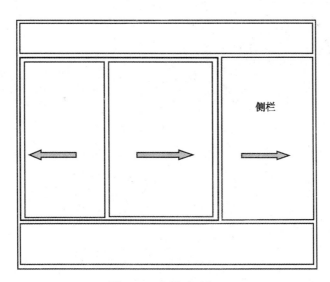

图 2.17　多栏页面布局

可以把左边的两个 DIV 放到一个 DIV 内部，这样就可以把这两个 DIV 看做一个 DIV 对待，内部可以再进行布局。依此类推，当布局很复杂的时候，就可以采用 DIV 内部再放DIV 的方式来实现。

## 本章小结

本章主要介绍了 Web 标准的几个部分，以及每部分在静态网页设计方面的作用，并对 Web 标准中两个重要的部分进行了详细的介绍。

本章介绍了 HTML 和 XHTML 的标记规范和常用标记的作用，以及两者的区别。介绍了 CSS 样式的作用和在 Visual Studio 2005 中样式生成器的使用，并介绍了 CSS 中的几种引用方式和样式规则相关的知识，最后就网页布局相关知识进行了介绍。

通过学习本章，能够基本掌握静态网页设计和网页布局的知识，并能够用其设计出较为美观的简单静态页面，为后面的动态网页设计打下基础。

# 第 3 章　ASP.NET 2.0 体系结构

ASP.NET 2.0 是由微软公司推出的用于 Web 应用开发的全新框架，是.NET 框架的组成部分，它包含了许多新的特性，是为了建立动态 Web 应用而设计的全新技术。本章主要介绍 ASP.NET 2.0 的体系结构、运行环境、ASP.NET 2.0 程序结构及 Visual Studio 2005 开发工具。

## 3.1　ASP.NET 2.0 及.NET 框架

### 3.1.1　ASP.NET 2.0 简介

进入 21 世纪以来，微软公司鲜明地提出了.NET 的发展战略，确定了创建下一代 Internet 平台的目标。什么是下一代 Internet？下一代 Internet 的主要特征之一是，它将无处不在，世界上任何一台智能数字设备都有可能通过宽带连接到 Internet。作为下一代 Internet 的平台应该实现以下要求。

（1）为各种类型的客户服务。不仅能为现有的计算机、手提式计算机、移动电话等客户服务，还要能为未来可能加入 Internet 的智能设备（如电视机、电冰箱、洗衣机等）提供服务。

（2）强大的交互和运算能力。

（3）跨平台交换数据的能力。

（4）快速设计和部署的能力。

（5）强有力的信息安全保障能力。

在这些思想的指导之下，微软于 2000 年推出了基于.NET 框架 的 ASP.NET 1.0 版本，2002 年推出了 ASP.NET 1.1 版本，2005 年年底又推出了 ASP.NET 2.0 版本。ASP.NET 是在 ASP 的基础上发展起来的，但它不只是 ASP 的升级，而且是重新构筑的一个全新的系统。由于 ASP 存在着"先天"不足，用修补、增添的办法已经很难满足要求。关键的问题有：ASP 不是一个完全的面向对象的系统，它使用的脚本语言虽然简单、灵活，但属于弱类型语言，功能不强而且容易出错，系统提供的内建对象也只有几十个，同时 ASP 通过解释来执行代码，效率比较低，等等。

ASP.NET 是建立在.NET 框架平台上的完全面向对象的系统。ASP.NET 与.NET 框架平台紧密结合是 ASP.NET 的最大特点。有了.NET 框架的支持，一些单靠应用程序设计很难解决的问题，都可以迎刃而解。.NET 框架平台给网站提供了全方位的支持，这些支持包括以下方面。

（1）强大的类库。利用类库中的类可以生成对象组装程序，以实现快速开发、快速部署的目的。

（2）多方面服务的支持，如智能输出（对不同类型的客户自动输出不同类型的代码）、内存的碎片自动回收、线程管理、异常处理等。

（3）允许利用多种语言对应用进行开发。

（4）跨平台的能力。

（5）充分的安全保障能力。

## 3.1.2　.NET 框架

.NET 框架中使用了很多全新的技术，带来了很多根本性的、深层次的创新。框架给
Internet 构筑了一个理想的工作环境。在这个环境中，用户能够在任何地方、任何时间、使
用任何设备从 Internet 中获得所需的信息，而无须知道这些信息存放在什么地方以及获得这
些信息的细节。

.NET 框架的体系结构包括 5 大部分：

- 程序设计语言及公共语言规范（CLS）
- 应用程序平台（ASP.NET 及 Windows 应用程序等）
- ADO.NET 及类库
- 公共语言运行库（CLR）
- 程序开发环境（Visual Studio）

其结构如图 3.1 所示。

构建在 Windows 操作系统之上的是公共语言运行时，负责执行程序，提供内存管理、
线程管理、安全管理、异常处理、通用类型系统与生命周期监控等核心服务。在 CLR 之上
的是.NET Framework 类库，提供许多类与接口，包括 ADO.NET、XML、IO、网络、调
试、安全和多线程等。

.NET Framework 类库是以命名空间（Namespace）的方式来组织类库，命名空间与类
库的关系就像文件系统中的目录与文件的关系一样。例如，用于处理文件的类属于
System.IO 命名空间。

在.NET 框架基础上的应用程序主要包括 ASP.NET 应用程序和 Windows Forms 应用程
序，其中 ASP.NET 应用程序又包含了"Web Forms"和"Web Service"，它们组成了全新的
Internet 应用程序。而 Windows Forms 是全新的窗口应用程序。

在.NET Framework 之上，无论采用哪种编程语言编写的程序，都被编译成中间语言
IL，IL 经过再次编译形成机器码，完成 IL 到机器码编译任务的是 JIT（Just In Time）编译
器。上述处理过程如图 3.2 所示。

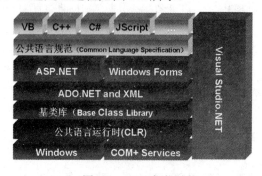

图 3.1　.NET 框架结构

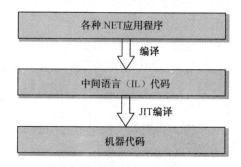

图 3.2　.NET 应用程序的编译过程

对于 ASP.NET 应用程序，使用 IL 技术和 JIT 技术还能够提高执行效率。当第一次执行
ASP.NET 程序时，它被先编译为中间语言代码，再由 JIT 编译器将中间语言代码编译为机器

码，并将机器码存放在缓存中。以后再执行该程序时，只要程序没有变化，系统将直接从缓存中读取机器码，从而大大提高了执行效率。

## 3.2 ASP.NET 2.0 的逻辑结构及代码模式

### 3.2.1 ASP.NET 2.0 的逻辑结构

ASP.NET 2.0 系统的逻辑结构可以是两层结构，也可以是三层结构。所谓两层结构是表现层直接使用数据层的接口；所谓三层结构是在表现层和数据层的中间增加一个业务逻辑层。业务逻辑层负责处理用户输入的信息，或者是将这些信息发送给数据访问层进行保存，或者是调用数据访问层中的函数再次读出这些数据。两层或三层逻辑结构如图 3.3 所示。

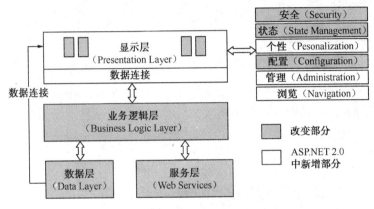

图 3.3  ASP.NET 的两层或三层逻辑结构

图中灰底部分在 ASP.NET 1.x 中已经具备，但新版本（2.0 版本）对这些部分做了很多改进。而白底部分是 2.0 版本新增加的功能。

图中左边的"数据连接"线段代表两层结构时的连接，中间的数据连接代表三层结构时的连接。在三层结构中，第一层是显示层（Presentation Layer），第二层是商业逻辑层（Business Logic Layer），第三层是数据层（Data Layer）或服务层（Web Services）。如果系统比较简单时，采用两层结构比较合适。当系统比较复杂或者系统有特殊要求时适合于采用三层结构。

图的右上方列出了系统提供的多种服务，包括安全、状态、个性、配置、管理和浏览等服务。正是在系统提供的这些服务的基础上，才可能快速地开发出功能强大而又健壮的应用系统。

### 3.2.2  ASP.NET 2.0 的代码模式

每个 ASPX 网页中包含两方面的代码：用于定义显示的代码和用于逻辑处理的代码。用于显示的代码包括 HTML 标记以及对 Web 控件的定义等；用于逻辑处理的代码主要是用 C#或者是其他语言编写的事件处理程序。

在 ASP.NET 中，这些代码可以用两种模式存储：一种是代码分离模式，另一种是单一模式。在代码分离模式中，显示信息的代码与逻辑处理的代码分别放在不同的文件中；在单一模式中，将两种代码放置在同一个文件中。

新建 ASPX 网页时可以选择代码存储方式，其设置的方法如图 3.4 所示。

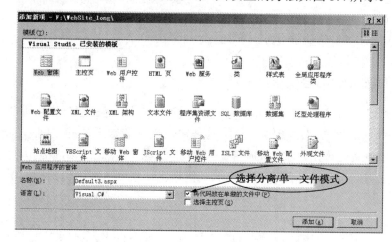

图 3.4　选择代码存储模式

对话框右下角的第一个复选框用来确定存储模式。如果被选中，将使用分离模式，否则使用单一模式。推荐大家使用代码分离模式，这种模式代码结构清晰且便于调试和维护，适合大型项目的代码规范要求。本书后续章节的综合示例程序将采用这种模式，但部分较简短的举例为了清晰明了起见将会采用单一模式实现。

## 3.3　ASP.NET 2.0 应用程序的组成

一个成功发布的 ASP.NET 2.0 应用程序通常包括以下 6 部分。

（1）一个在 IIS 信息服务器中的虚拟目录。这个虚拟目录被配置为应用程序的根目录。

（2）一个或多个带.aspx 或.ascx 扩展名的文件。

（3）Web.config 应用程序配置文件，这在 ASP.NET 2.0 中并非是必须的。

（4）Global.asax 全局文件，和 Web.config 一样，这个文件也是非必须的。

（5）保留文件夹，用于系统特定类型的文件。

（6）bin 目录，包含发布网站时生成的若干程序集（.dll 文件），这些程序集通常是在应用程序中引用的控件、组件或其他代码。应用程序将自动引用此目录的代码所表示的任何类。要求此目录位于 Web 应用程序的根目录下。

### 1.　虚拟目录

虚拟目录又称为目录的"别名"，它是以服务器作为根的目录。默认安装时，IIS 的 Web 服务器主目录被设置为 C:\Inetpub\wwwroot，该目录对应的 URL 是 http://localhost/。在 Internet 中向外发布信息或接受信息的应用程序必须放在虚拟目录或其子目录下面。系统将自动在虚拟目录下去寻找相关的文件。

将应用程序放在虚拟目录下，有两种方法。

（1）直接将网站的根目录放在虚拟目录下面。例如应用程序的根目录是"myweb"，直接将它放在虚拟目录下，物理路径为"C:\Inetpub\wwwroot\myweb"。此时对应的 URL 是

"http://localhost/myweb"。

（2）将应用程序目录放到一个物理目录下（例如，D:\myweb），同时建一个虚拟目录指向该物理目录，此时新建的虚拟目录名只是一个别名，并不要求和被指向的物理目录同名。客户只需要通过虚拟目录的 URL 来访问，并不需要知道对应的物理目录在哪里。这样做的好处是一旦应用程序的物理目录有了改变时，只需更改目录映射，无须更改虚拟目录名，客户仍然可以用原 URL 来访问它们。

## 2．网页文件

网页是 Web 应用程序运行的主体。ASP.NET 中的基本网页以 aspx 作为后缀。除此以外，应用程序中还可以包括以 ascx 为后缀的用户控件，以传统的 html 或 asp 为后缀的网页。

当服务器打开后缀为 htm 的网页时，服务器将不经过任何处理就直接送往浏览器。而当服务器打开后缀为 aspx 的网页时，需先运行服务器端的代码，然后再将结果转换成 HTML 的代码形式送往浏览器。对于曾经请求过而又没有改变的 aspx 网页，服务器会直接从缓冲区中取出结果而不需要再次运行。

可见，对于一个即使不包含服务器端代码的 HTML 网页，也允许使用 aspx 作为文件的后缀。此时服务器会解读此网页，当它发现其中并不包括服务器端代码时，也会将文本送往浏览器，其他什么事情也不做，其结果只是稍微降低了程序的运行效率。尽管允许将纯 HTML 网页也使用".aspx"后缀，但并不提倡这样做。反过来，如果网页中包括有服务器控件或服务器端代码，而仍然采用".htm"后缀时，就会出现错误。

## 3．网站配置文件（Web.config 文件）

Web.config 是一个基于 XML 的配置文件。该文件的作用是对 Web 应用程序进行配置，比如规定客户的认证方法，基于角色的安全技术的策略，数据绑定的方法，错误显示方式，数据库连接串等。

Web.config 并不是网站必备的文件。这是因为服务器有一个总的配置文件，名为"Machine.config"，默认安装在"C:\windows\Microsoft.NET\Framework\(版本号)\ CONFIG\"的目录下。这个配置文件已经确定了所有 ASP.NET 应用程序的基本配置，通常情况下不要去修改这个文件，以免影响其他应用程序的正常运行。

## 4．网站全局文件（Global.asax 文件）

Global.asax 文件也是一个可选的文件，但是一个应用程序最多只能建立一个 Global.asax 文件，而且必须放在应用程序的根目录下。这是一个全局性的文件，用来处理应用程序级别的事件，放置例如 Application_Start、Application_End、Application_Error 和 Session_Start、Session_End 等事件的处理代码。

当应用程序运行的时候，Global.asax 的内容被编译到一个继承自 HttpApplication 类的类中。显然，HttpApplication 类中所有的方法、类和对象对于应用程序都是可用的。

CLR 监控着 Global.asax 的变化。如果它察觉到这个文件发生了改变，那么将自动启动一个新的应用程序复本，同时创建一个新的应用程序域。原应用程序域当前正在处理的请求被允许结束，而任何新的请求都交由新应用程序域来处理。当原应用程序域的最后一个请求处理完成时，这个应用程序域即被清除，有效地保证了可以重新启动应用程序，而不被任何用户察觉。

为防止应用程序用户下载应用程序而看到源代码，ASP.NET 默认配置为阻止用户查看 Global.asax 的内容。如果有人在浏览器输入以下 URL：http://localhost/progaspnet/Global.asax，将会收到一个 403（禁止访问）错误信息。

**5. 保留文件夹**

ASP.NET 使用应用程序根目录下的许多特殊目录来维护应用程序的内容和数据。ASP.NET 2.0 在 ASP.NET 1.x 中已存在的 Bin 目录的基础上又引进了另外 7 个受保护的目录。这些目录也不是一定要存在的，每个目录需要开发者在需要时手动创建或通过 Visual Studio 创建。

以下是最常用的 3 个保留目录。

（1）App_Code 包含页使用的类的源文件（.cs 或.vb）。所有的文件必须使用相同的语言。

（2）App_Data 包含应用程序数据文件，包括 MDF 文件、XML 文件和其他数据存储文件。ASP.Net 2.0 使用此目录来存储应用程序的本地数据库。

（3）App_Themes 包含应用程序支持的主题和外观的定义，也是保留目录中唯一可以通过 HTTP 请求访问的目录。

## 3.4 创建网站

网站是管理应用程序并向外发布信息的基本单位，也是网站迁移的基本单位。在 ASP.NET 2.0 中，一个网站就是一个应用程序。由于应用的目的不同，在 ASP.NET 2.0 中可以建立三种类型的网站。

（1）文件系统网站。

（2）本地 IIS 网站。

（3）远程网站。

选择菜单"文件"→"新建网站"命令，将打开"新建网站"对话框，其中可以看见这三种网站对应选项，如图 3.5 所示。

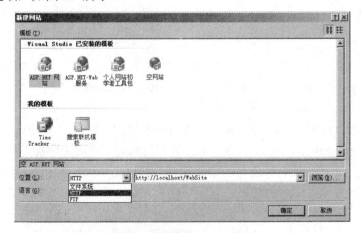

图 3.5 "新建网站"对话框

## 1．创建文件系统网站

文件系统网站是一种用于检查和调试的网站，只能用来检验和调试应用程序而不能向外发布信息。文件系统网站的目录可以放置在任意物理目录下面，非常适合于学习时使用。

使用文件系统网站时，并不需要在计算机上安装 IIS 服务器。此时系统将自动为该网站配置一个"开发服务器（ASP.NET Development Server）"，用来模拟 IIS 服务器对网站运行时的支持。开发服务器是一种轻量级服务器，它并不具备 IIS 的全部服务功能，但在通常情况下，利用它进行调试已经够用。当使用文件系统网站时，系统会自动调用开发服务器来调试运行的网页，同时给网站随机地分配一个接口。例如，调试的网页名是 MyPage.aspx，当运行开发服务器时，该网页的 URL 是：http://localhost:12345/[网站名]/MyPage.aspx。其中网站名就是应用程序的根目录名。12345 在这里只是一个示例，它是开发服务器给应用程序随机生成的一个端口。

## 2．创建本地 IIS 网站

如果机器上安装有 IIS 服务器就可以创建本地 IIS 网站。此时的网站目录必须直接或间接地放在虚拟目录下面。

创建本地 IIS 网站的步骤如下。

（1）在打开的"新建网站"对话框中的"位置"下拉列表框中选择 HTTP。

（2）单击"浏览"按钮以打开"选择位置"对话框。

（3）在"选择位置"对话框的左边选择"本地 IIS"图标，再选中右边的默认的网站，最后在右边选择两个图标之一：一个是"创建新 Web 应用程序"图标；另一个是"创建新虚拟目录"图标。前者用于直接在虚拟目录下创建网站；后者用来创建一个指向另一物理目录的虚拟目录。"选择位置"对话框如图 3.6 所示。

（4）如果选择"创建新虚拟目录"图标，还需要在打开的对话框中设置虚拟目录名（即别名）和对应的物理目录名，如图 3.7 所示。

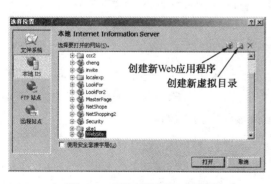

图 3.6　"选择位置"对话框

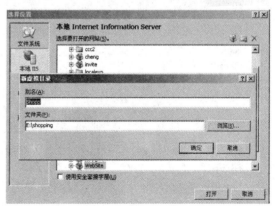

图 3.7　创建虚拟目录

## 3．远程网站

远程网站是可以向外发布信息的网站，一个远程网站必须获得唯一的 URL 地址（并且安装有扩展的 FrontPage）。为了将调试好的网站传送到远程网站，可以利用 FTP 文件服务器，将调试好的网站用字符流的方式传送到远程网站的指定目录中。为此，必须获得远程网站的允许并且取得相应的协议才可以进行此项传输工作。

## 3.5 部署应用程序

建立完一个 Web 应用程序后，就要考虑如何进行部署和发布。一般情况下，尽可能将安装简单化，让用户有好的体验。但有的情况下，可能对安装程序的要求比较高，比如有时要将一些安装配置信息写到注册表中去。而对于一个 Web 应用程序，该如何安装部署呢？这和安装部署一个普通的 WINFORM 下的应用程序有些不同。以往，对于 Web 应用程序的安装部署总是十分困难的，但 ASP.NET 2.0 出现后，安装部署 Web 应用程序就变得简单、方便多了。

一个 Web 应用程序，一般包括 Web 页面、各类配置文件、各类相关的资源文件，还有各类包括业务核心代码的源代码文件，这些文件一般会放在 Web 服务器的一个虚拟目录下。由于 ASP.NET 是采用编译架构的，因此还包括编译后的各类 DLL 文件，这些 DLL 文件放在 BIN 目录下。对于部署 Web 应用程序，在.NET 2.0 中，可以采用以下几种方法。

- 使用 XCOPY 部署。
- 使用 Visual Studio 的复制网站功能部署。
- 使用 Visual Studio 的预编译部署。

下面对上述的三种方法分别予以介绍。

### 1. 使用 XCOPY 部署

XCOPY 是.NET 在应用程序部署方面最简单的方法。XCOPY 简单地将 Web 应用程序的所有文件复制到目的服务器的指定路径下，比如，使用命令如下：

```
xcopy d:\intetpub\wwwroot\myprojects\developer\deployment c:\temp /e /k /r /o /h /I
```

执行后，会将当前的应用 deployment 的所有文件复制到 C 盘的 TEMP 目录中去，之后，在 IIS 中创建虚拟目录，指向该目录就可以了。关于 XCOPY 众多参数的使用方法，请参考 MSDN 相关帮助，这里不再罗列。

### 2. 使用 Visual Studio 的复制网站功能部署

Visual Studio 的复制网站功能，可以很方便地进行 Web 应用程序的部署和安装。该功能可以将 Web 工程复制到同一服务器或者其他服务器上，或者 FTP 上。但要注意，使用该功能时，仅仅是将文件复制到目的路径中去，并不执行任何编译操作。

在 Visual Studio 2005 中，选择"网站"菜单中的"复制网站…"，将出现如图 3.8 所示的复制网站对话框。

其中，左边部分是源文件的路径，右边部分是将要部署的目的路径。留意右边的 MOVE FILES 的下拉选择框，里面提供了三种文件的复制方式供选择。在使用时，先单击"连接"旁边的小图标，打开"打开网站"对话框，如图 3.9 所示。

这里可以选择将本地的 Web 应用程序复制到什么地方，例如，选择本地文件系统、本地 IIS 服务器、FTP 站点或是远程站点。在选择好目的路径后，就可以将应用程序的文件复制到目的路径中去，复制后可以查看日志记录。

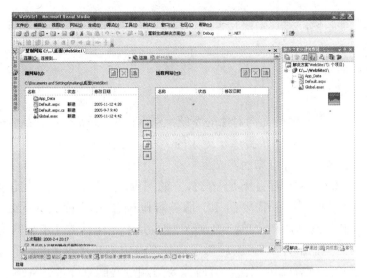

图 3.8 复制网站对话框

图 3.9 "打开网站"对话框

### 3. 使用 Visual Studio 2005 的预编译部署

ASP.NET 2.0 提供一种更新的编译部署方式，称做部署预编译。.NET Framework 2.0 提供了一个命令行的工具（aspnet_compiler.exe），可以将 Web 应用程序目录中的所有的代码、页面（包括 HTML）、静态文件全部编译进 dll，然后进行部署，得到的目标系统中，只包含编译后的 dll，甚至连 HTML 页面文件都是不存在的，大大增强了系统的安全性，但是浏览起来和普通的 ASP.NET 应用没有任何区别。使用方法如下：

    aspnet_compiler -v /<websitename> -p <source> <destination>

其中，Websitename 为要部署的 Web 应用程序的虚拟目录名，<source>为要部署的 Web 应用程序的物理路径，<destination>为即将部署的应用程序的目标物理路径，例如：

    aspnet_compiler -v /deployment
    -p c:\inetpub\wwwroot\myprojects\Developer\deployment c:\compiled

则所有的文件都会被部署预编译到 C 盘的 compiled 目录下，而且该目录下没有代码文件和 HTML 文件了。

## 本章小结

ASP.NET 2.0 是一个完全的面向对象的系统，与.NET 框架完全结合是它最大的特点，也是它最大的优点。.NET 框架不仅提供了庞大的类库，还提供了完善的服务，依靠这些服务可以快速创建功能强大，运行可靠的网站。

一个 ASP.NET 2.0 应用程序并不是一些孤立的网页，而是为完成一定任务的相互联系的系统，除包括多个网页以外，还需要在 IIS 服务器和.NET 框架的支持下工作，网站是这个系统的管理者。离开了网站，一个单独的.aspx 网页是不能运行的（单独的.htm 网页却可以单独运行，它是由浏览器解释执行的）。为了向外发布信息和接收信息，网站必须放置在虚拟目录之下。为了使系统有效地工作，有时需要增加一些配置文件（Web.condig）、全局文件（Global.asax）以及几个保留的目录。

网页的存储可以分为两种模式：单文件模式和代码分离模式。ASP.NET 2.0 在 ASP.NET 1.x 版本的基础上对二者都进行了改进。两种模式的功能完全相同，但是不同模式还是有自己的特点。每个网页实际上是一个表单，是一个运行在服务器端的表单。

Visual Studio 2005 为 ASP.NET 2.0 提供的三种创建新网站的模式：文件系统网站、本地 IIS 网站和远程网站。为 ASP.NET 2.0 网站提供的三种部署方式：XCOPY 部署、复制网站和预编译部署。

# 第 4 章　ASP.NET 2.0 标准控件与事件模型

通常，ASP.NET 2.0 应用程序由界面部分和用户接口逻辑程序两部分组成，设计应用程序界面需要使用各种标准控件。这些控件是 Web 页面能够容纳的对象之一，是构建 ASP.NET 2.0 应用程序的基础。本章着重介绍 ASP.NET 2.0 标准控件的使用以及 ASP.NET 2.0 对于事件的处理方法。

## 4.1　网页控件概述

控件是一种类，绝大多数控件都具有可视的界面，能够在程序运行中显示出其外观。利用控件进行可视化设计既直观又方便，可以实现"所见即所得"（What You See Is What You Get，WYSIWYG）的效果。程序设计的主要内容是选择和设置控件以及对控件的事件编写处理代码。

ASP.NET 2.0 中的控件被组织成两个名称空间，即 System.Web.UI.HtmlControls 和 System.Web.UI.WebControls。System.Web.UI.HtmlControls 名称空间包含 HTML 服务器控件，该类服务器控件直接映射到 HTML 元素上；System.Web.UI.WebControls 名称空间包含 Web 服务器控件，Web 服务器控件更丰富且更抽象。和 ASP.NET 1.1 版本相比，ASP.NET 2.0 增加了近 60 个控件，从而大大提高了快速开发的能力。

ASP.NET 网页控件的层次结构如图 4.1 所示。

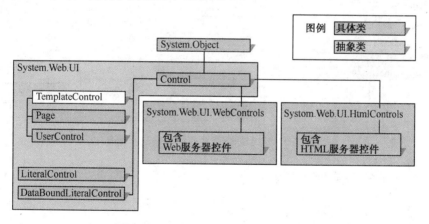

图 4.1　ASP.NET 网页控件的层次结构

ASP.NET 2.0 提供的每一个控件均有众多的属性、方法和事件。本书在具体讲解 HTML 服务器控件和 Web 服务器控件时仅选取常用且重要的内容详细介绍。需要查阅较全面的有关控件属性、方法和事件列表的读者可以参阅本书附录 B 的内容或微软提供的 MSDN 帮助文档。

## 4.2 HTML 服务器控件

### 4.2.1 HTML 服务器控件的层次结构

HTML 服务器控件是特殊的 HTML 元素，这些元素包含使其自身在服务器上可见并可编程的属性。默认情况下，服务器无法使用 Web 窗体页上的 HTML 元素，这些元素被视为传递给浏览器的不透明文本。但是，通过将 HTML 元素转换为 HTML 服务器控件，可将其公开为可在服务器上编程的元素。

Web 窗体页上的任意 HTML 元素都可以转换为 HTML 服务器控件。转换是一个只涉及几个属性的简单过程。作为最低要求，通过添加 RUNAT="SERVER"属性，HTML 元素即可转换为控件。如果要在代码中作为成员引用 HTML 服务器控件，还应当为控件分配 ID 属性。图 4.2 显示了 HTML 服务器控件的层次结构。

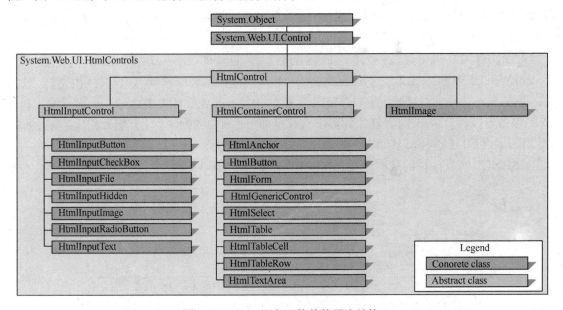

图 4.2  HTML 服务器控件的层次结构

### 4.2.2 HTML 服务器控件的基本语法

定义 HTML 服务器控件的基本语法格式如下：

```
<HTML 标记 Id="控件名称" Runat="Server">
```

由于 HTML 服务器控件是由 HTML 标记衍生出来的新功能，因此在所有的 HTML 服务器控件的语法中，最前端是 HTML 标记，不同的控件用不同的标志来标记；Runat="Server"表示控件将会在服务器端执行；Id 用来设置控件的名称，在同一程序中各控件的 Id 均不相同，Id 属性允许以编程方式引用该控件。

表 4.1 列举了 HTML 标签，以及它们所属的类别。

表 4.1　HTML 标签及其类别

| HTML 标签 | 类　别 | HTML 服务器控件名称 | 说　　明 |
|---|---|---|---|
| `<head>` | 容器 | HtmlHead | `<head>`元素。可以在它的控件集合中添加其他元素 |
| `<input>` | 输入 | HtmlInputButton | `<input type=button | submit | reset>` |
| | | HtmlInputCheckbox | `<input type=checkbox>` |
| | | HtmlInputFile | `<input type=file>` |
| | | HtmlInputHidden | `<input type=hidden>` |
| | | HtmlInputImage | `<input type=image>` |
| | | HtmlInputPassword | `<input type=password>` |
| | | HtmlInputRadioButton | `<input type=radio>` |
| | | HtmlInputReset | `<input type=reset>` |
| | | HtmlInputSubmit | `<input type=submit>` |
| | | HtmlInputText | `<input type=text | password>` |
| `<img>` | 空 | HtmlImage | 图片 |
| `<link>` | 空 | HtmlLink | Href 属性读取/设置 URL 目标 |
| `<textarea>` | 容器 | HtmlTextArea | 多行文本输入 |
| `<a>` | 容器 | HtmlAnchor | 锚标签 |
| `<button>` | 容器 | HtmlButton | 服务器端按钮,可自定义显示格式;IE 4.0 及以上版本可用 |
| `<form>` | 容器 | HtmlForm | 每个页面最多只能有一个 HtmlForm 控件;method 默认为 POST |
| `<table>` | 容器 | HtmlTable | 表格,可以包含行,行中包含单元格 |
| `<td> <th>` | 容器 | HtmlTableCell | 表格单元格;表格标题单元格 |
| `<tr>` | 容器 | HtmlTableRow | 表格行 |
| `<title>` | 容器 | HtmlTitle | 标题元素 |
| `<select>` | 容器 | HtmlSelect | 用于选择的下拉菜单 |
| `<span><div>` | 容器 | HtmlGenericControl | 用来放置其他元素,此类不可用.NET 框架类表示 |

实际上,在一个内容文件,例如,页面、用户控件或者母版页中,不会仅使用表 4.1 中所示的 HTML 服务器控件名称。在 HTML 代码中,一般都会包括 runat="server"属性和 id 属性。

## 4.2.3　使用 HTML 服务器控件

服务器不会处理普通的 HTML 控件,例如,`<h1>`、`<a>`和`<input>`,它们将直接被发送到客户端,由浏览器进行显示。如果要让 HTML 控件能在服务器端被处理,就要将它们转换为 HTML 服务器控件。

将普通 HTML 控件转换为 HTML 服务器控件,只需简单地添加 runat="server"属性。另外,可能还需要添加 id 属性,这样可以通过编程方式访问和控制控件。例如,下面是一个简单的输入控件:

```
<input type="text" size="40">
```

可以添加 id 属性和 runat 属性,将它转换为 HTML 服务器控件,如下所示:

```
<input type="text" id="BookTitle" size="40" runat="server">
```

因为 HTML 控件只能运行在客户端，而不是服务器端，所以往往在 ASP.NET 下运行现有的 HTML 页时需进行这样的转换。转换后的 HTML 控件具有服务器控件的特点：可以使用面向对象技术对其进行编程控制；提供了一组事件，可以为事件编写事件处理程序；自动维护控件；允许自定义属性等。

在表 4.1 所列出的控件中，有几个共同的属性会经常被使用。这几个属性分别是 Innerhtml、InnerText、Disabled、Visible、Value、Attributes 及 Style。下面分别予以介绍：

（1）InnerHtml 属性。InnerHtml 属性获取或设置控件的开始标记和结束标记之间的内容，但不自动将特殊字符转换为等效的 HTML 实体。

下例说明如何使用 InnerHtml 属性动态设置文本消息。

```
<HTML>
<SCRIPT Language="C#" Runat="Server">
protected void Page_Load(object sender, EventArgs e)
{
    Message.InnerHtml = "Welcome! You accessed this page at: " + DateTime.Now.ToString();
}
</SCRIPT>
<BODY>
    <SPAN   Id="Message" Runat=server></SPAN>
</BODY>
</HTML>
```

（2）InnerText 属性。InnerText 属性获取或设置控件的开始标记和结束标记之间的内容，并自动将特殊字符转换为等效的 HTML 实体。

（3）Value 属性。Value 属性用来获取各种输入字段的值，包括 HtmlSelect、HtmlInput Text 等。

（4）Attributes 属性。Attributes 属性是服务器控件标记上表示的所有属性名称和值的集合。使用该属性可以用编程方式访问 HTML 服务器控件的所有特性。

【例 4-1】  使用 HTML 服务器控件实现一个简单的提交表单。服务器端编程获取用户所填写的内容并输出。

（1）运行 Visual Studio 2005 中，新建一个网站，并将其命名为"ServerControl"。

（2）通过用鼠标右键单击"解决方案资源管理器"内的项目名称，选择"添加新项"，再选择新建"Web 窗体"，并输入文件名为"HtmlControls"，单击"确定"按钮。

切换到"HtmlControls"的设计视图，并通过"布局"→"插入表"，在出现的窗口中，把表格设置为 7 行 2 列。表格的最后一行合并单元格后留空，并设置此单元格的 runat="server" 属性，并将其 ID 设为 result：如下：

```
<td colspan="2" style="height: 81px; text-align: left" id="result" runat="server"></td>
```

（3）在表格的第 1 列输入如图 4.3 所示的文本。

图 4.3　HTML 控件实现提交表单

（4）打开工具栏，展开"HTML"工具箱，向对应的行拖放对应的控件。

① 在第 1 行拖放一个 input（Text）控件，用鼠标右键单击控件，选择"属性"，打开属性窗口，并设置其 id 为"name"。再用鼠标右键单击控件，选择"作为服务器控件运行"，使其成为 HTML 服务器控件。

② 在第 2 行拖放两个 input（Radio），并输入"男"和"女"，打开第 1 个控件的属性窗口，并设置其 id 为"male"，name 为"sex"，value 为"男"。打开第 2 个控件的属性窗口，并设置其 id 为"female"，name 为"sex"，value 为"女"。并设置两个控件为 HTML 服务器控件。

③ 在第 3 行拖放两个 Select 控件；在其后输入"年"，"月"；设置第 1 个的 Id 为"year"，第 2 个的 Id 为"month"；设置两个控件为 HTML 服务器控件。用鼠标右键单击第 1 个控件，选择"属性"，如图 4.4 所示给 Select 控件添加选项，在"文本"内依次输入 1980～1990，每输入一个，单击 1 次"插入"按钮。

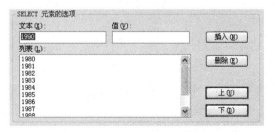

图 4.4　给 Select 控件添加选项

同样用鼠标右键单击第 2 个控件，选择"属性"，利用出现的窗口，输入 1～12。

④ 在第 4 行拖放一个 input（Password）控件，设置其 Id 为"pwd"，并设置为 HTML 服务器控件。

⑤ 在第 5 行拖放 3 个 input（checkbox）控件，分别在控件后输入"看书"，"音乐"，"活动"；分别设置 id 为"book"，"music"，"sport"；把它们都设置为 HTML 服务器控件。

⑥ 在第 6 行拖放一个 Textarea 控件，并设置其 id 为"remark"。

⑦ 在表格下面拖放一个 input（button），并设置其为 HTML 服务器控件。

（5）在设计视图中，双击"提交"按钮以便在代码文件中添加事件处理程序。输入以下代码：

```
protected void Button1_ServerClick(object sender, EventArgs e)
{
    string strHtml = "姓名：" + name.Value + "<br/>";
    strHtml += "性别：" + (male.Checked ? "男<br/>" : "女<br/>");
    strHtml += "出生年月：" + year.Value + "年" + month.Value + "月<br/>";
    strHtml += "个人密码：" + pwd.Value + "<br/>";
    strHtml += "兴趣爱好：" + (book.Checked ? book.Value : "") + (music.Checked ? music.Value : "")
         + (sport.Checked ? sport.Value : "") + "<br/>";
    strHtml += "备注：" + remark.Value + "<br/>";
    result.InnerHtml = strHtml;
}
```

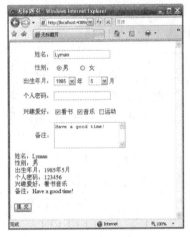

图 4.5　运行结果

（6）用鼠标右键单击页面，选择在"浏览器中查看"，在表单内输入相关内容，单击"提交"按钮后，运行结果如图 4.5 所示。

如果查看 default.aspx 文件源视图中按钮的 HTML 代码，可以发现 Button1 按钮包含一个 onServerClick 属性，而不是常规 HTML 或 ASP 页面中使用的 onClick 属性。这就在告知服务器当按钮的 Click 事件发生时，应调用的函数是 "Button1_ServerClick"。

如果希望控件在客户端处理事件，那么应使用传统的 onClick 属性。在这种情况下，必须提供客户端脚本来处理事件，系统会首先执行客户端代码，然后再运行服务器端代码。

## 4.3　Web 服务器控件

在 ASP.NET 2.0 的"工具箱"中，只有 HTML 选项卡中的控件是浏览器端控件，其他各种控件都是服务器控件。其中"标准"选项卡中的控件是较常用的控件。在类库中，所有的网页控件都是从 System.Web.UI.Control.WebControls 直接或间接派生而来的。

服务器控件包含方法以及与之关联的事件处理程序，并且这些代码都在服务器端执行（部分服务器控件也提供客户端脚本，尽管如此，这些控件事件仍然会在服务器端处理）。

如果控件包括可视化组成部分（例如，标签、按钮和表格），那么 ASP.NET 将在检测目标浏览器接收能力的情况下，为浏览器呈现传统的 HTML。如果 ASP.NET 服务器控件需要利用客户端脚本，以实现某些功能，如本章所描述的验证控件那样，那么就会生成适应于浏览器类型的脚本，并发送给浏览器。然而，服务器端验证过程仍然执行。

需要特别注意的是，发送给客户端的永远是最普通的 HTML 代码。可见，ASP.NET 应用程序可以运行在任何厂商的任何浏览器上。所有处理过程都在服务器端完成，且

ASP.NET 服务器控件最终呈现在浏览器中的是标准的 HTML 代码。另外，所发送的脚本并非是必须经过优化的。

ASP.NET 服务器控件提供统一的编程模型。例如，在 HTML 中，input 标签（<input>）可用于按钮、单行文本域、复选框、隐藏域和密码。而多行文本域，则必须使用<textarea>标签。使用 ASP.NET 服务器控件时，每种不同的功能类型都将对应一种特定控件。例如，使用 TextBox 控件输入文本，并通过属性指定行数。通常情况下，对于 ASP.NET 服务器控件而言，所有声明标记的属性都与控件类的属性相对应。

## 4.3.1  Web 服务器控件的层次结构

所有呈现到浏览器的，具有可视化外观的 Web 服务器控件，都从 WebControl 类派生。该类提供了所有 ASP.NET 服务器控件的通用属性、方法和事件。其中包括常用属性，例如，BorderColor、BorderStyle、BorderWidth，以及 RenderBeginTag 和 RenderEndTag 方法。

WebControl 类和其他一些 ASP.NET 服务器控件（例如，Literal、PlaceHolder、Repeater 和 XML）是从 System.Web.UI.Control 派生，而 System.Web.UI.Control 又是从 System.Object 派生的。Control 类提供了一些基本属性，例如，ID、EnableViewState、Parent 和 Visible，以及一些基本方法，例如，Dispose、Focus 和 RenderControl，还包括一些生命周期事件，例如，Init、Load、PreRender 和 Unload。

从 Control 类派生的 WebControl 类和控件，位于 System.Web.UI.WebControls 命名空间中。它们之间的关系如图 4.6 所示。

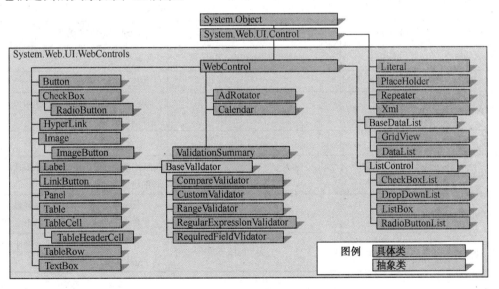

图 4.6  Web 服务器控件的层次结构

Web 服务器控件继承了 WebControl 类和 System.Web.UI.Control 类的所有属性、事件和方法。表 4.2 列出了从 Control 或 WebControl 类继承的 Web 服务器控件的常用属性。

表 4.2　Web 服务器控件常用属性

| 名　称 | 类　型 | 值 | 说　明 |
|---|---|---|---|
| AccessKey | String | 单字符的字符串 | 按 Alt 键加上它的值，可以使控件得到焦点 |
| BackColor | Color | Azure、Green、Blue 等 | 背景颜色 |
| BorderColor | Color | Fuchsia、Aqua、Coral 等 | 边框颜色 |
| BorderStyle | BorderStyle | Dashed、Dotted、Double、NotSet 等 | 边框样式。默认为 NotSet |
| BorderWidth | Unit | nn、nnpt | 边框的宽度。如果用 nn，nn 是整数，单位是像素。如果用 nnpt，nn 是整数，单位是点 |
| CausesValidation | Boolean | True、False | 表示是否输入控件引发控件所需的验证。默认值为 True |
| Controls | ControlCollection | | 该控件所包含的所有控件对象的集合 |
| CssClass | String | | CSS 类 |
| Enabled | Boolean | True、False | 若设为 False，则控件可见，但显示为灰色，不能操作。内容仍可复制和粘贴。默认值为 True |
| EnableViewState | Boolean | True、False | 表示该控件是否维持视图状态。默认值为 True |
| Font | FontInfo | | 定义控件上的文本的格式 |
| ForeColor | Color | Lavender、LightBlue、Blue 等 | 前景色 |
| ID | String | | 控件的可编程标识符 |
| Parent | Control | 页面上的控件 | 返回在页面控件层次结构中对该控件的父控件的引用 |
| EnableTheming | Boolean | True、False | 表示是否将主题应用到该控件 |
| SkinID | String | 皮肤文件名 | 应用到该控件的主题目录下的皮肤文件的详细信息 |
| ToolTip | String | | 当鼠标移动到控件上方的时候显示出的文本字符串，在低版本的浏览器中呈现 |
| Visible | Boolean | True、False | 若设置 False，则不呈现该控件。默认值为 Frue |

## 4.3.2　Web 服务器控件基本语法

ASP.NET 服务器控件的基本语法格式如下：

```
<asp:controlType id="ControlID" runat="server" thisProperty="this value" thatProperty="that value"/>
```

控件标签总是以 asp:开头，这就是标记前缀。controlType 是控件的类型或类，例如，

Button、CheckBoxList、GridView 等。可以利用 id 属性，以编程方式引用控件实例。runat 属性告知服务器，该控件在服务器端运行。

**注意：**不要认为 runat="server"是默认属性就无须在每个控件中都声明它，而必须在每个控件的每次声明中都显式地包括该属性。如果省略了它，并不会发生错误，但是控件将被忽略而不被呈现。如果省略 ID 属性，控件能完全呈现出来，但是，该控件无法在代码中引用和操作。

可以在尖括号中声明其他属性。例如，为 TextBox 声明 Text 属性和 Width 属性，如下所示：

```
<asp:TextBox ID="txtBookName" runat="server" Width="250px" Text="Enter a book name.">
</asp:TextBox>
```

虽然 ASP.NET 允许标记的属性值可以不加引号，但是由于 ASP.NET 服务器控件必须使用良好结构的 XHTML 语法，因此不建议读者这样做。需要明确的是，如上例所示，一般情况下，标签是成对出现的，也就是由起始标签<asp:TextBox>和结束标签</asp:TextBox>构成。但若此标签仅占一行，也可在标签最后加一个"/"作为结束。于是，上面的 TextBox 也可以书写为

```
<asp:TextBox ID="txtBookName" runat="server" Width="250px" Text="Enter a book name."/>
```

另外，许多 Web 服务器控件可以在起始标签和结束标签之间使用内部 HTML。例如，在 TextBox 控件中，可将 Text 属性指定为内部 HTML，而不是将其设置在打开标签的属性中。显然，上面的控件又可以等价地写为

```
<asp:TextBox ID="txtBookName" runat="server" Width="250px">Enter a book name.</asp:TextBox>
```

### 4.3.3　Web 服务器控件详解

#### 1．TextBox 文本框控件

TextBox 文本框控件是用得最多的控件之一，该控件可以用来显示数据或者输入数据。定义的语法格式如下：

```
<asp:Textbox id="TextBox1" Text = "请在这里输入数据" Column="25" MaxLengh="35" runat="server" />
```

TextBox 控件有一个重要的属性：TextMode。该属性包括 3 个选项。

（1）SingleLine：单行编辑框。

（2）MultiLine：带滚动条的多行文本框。

（3）PassWord：密码输入框，所有输入字符都用特殊字符（例如"*"）来显示。

许多浏览器都支持自动完成功能，该功能可帮助用户根据以前输入的值向文本框中填充信息。自动完成的精确行为取决于浏览器。通常，浏览器根据文本框的 name 属性存储值；任何同名的文本框（即使是在不同页上）都将为用户提供相同的值。TextBox 控件支持 AutoCompleteType 属性，该属性提供了用于控制浏览器如何使用自动完成功能的选项。

除此以外，TextBox 控件还有一个常用的 TextChanged 事件，当文字改变时引发此事件，可以编写事件处理代码做出响应。

下面的代码演示如何响应 TextBox 控件中的更改，在一个标签中显示文本框控件的

内容。

```
protected void TextBox1_TextChanged(object sender, EventArgs e)
{
        Label1.Text = Server.HtmlEncode(TextBox1.Text);
}
```

默认情况下，TextChanged 事件并不马上导致向服务器回发 Web 页。而是当下次发送窗体时在服务器代码中引发此事件。若要使 TextChanged 事件引发即时发送，须将 TextBox 控件的 AutoPostBack（自动回传）属性设置为 true。

### 2. Button、LinkButton 和 ImageButton 按钮控件

网页控件中的按钮分为三种：Button、LinkButton 和 ImageButton。它们功能基本相同，但外观上有区别。Button 的外观与传统按钮的外观相同；LinkButton 的外观与超链接字符串相同；ImageButton 按钮用图形方式显示外观，其图像通过 ImageUrl 属性来设置。

三种按钮的功能都与 HTML 的提交按钮（Submit Button）相似，即每当这些按钮被单击（Click）时，就将缓冲区中的事件信息一并提交给服务器。

定义上述三种按钮的语法格式如下：

```
·<asp:Button id="Button1" runat="server" Text="按钮"></asp:Button>
<asp:LinkButton id="LinkButton1" runat="server">链接按钮</asp:LinkButton>
<asp:ImageButton id="ImageButton1" runat="server" ImageUrl="…"></asp;ImageButton>
```

下面的代码功能是用鼠标单击"LinkButton"按钮，该按钮即可通过服务器转向新的网页，从而起到"超链接"的作用。在"LinkButton"按钮的 Click 事件中写出以下程序：

```
private void LinkButton1_Click(object sender, System.EventArgs e)
{
        Response.Redirect("其他窗体的 URL");
}
```

（1）三种按钮的共同属性如下。

① PostBackUrl 属性：利用这个属性可以将按钮变成"返回"按钮。即先将该属性设成某个网页的 URL，以后单击该按钮时就会直接转向该网页。

② OnClientClick 属性：定义当单击按钮时执行的客户端脚本，通常是一个脚本函数的函数名。

③ CommandName 属性：当在网页上具有多个按钮控件时，可使用 CommandName 属性来指定或确定与每一个按钮控件关联的命令名。可以用标识要执行的命令的任何字符串来设置 CommandName 属性。然后，可以以编程方式确定按钮控件的命令名并执行相应的操作。

（2）三种按钮的共同事件如下。

① Click 事件：按钮的 OnClick 属性对应的值是此事件添加的处理函数的函数名。处理函数将在服务器端执行，如果为某个按钮控件同时指定了 OnClientClick 属性和 OnClick 属性，那么将优先响应客户端的处理。

② Command 事件：当单击按钮控件时会引发 Command 事件。通常当命令名（如

Sort）与按钮控件关联时，才会使用该事件。这使得可以在一个网页上创建多个按钮控件，并以编程方式确定单击了哪个按钮控件。

当用户单击按钮控件时，该页回发到服务器。默认情况下，该页回发到其本身，重新生成相同的页面并处理该页上控件的事件处理程序。

默认情况下，表单以 Post 方法提交页面。Button 控件支持 Post，但 LinkButton 控件和 ImageButton 控件却不直接支持 Post。使用后两种类型的按钮时，它们将客户端脚本添加到页面，允许控件以编程方式提交页面。可见 LinkButton 控件和 ImageButton 控件要求在浏览器上启用客户端脚本。

### 3. CheckBox 复选控件和 CheckBoxList 复选控件

CheckBox 复选控件和 CheckBoxList 复选控件为用户提供了在真/假、是/否或开/关选项之间进行选择的方法。CheckBox 是单个控件，可以单独使用。而 CheckBoxList 控件是复选框列表控件，可以将多个 CheckBox 组合在一起使用。使用单个 CheckBox 控件时，更容易控制页面上的布局。例如，可以在各个复选框之间包含文本。也可以单独控制复选框的字体和颜色。如果想用数据库中的数据创建一系列复选框，则 CheckBoxList 控件是较好的选择。

使用 CheckBoxList 时要给控件增添选项。其方法是先选择该控件，然后找到控件的 Items 属性，单击右边的省略号按钮，将打开如图 4.7 所示的"ListItem 集合编辑器"对话框。添加选择项，单击"添加"按钮，按照图 4.7 中的选项得出的页面部分如图 4.8 所示。

图 4.7　"ListItem 集合编辑器"对话框　　　　图 4.8　CheckBoxList 选项

HTML 控件中的 CheckBox 控件只能用于静态处理，而 Web 服务器控件中的 CheckBox 可以进行数据绑定操作，通常用于动态数据绑定。关于数据绑定，将在后续章节中介绍。

对于 CheckBox 控件，常用的一个事件是 CheckedChanged，单个 CheckBox 控件在用户单击该控件时引发 CheckedChanged 事件。默认情况下，这一事件并不导致向服务器发送页面，但通过将 AutoPostBack 属性设置为 True，可以使该控件强制立即发送。但是需要说明的是，不论 CheckBox 控件是否发送到服务器，都可以不必为 CheckedChanged 事件创建事件处理程序。直接在处理程序中测试选中了哪个复选框更为方便。通常，只有在更关心复选框的状态更改而不是读取其值时，才会为 CheckedChanged 事件创建一个事件处理程序。

### 4. RadioButton 单选控件和 RadioButtonList 单选控件

RadioButton 单选控件和 RadioButtonList 单选控件的作用和使用方法与 CheckBox 基本相同，唯一的差别在于，在一个 RadioButtonList 内的多个 RadioButton 之间只能有一项被选中，而在 CheckBoxList 中可以同时选中多项。

## 5. ListBox 控件

关于 ListBox 控件介绍如下。

（1）ListBox 控件通常用于一次显示一个以上的项。可以在以下两个方面控制列表的外观。

① 显示的行数。可以将该控件设置为显示特定的项数。如果该控件包含比设置的项数更多的项，则显示一个垂直滚动条。

② 高度和宽度。可以以像素为单位设置控件的大小。在这种情况下，控件将忽略已设置的行数，而显示足够多的行直至填满控件的高度。

（2）ListBox 控件的主要属性和事件如下。

① AutoPostBack 属性：若该属性为 True，则当更改选项内容后会自动回发到服务器；若为 False，则不回发。

② Rows 属性：表示可以显示的选项行数。

③ Items 属性：ListBox 控件各选项的集合。通过该属性可以获取对当前存储在 ListBox 中的项列表的引用，通过此引用，可以在集合中添加项、移除项和获得项的计数。每个列表项都是一个单独的对象，具有自己的属性，见表 4.3。

表 4.3　ListBox 控件中列表项的基本属性

| 属　　性 | 说　　明 |
| --- | --- |
| Text | 列表中显示的文本 |
| Value | 与某个项关联的值。设置此属性可将该值与特定的项关联而不显示该值。例如，可以将 Text 属性设置为某个职员的名字，将 Value 属性设置为该职员的电子邮件别名 |
| Selected | 布尔值，指示该项是否被选定。如果 ListBox 被设置为允许多重选择，则可选择一项以上 |

④ SelectionMode 属性：指明一次是否可多选。SelectionMode 属性可以有两个取值：Single 表明在 ListBox 中仅能选择一项；Multiple 表明可以选择多项。如果将 ListBox 控件设置为允许进行多重选择，则可以在按住 Ctrl 或 Shift 组合键的同时，单击选择多个项。

当用户单击列表选项时，ListBox 控件将引发 SelectedIndexChanged 事件。默认情况下，此事件不会导致将该选项发送到服务器，可以通过将 AutoPostBack 属性设置为 True 使此控件强制立即回发。下面的代码示例演示如何响应 ListBox 控件中的选择。事件处理程序将用户选择的选项显示在 Label 控件中。

```
Protected void ListBox1_SelectedIndexChanged(object sender, System.EventArgs e)
{
    Label1.Text = "You selected " + ListBox1.SelectedItem.Text;
}
```

## 6. DropDownList 控件

DropDownList 控件是一个用下拉框方式显示选项的控件，它允许用户从预定义下拉列表中进行单行选择。该控件与 ListBox 控件的不同之处在于：它在框中显示选定项，同时还显示下拉按钮。若用户单击此按钮，则将显示项的列表；另外，DropDownList 控件不支持多重选择模式。

DropDownList 控件语法格式：

```
<ASP: DropDownList 属性设置 > </ASP: DropDownList >
```

或者：

```
<ASP: DropDownList 属性设置 />
```

DropDownList 控件的主要属性和事件如下。

（1）AutoPostBack 属性。若 AutoPostBack 属性为 True，则当更改选项内容后会自动回发到服务器；若为 False，则不回发。

（2）Items 属性。Items 属性是 DropDownList 控件各选项的集合。每个列表项都是一个单独的对象，具有自己的属性，同 ListBox 控件。

DropDownList 控件可用来列出从某个数据源读取的选项。DropDownList 控件中的每一项分别对应数据源中的一项（通常是一行）。相关属性和事件如下。

（3）DataSource 属性。DataSource 属性获取或设置此 DropDownList 控件的数据源。

（4）DataTextField 属性。DataTextField 属性指明用于提供选项文本的数据源字段。

（5）DataValueField 属性。DataValueField 属性表示指定数据源的相关数据字段的值。

（6）SelectedIndexChanged 事件。当用户选择一项时，DropDownList 控件将引发 SelectedIndexChanged 事件。默认情况下，此事件不会导致向服务器发送页面，但当将 AutoPostBack 属性设置为 True 时此控件强制立即发送。

### 7．HyperLink 超链接控件

HyperLink 超链接控件提供了一种使用服务器代码在 Web 页上创建和操作链接的方法，使用户可以在应用程序中的页面之间移动。

（1）在 HyperLink 超链接控件中有 4 个重要的属性。

① Text 属性。Text 属性是 HyperLink 控件控件的文本标题。

② ImageUrl 属性。使用 ImageUrl 属性指定为 HyperLink 控件显示的图像。HyperLink 控件可以显示为文本或图像，如果同时设置了 Text 属性和 ImageUrl 属性，则 ImageUrl 属性优先。如果图像不可用，则显示 Text 属性中的文本。

③ NavigateUrl 属性。使用 NavigateUrl 属性指定单击 HyperLink 控件时定位到的 URL。

④ Target 属性。使用 Target 属性指定单击 HyperLink 控件时显示链接到哪个 Web 窗口或页框架。

（2）使用 HyperLink 控件而不是传统的 HTML 超链接标签的好处有以下两点。

① 可以在服务器代码中设置链接属性。例如，可以基于页面中的条件动态地更改链接文本或目标页。

② 可以使用数据绑定来指定链接的目标 URL（以及必要时与链接一起传递的参数）。

需要注意的一点是，与大多数 Web 服务器控件不同，当用户单击 HyperLink 控件时并不会在服务器代码中引发任何事件。此控件只用于导航。

### 8．Image 图像控件与 ImageMap 图像控件

利用 Image 图像控件可以在 Web 窗体页上显示图像，并用自己的代码来管理这些图

像。图像源文件可以在设计时确定，也可以在程序运行中指定，还可以将控件的 ImageURL 属性绑定到数据源上，根据数据源的信息来选择图像。

与大多数其他 Web 服务器控件不同，Image 控件不支持鼠标单击（click）事件。如果需要使用鼠标单击事件时，可以使用 ImageButton 控件来代替 Image 控件。

显示一个图像所需的最少操作是，先创建一个 Image 控件，然后指定一个图像文件。具体步骤如下。

（1）进入"设计"视图，在"工具箱"中展开标准选项卡，然后将一个 Image 控件拖放到网页界面上。

（2）将控件的 ImageURL 属性设置为.gif、.jpg 或其他网络图形文件的 URL。

（3）给 Image 控件设置以下属性。

Height 和 Width：在页面上为图形保留适当空间（高度和宽度）。

ImageAlign：用来设置图像对齐的方式。可使用的值包括 Top、Bottom、Left、Middle 和 Right。

AlternateText：有的浏览器不支持加载图像时，替代图像的文本。

ImageMap 控件可以用来显示图像，也可以实现图像的超链接。该控件的最大特点是，可以将 ImageMap 中的图像按照（$x,y$）坐标划分成不同形状的区域，分别链接到不同的网页。该控件的 ImageUrl 属性用来连接图像源文件；HotSpot 属性用来划分链接区域。单击 HotSpot 属性右边的省略号按钮，将打开如图 4.9 所示的"HotSpot 集合编辑器"对话框。

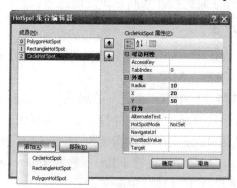

图 4.9 "HotSpot 集合编辑器"对话框

单击"添加"按钮的下拉列表可以选择区域的形状，在右边的属性栏目中可以确定区域的位置以及链接的网页。

9．FileUpload 控件

应用程序中经常需要允许用户把文件上传到 Web 服务器。尽管在 ASP.NET 1.x 中也可以完成该功能，但在 ASP.NET 2.0 中使用 FileUpload 控件会更简单。

FileUpload 控件让用户更容易地浏览和选择用于上传的文件，它包含一个浏览按钮和用于输入文件名的文本框。只要用户在文本框中输入了完全限定的文件名，无论是直接输入或通过浏览按钮选择，都可以通过调用 FileUpload 的 SaveAs 方法保存到磁盘上。

用户选择要上载的文件后，FileUpload 控件不会自动将该文件保存到服务器。必须显式提供一个控件或机制，使用户能提交指定的文件。例如，可以提供一个按钮，用户单击它即可上载文件。为保存指定文件所写的代码应调用 SaveAs 方法，该方法将文件内容保存到服务器上的指定路径。通常，在引发回发到服务器的事件处理方法中调用 SaveAs 方法。例如，如果提供一个用于提交文件的按钮，则可以将执行文件保存操作的代码放在单击事件的事件处理方法中。

可以通过 FileUpload 的一些重要属性访问上传的文件。

（1）FileName 属性。FileName 属性用来获取客户端上使用 FileUpload 控件上传文件的名称。此属性返回的文件名不包含此文件在客户端上的路径。

（2）FileBytes 属性。FileBytes 属性从使用 FileUpload 控件指定的文件返回一个字节数组，包含了指定文件的内容。

（3）FileContent 属性。FileContent 属性获取 Stream 对象，该对象指向使用 FileUpload 控件上传的文件。可以使用 FileContent 属性来访问文件的内容。例如，可以使用该属性返回的 Stream 对象以字节方式读取文件内容并将它们存储在一个字节数组中。

（4）PostedFile 属性。PostedFile 属性获取文件的基础 HttpPostedFile 对象（该文件使用 FileUpload 控件上载）。使用该属性还可访问上载文件的其他属性。例如，可以使用 ContentLength 属性来获取文件的长度，使用 ContentType 属性来获取文件的 MIME 内容类型。

需要注意的是，防止攻击者利用 FileUpload 控件发起拒绝服务攻击的方法之一就是限制使用 FileUpload 控件上传文件的大小。应当根据要上传的文件的类型，设置与类型相适应的大小限制。默认大小限制为 4 096KB。可以通过设置 web.config 配置文件中 httpRuntime 元素的 maxRequestLength 属性设置允许上传更大的文件。

下面举例演示如何使用 FileUpload 控件。

【例 4-2】 利用 FileUpload 控件上传指定类型的图片文件。

（1）运行 Visual Studio 2005，打开例 4-1 所建网站"ServerControl"，在站点内添加一个 FileUpload.aspx 文件，并在根目录下新建目录"UploadedImages"。

（2）向 FileUpload.aspx 页面添加一个 FileUpload 控件、一个 Button 控件、一个 Image 控件和一个 Label 控件，保留默认的控件标记为 FileUpload1、Button1、Image1 和 Label1。

（3）在事件处理程序中执行下面的操作。

① 通过测试 FileUpload 控件的 HasFile 属性，检查该控件是否有上载的文件。

② 检查该文件的文件名或 MIME 类型以确保用户已上载了要接收的文件。如前文介绍，可以通过获取作为 FileUpload 控件的 PostedFile 属性公开的 HttpPostedFile 对象，然后查看已发送文件的 ContentType 属性，即可获取该文件的 MIME 类型。

③ 将该文件保存到指定的位置。可以调用 HttpPostedFile 对象的 SaveAs 方法。或者，还可以使用 HttpPostedFile 对象的 InputStream 属性，以字节数组或流形式管理已上载的文件。

（4）双击 Button1，在 Click 事件的处理程序中，按照步骤（3）的操作流程为其添加代码。代码如下：

```
protected void Button1_Click(object sender, EventArgs e)
{
    bool fileOK = false;
    String path = Server.MapPath("~/UploadedImages/");
    if (FileUpload1.HasFile)
```

```
        {
            String fileExtension = System.IO.Path.GetExtension(FileUpload1.FileName).ToLower();
            String[] allowedExtensions = {".gif", ".png", ".jpeg", ".jpg"};
            for (int i = 0; i < allowedExtensions.Length; i++)
                if (fileExtension == allowedExtensions[i])
                    fileOK = true;
        }
        if (fileOK)
        {
            try
            {
                FileUpload1.PostedFile.SaveAs(path + FileUpload1.FileName);
                Label1.Text = "File uploaded!";
                Image1.ImageUrl = "~/UploadedImages/" + FileUpload1.FileName;
            }
            catch (Exception ex)
            {
                    Label1.Text = "File could not be uploaded." ;
            }
        }
        else
            Label1.Text = "Cannot accept files of this type.";
    }
```

（5）用鼠标右键单击页面，选择"在浏览器中查看"，通过浏览选择一个图片，并单击"上传文件"，其运行效果如图 4.10 所示。

图 4.10　FileUpload 控件运行结果

## 10. Panel 控件

Panel 控件在 Web 窗体页内提供了一种容器控件，可以将它用做静态文本和其他控件的父级。此外，可将 Panel 控件用于其他目的。

（1）对控件和标记进行分组。对于一组控件和相关的标记，可以通过把其放置在 Panel 控件中，然后操作此 Panel 控件以将它们作为一个单元进行管理。例如，可以通过设置 Panel 的 Visible 属性来隐藏或显示该面板中的一组控件而不必去设置面板中每一个控件的 Visible 属性。

（2）具有默认按钮的窗体。可将 TextBox 控件和 Button 控件放置在 Panel 控件中，然后通过将 Panel 控件的 DefaultButton 属性设置为面板中某个按钮的 ID 来定义一个默认的按钮。如果用户在面板内的文本框中进行输入时按 Enter 键，就将与单击特定的默认按钮具有相同的效果。

（3）动态生成的控件的容器。Panel 控件为在运行时创建的控件提供了一个方便的容器。

Panel 控件有以下常用属性。

① HorizontalAlign。HorizontalAlign 属性指定子控件在面板内的对齐方式（左对齐、右对齐、居中或两端对齐）。

② Direction。Direction 属性指定控件的内容是从左到右还是从右到左进行显示。当在页面上创建与整个页面的方向不同的区域时，此属性非常有用。

③ ScrollBars。ScrollBars 属性可以通过设置此属性来添加水平或垂直方向的滚动条。

## 11．Calendar 控件

Calendar 控件在网页中显示一个单月份日历。用户可使用该日历查看和选择日期。该控件基于.NET Framework DataTime 对象，支持该对象所允许的全部日期范围。用户可有效地显示从公元 0 年至 9999 年之间的任意日期。

使用该控件的一般语法格式：

```
<asp:Calender ID="MyCalendar" runat="server"></asp:Calendar>
```

Calender 控件的常用属性如表 4.4 所示。

表 4.4　Calendar 控件的常用属性

| 属 性 名 | 说 明 |
| --- | --- |
| SelectedDate | 被选中的日期 |
| SelectionMode | 用户被允许选择日期的方式。可使用下列值之一：None（无）、Day（日）、DayWeek（日、星期）、DayWeekMonth（日、星期、月） |
| SelectionDayStyle | 被选中日的格式 |
| TodayDayStyle | 当天日期的样式 |

【例 4-3】　演示使用 Calendar 控件。

（1）运行 Visual Studio 2005，打开例 4-1 所建网站"ServerControl"，在站点内添加一个 Calendar.aspx 文件，在页面设计界面中添加 Calendar 控件。该控件是可调整的，用户可以根据需要调整其大小与样式（Calender 控件内置了很多已有的显示风格，通过套用后的风格可快速设置 Calender 控件的外观，并在此基础上进行修改即可），设计界面如图 4.11 所示。

（2）双击 Calendar 控件，进入后台代码中，填写如下代码：

```
protected void Calendar1_SelectionChanged(object sender, EventArgs e)
```

```
    {
        Response.Write("你选择的日期为："+ this.Calendar1.SelectedDate.ToShortDateString());
    }
```

（3）在浏览器中查看本页，Calendar 控件运行效果如图 4.12 所示。

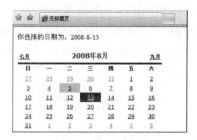

图 4.11　Calendar 控件设计界面　　　　图 4.12　Calendar 控件运行效果

### 12．AdRotator 控件

AdRotator 控件可从一条和多条广告记录的数据源读取广告信息，当用户不同时间登录该网站，会自动显示不同的广告信息。广告信息可以存储在一个 XML 文件或数据库中，然后将 AdRotator 控件绑定到该文件。

XML 文件中可以出现以下属性。

（1）ImageUrl。ImageUrl 属性是要显示的图像的 URL。

（2）NavigateUrl。NavigateUrl 属性是单击 AdRotator 控件时要转到的网页 URL。

（3）AlternateText。AlternateText 属性是图像不可用时显示的文本。

（4）Height。Height 属性是广告的高度，以像素为单位。

（5）Width。Width 属性是广告的宽度，以像素为单位。

【例 4-4】　演示使用 AdRotator 控件。

（1）运行 Visual Studio 2005，打开例 4-1 所建网站"ServerControl"，在站点内添加一个 image 目录，并在目录内复制两个图片：baidu.jif，google.jif。

（2）通过解决方案管理器添加一个 Ads.xml 文件，把文件的内容改变如下：

```xml
<?xml version="1.0" encoding="utf-8" ?>
<Advertisements xmlns="http://schemas.microsoft.com/AspNet/AdRotator-Schedule-File">
<Ad>
        <ImageUrl>~/image/baidu.gif</ImageUrl>
        <NavigateUrl>http://www.baidu.com</NavigateUrl>
        <AlternateText>百度</AlternateText>
</Ad>
<Ad>
        <ImageUrl>~/image/google.gif</ImageUrl>
        <NavigateUrl>http://www.google.com</NavigateUrl>
        <AlternateText>google</AlternateText>
</Ad>
```

</Advertisements>

（3）通过解决方案管理器添加一个 AdRotator.aspx 页面，在页面内拖放一个 AdRotator，设置其 AdvertisementFile 属性为 Ads.xml。

（4）在浏览器中查看，单击刷新按钮，所显示的图片就会自动改变，如图 4.13（a）、图 4.13（b）所示。

（a）

（b）

图 4.13　AdRotator 控件运行效果

### 4.3.4　标准控件使用举例

【例 4-5】　简单的用户注册页面。

（1）运行 Visual Studio 2005，打开例 4-1 所建网站"ServerControl"，在站点内添加一个 UserRegister. aspx 文件，并设置页面水平居中，页面宽度为 500 像素。

（2）鼠标定位到层的内部，通过"布局"→"插入表"，设置表格为 6 行，2 列，表格宽为 400 像素。

（3）在表格内按照如图 4.14 所示的页面布局，拖放控件。

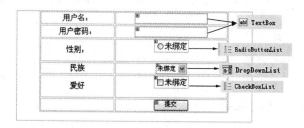

图 4.14　页面布局

（4）对表格和表格内的控件进行设置，设计结束后的布局效果如图 4.15 所示。

选中第 2 行的 TextBox 控件，用鼠标右键单击，选择"属性"，修改 TextMode 为 "Password"。选中第 3 行的 RadioButtonList 控件，用鼠标右键单击，选择"属性"，打开 "Items"属性设置窗口"ListItem 集合编辑器"，在窗口内添加两项，并分别设置每项的 Text 属性为"男"和"女"。设置 RepeatDirection 属性为"Horizontal"。

选中第 4 行的 DropDownList 控件，用鼠标右键单击，选择"属性"，打开"Items"属性设置窗口"ListItem 集合编辑器"，在窗口内随意添加几项，并分别设置每项对应一个民族名称。

选中第 5 行的 CheckBoxList1 控件，用鼠标右键单击，选择"属性"，打开"Items"属性设置窗口"ListItem 集合编辑器"，在窗口内添加 3 项，并分别设置每项的 Text 属性为

"体育"，"上网"，"郊游"，并设置 RepeatDirection 属性为"Horizontal"。

用鼠标选中第 6 行的两个单元格，用鼠标右键单击，选择"合并单元格"。选中表格左栏的 5 个单元格，在阴影内用鼠标右键单击，选择"属性"，打开"style"样式生成器窗口，切换到"文字"，水平对齐方式设置为"右"，同样设置右边的 5 个单元格的水平对齐为"左"，并切换到"位置"，把宽度属性清除掉。

图 4.15　设置后的布局效果

（5）双击"提交"按钮，在后台代码中加入如下的代码：

```
//获取文本框的文本内容
string name = TextBox1.Text;
string password = TextBox2.Text;
//获取 RadioButtonList 控件中选中项的 Text 属性
string sex = RadioButtonList1.SelectedItem.Text;
//获取 DropDownList 控件中选中项的 Text 属性
string nation = DropDownList1.SelectedItem.Text;
//因为可以选择多个，因此需要通过 for 循环，遍历 CheckBoxList 控件内所有项，
//通过项的 Selected 属性判断是否被选中
string love = "";
for (int i = 0; i < CheckBoxList1.Items.Count; i++)
{
    if (CheckBoxList1.Items[i].Selected == true)
    {
        love = love + CheckBoxList1.Items[i].Text + ";";
    }
}
Response.Write("用户名：" + name + "<br />");
Response.Write("密码：" + password + "<br />");
Response.Write("性别：" + sex + "<br />");
Response.Write("民族：" + nation + "<br />");
Response.Write("爱好：" + love + "<br />");
```

（6）在浏览器内查看本页，并输入相关信息，单击"提交"按钮，其运行结果如图 4.16 所示。

图 4.16    运行效果

### 4.3.5    动态添加控件

有时，在运行时创建控件比在设计时创建控件更可行。例如，假定有一个搜索结果页，需要以表格的形式显示结果。因为不知道要返回多少项，所以此表格是动态生成的，每个返回的项占一个表格行。

要通过编程向页添加控件，则必须有放置新控件的容器。例如，如果打算创建表行，那么容器就是表。如果没有明显的控件用做容器，可以使用 PlaceHolder 或 PanelWeb 服务器控件。例如：

（1）创建控件的实例并设置其属性：

```
Label myLabel = new Label();
myLabel.Text = "Sample Label";
```

（2）将新控件添加到页上已有容器的 Controls 集合中：

```
Panel Panel1= new Panel();
Panel1.Controls.Add(myLabel);
```

下面的示例演示了如何根据用户的输入动态地创建表格。

【例 4-6】    根据用户输入的行列数动态创建表格。

在"工具箱"的 HTML 选项卡中提供了 Table 控件，在标准选项卡中同样提供了一个 Table 控件。两种控件各有特色。如果用于显示静态数据，那么采用 HTML 中的 Table 控件比较有利。而如果表格需要动态生成时，则使用标准选项卡中的 Table 控件比较有利。

首先应该明确的是，"表（Table）"是对象，表中的"行（TableRow）"也是对象，行中的"列（单元格，TableCell）"也是对象。父对象包括子对象，子对象又包括自己的子对象，而每种对象都需要单独生成，然后组合到一起。

其中 Table 控件作为 TableRow 控件的父对象，支持名为 Rows 的属性，它是 TableRow 对象的集合。可以通过管理该集合（在其中添加或删除项）来指定表的行。TableRow 对象又支持名为 TableCell 的对象的集合。

表中显示的内容将添加到 TableCell 对象中。单元格有 Text 属性，可以将其设置为任何 HTML 文本，具体步骤如下。

（1）先在窗体页中放置新控件的容器。在这里，Table 控件就是新控件的容器。将 Table 控件拖入窗体页中，设置好整个表的外观属性，如 Font、BackColor 和 ForeColor 等。默认情况下，TableRow 控件和 TableCell 控件也将支持这些属性，当然也可以重新为个别行或单元格指定另外的外观属性，新设置的属性将覆盖父表中的设置。

（2）可以将数据绑定到控件上，通常是向表内添加 TableCell 控件，然后将单个 TableCell 控件的 Text 属性绑定到数据上，或者向单元格添加数据绑定控件（如 Label 控件或 TextBox 控件）。

添加行的方法如下：

```
TableRow tRow = new TableRow();    // 生成行对象
Table1.Rows.Add(tRow);             // 将行对象加入到表中
```

添加单元格的方法如下：

```
TableCell tCell = new TableCell();    // 生成单元格对象
tRow.Cells.Add(tCell);                // 将单元格加入到行中
```

现在综合前面的方法动态生成一个表格。表格的行与列的数目是由两个文本框（TextBox1、TextBox2）中的数字决定的。每个单元格中以静态文本形式显示其行号和单元格号。

（3）运行 Visual Studio 2005，打开例 4-1 所建网站 "ServerControl"，在站点内添加一个 DynamicTable.aspx 文件。

（4）在 DynamicTable.aspx 文件设计视图的适当位置中输入 "行数:"，在其后拖放一个 TextBox 控件，按 Enter 键后，输入 "列数:"，在其后拖放一个 TextBox 控件，再向窗体内拖放一个 Button，修改其 Text 属性为 "生成表格"。

（5）双击 "生成表格" 按钮，并在 CodeFile 文件中的 Button1_Click 事件中输入如下代码：

```
protected void Button1_Click(object sender, EventArgs e)
{
    Table Table1 = new Table();
    Table1.BorderWidth = 1;
    Table1.GridLines = GridLines.Both;
    Table1.BackColor = System.Drawing.Color.Green;
    this.Controls.Add(Table1);
    int rowCnt;          // 行的数目
    int rowCtr;          // 当前行
    int cellCtr;         // 每行包括的列数
    int cellCnt;         // 当前的列
    rowCnt = int.Parse(TextBox1.Text);
    cellCnt = int.Parse(TextBox2.Text);
    for (rowCtr = 1; rowCtr <= rowCnt; rowCtr++)
    {
        // 创建新行并加入到表中
        TableRow tRow = new TableRow();
        Table1.Rows.Add(tRow);
```

```
        for (cellCtr = 1; cellCtr <= cellCnt; cellCtr++)
        {
            // 创建新列并加入到行中
            TableCell tCell = new TableCell();
            tCell.Text = "行  " + rowCtr + ", 列  " + cellCtr;
            tRow.Cells.Add(tCell);
        }
    }
}
```

（6）用鼠标右键单击页面，选择"在浏览器中查看"，在行数和列数文本框中输入值，并单击"生成表格"按钮，动态生成表格如图 4.17 所示。

图 4.17　动态生成表格

## 4.4　验证控件

验证工作最好放在客户端进行。当在客户端输入完数据，向服务器提交之前应对数据进行检验，如果发现错误，立即提示并要求改正，改正前不向服务器提交信息。这种处理方式可以将改正错误的过程放在提交以前，减少网上的无效传输。

但是有两个原因使客户端验证不可依赖：第一，由于相当一部分客户端的设备功能弱，不具备验证能力，此时验证工作只能放在服务器端进行；第二，恶意的用户能够比较容易地破坏客户端的验证脚本，或者想方设法绕过客户端的检验。因此，从安全的角度出发，不论客户端是否进行了验证，服务器端的验证都是不可缺少的，除非人为地取消了服务器端验证。当用户向服务器提交数据之后，服务器都毫无例外地调用验证程序来逐个检验用户的输入。如果发现任何输入数据有错误，整个页面将自行设置为无效状态，并发出错误信息。

### 4.4.1　验证控件分类及作用

ASP.NET 提供了 6 种验证控件。各种验证控件的作用如下。

（1）RequiredFieldValidator 控件：用于检验用户是否在输入控件中输入了数据。

（2）CompareValidator 控件：将输入控件的值同常数值或其他输入控件的值相比较，以确定这两个值是否与由比较运算符（小于、等于、大于等）指定的关系相匹配。

（3）RangeValidator 控件：用于检验用户的输入是否在一个特定的范围内。

（4）RegularExpressionValidator 控件：用于检验用户的输入是否与正则表达式所定义的模式匹配。

（5）CustomValidator 控件：通过用户字定义的验证函数判定输入的数据是否有效。

（6）ValidationSummary 控件：以列表的形式显示页面上所有验证控件所搜索到的验证错误。

其中 ValidationSummary 控件只能与前 5 种验证控件一道使用，不能单独执行验证。另外在这些控件中，除 RequiredFieldValidator 控件以外，其他所有的控件都认为空字段是合法的。

## 4.4.2 验证控件的使用方法

各个控件虽然作用不同，但使用的方法却有很多共同点。除了 ValidationSummary 控件外，其余的验证控件都继承于共同的基类 BaseValidator，每个控件都有一个ControlToValidate 属性，必须用它来指定被验证的控件名称。下面分别介绍各验证控件的使用方法。

### 1．RequiredFieldValidator 控件

RequiredFieldValidator 控件用于对一些必须输入的信息进行检验，如果一些必须输入的数据没有输入时，将提示错误。

使用这个控件的方法比较简单，将控件拖入窗体以后，关键是给它设置以下 4 个属性。

（1）ControlToValidate：设置被验证的控件，可以在该属性的下拉列表中选择。

（2）ErrorMessage：当不能通过验证时显示的错误信息。

（3）Display：显示错误信息的位置，包括以下 3 种选择。

① None：不显示错误信息。

② Static：显示在设计时控件所放置的位置。

③ Dynamic：将错误信息动态显示在页面上。

（4）EnableClientScript：为逻辑变量，默认为 true，表示如有可能（例如浏览器版本为Internet Explorer 4.0 以上），先在客户端验证。若将本属性值改为 false，将不在客户端进行验证。

### 2．CompareValidator 控件

CompareValidator 控件用来将输入到控件（例如 TextBox 控件）的值与输入到其他控件的值或常数值进行比较。几个重要的属性的设置方法如下。

（1）通过设置 ControlToValidate 属性指定被验证的控件 ID。

（2）如果要将输入控件与其他控件值进行比较，将 ControlToCompare 属性设置为要与之相比较的控件 ID。如果要将输入控件的值与某个常数值进行比较时，应将ValueToCompare 属性设置为与之比较的常数。

（3）Type 属性用于设置比较数据的类型，只有在同一类型的数据之间才能够进行比较。

（4）Operator 属性用来指定比较的方法，如大于、等于等。如果将 Operator 属性设置为ValidationCompareOperator.DataTypeCheck，则 CompareValidator 控件将忽略 ControlToCompare属性和 ValueToCompare 属性，并且仅仅指示到输入控件中的值是否可以转换为

BaseCompareValidator. Type 属性指定的数据类型。

### 3. RangeValidator 控件

RangeValidator 控件用于检验用户的输入是否在一个特定的范围内，可以检查数字对、字母对和日期对限定的范围，边界表示为常数。

RangeValidator 控件的主要属性包括如下 3 种。

（1）ControlToValidate 属性：指定被验证的输入控件。

（2）MinimumValue 属性和 MaximumValue 属性：分别指定有效范围的最小值和最大值。

（3）Type 属性：用于指定要比较的值的数据类型。

### 4. RegularExpressionValidator 控件

RegularExpressionValidator 控件用来验证输入的格式是否匹配某种特定的模式（正则表达式）。这类验证允许检验一些可以预知的字符序列，如身份证号码、电子邮件地址、电话号码和邮编中的字符序列等。除非浏览器不支持客户端验证，或者已明确禁止客户端验证（通过将 EnableClientScript 属性设置为 False），否则将同时执行服务器端和客户端验证。

客户端的正则表达式验证实现和服务器端的略有不同。在客户端，使用的是 JScript 正则表达式语法。而在服务器端，使用的则是 System.Text.RegularExpressions.Regex 语法。由于 JScript 正则表达式语法是 System.Text.RegularExpressions.Regex 语法的子集，所以最好使用 JScript 正则表达式语法，以便在客户端和服务器端得到同样的结果。

使用本控件进行检验时，除按照前面几个控件设置属性以外，最主要的区别是将控件的 ValidationExpress 属性设置检查模式。方法是单击属性右边的省略号按钮，在打开的"正则表达式编辑器"对话框中选择"标准表达式"，如图 4.18 所示，然后选择需要检查的模式即可。

**注意**：在编写处理字符串的程序或网页时，经常会有查找符合某些复杂规则的字符串的需要。正则表达式就是用于描述这些规则的工具。换句话说，正则表达式

图 4.18 "正则表达式编辑器"对话框

就是记录文本规则的代码。正则表达式具有复杂的语法定义，感兴趣的读者可以参阅：http://unibetter.com/deerchao/zhengzhe-biaodashi-jiaocheng-se.htm，网络上有很多常用字符规则的验证表达式，可以到网上参考。

### 5. CustomValidator 控件

使用自定义控件 CustomValidator 时，可以自行定义验证算法，并同时利用控件提供的其他功能。

为了在服务器端验证函数，先将 CustomValidator 控件拖入窗体，并将 ControlToValidate 属性指向被验证的对象，然后给该验证控件的 ServerValidate 事件提供一个验证程序，最后在 ErrorMessage 属性中填写出现错误时显示的信息。

在 ServerValidate 事件处理程序中，可以从 ServerValidateEventArgs 参数的 Value 属性中获取输入到被验证控件中的字符串。验证的结果要存储到 ServerValidateEventArgs 的属性 IsValid（True 或 False）中。

例如，利用自定义 CustomValidator 控件验证某个输入框输入的数据能否被 3 整除。若不能被 3 整除则发出错误信息。事件处理的代码如下：

```
private void CustomValidator1_ServerValidate(object source,
        System.Web.UI.WebControls.ServerValidateEventArgs args)
{
    int number=int.Parse(args.Value);          // 取出输入的数据
    if((number % 3) == 0)                       // 检验能否被 3 整除
        args.IsValid=true;                      // 结果正确
    else
        args.IsValid=false;                     // 结果错误
}
```

如果需要同时提供客户端验证程序以便让具有 DHTML 能力的浏览器先进行验证时，应该在.aspx 的 HTML 视图中用 JavaScript 语言编写验证程序，同时将验证的函数名写入控件的 ClientValidationFunction 属性中。

**6．ValidationSummary 控件**

ValidationSummary 控件用于在一个位置上集中显示来自 Web 网页上所有验证程序的错误信息。根据 DisplayMode 属性的设置，可以采用列表、项目符号列表或单个段落的形式来显示。通过设置控件的 ShowSummary 属性和 ShowMessageBox 属性，可以确定显示的形式。

## 4.4.3　验证控件使用举例

【例 4-7】　利用验证控件对提交表单进行验证。

（1）运行 Visual Studio 2005，打开例 4-1 所建网站"ServerControl"，在站点内添加一个 User RegisterValidate.aspx 文件，设置页面居中，页面宽度为 700 像素。

（2）将鼠标定位到层的内部，通过"布局"→"插入表"，设置表格为 6 行，2 列，表格宽为 650 像素。

（3）按照如图 4.19 所示设计页面布局。

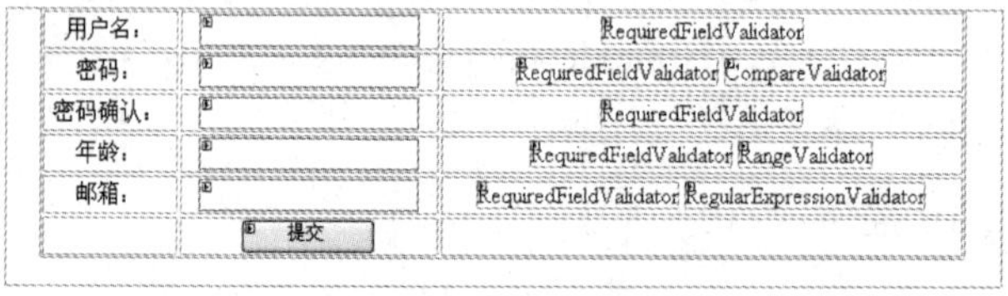

图 4.19　页面布局

（4）对表格和表格内控件进行设置，设置完成后的布局如图 4.20 所示。

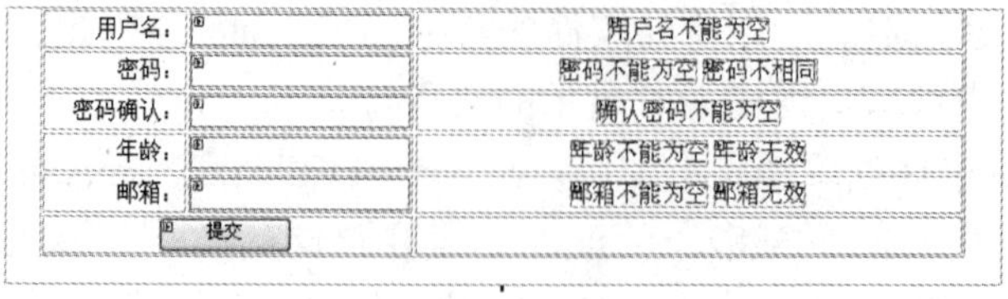

图 4.20　设置完成后的页面布局

选中表格最后一行前 2 个单元格，用鼠标右键单击，选择"合并单元格"。选中表格第 1 列的 5 个单元格，在阴影内用鼠标右键单击，选择"属性"，打开"属性"窗口，单击"属性"窗口内的 style 属性，打开"样式生成器"，切换到"文本"，以水平对齐方式设置为"右"，切换到"位置"，设置宽度为"100px"。

　　设置表格第 2 列的 5 个单元格，以水平对齐方式设置为"左"，切换到"位置"，设置宽度为"150px"。

　　设置表格第 2 列的 5 个单元格，以水平对齐方式设置为"左"。选中第 3 列第 1 行的 RequiredFieldValidator 控件，设置 ErrorMessage 属性的值为"用户名不能为空"，设置 ControlToValidate 属性的值为"TextBox1"。

　　设置第 3 列第 2 行至第 5 行的 RequiredFieldValidator 控件的 ErrorMessage 属性的值分别为"××不能为空"（××用文本框的内容替换），ControlToValidate 属性的值分别为"TextBox2"至"TextBox5"。

　　设置第 3 列第 2 行的 CompareValidator 控件的 ControlToValidate 属性的值为"TextBox2"，ControlToCompare 属性的值为"TextBox3"，设置 ErrorMessage 属性的值为"密码不相同"，设置 Operator 属性的值为"Equal"。

　　设置第 3 列第 4 行的 RangeValidator 控件的 ControlToValidate 属性的值为"TextBox4"，设置 ErrorMessage 属性的值为"年龄无效"，设置 MaximunValue 属性的值为 100，设置 MinimumValue 属性的值为 1，设置 Type 属性的值为"Integer"。

　　设置第 3 列第 5 行的 RegularExpressionValidator 控件的 CntrolToValidate 属性的值为"TextBox5"，设置 ErrorMessage 属性的值为"邮箱无效"，单击"ValidationExpression"属性，打开"正则表达式编辑器"对话框（编辑器内集成了一些常用的正则表达式，根据需要直接选择即可；若无适合的，可以自己输入），选择其中的"Internet 电子邮件地址"。

　　（5）单击"提交"按钮，在后台代码中输入如下的代码：

```
Response.Write("用户名为：" + TextBox1.Text + "<br />");
Response.Write("密码为：" + TextBox2.Text + "<br />");
Response.Write("年龄为：" + TextBox4.Text + "<br />");
Response.Write("邮箱为：" + TextBox5.Text + "<br />");
```

　　（6）在浏览器内查看本页面，如果直接单击"提交"按钮，会提示很多的验证错误，如图 4.21 所示，无法进行提交。只有输入合法后，"提交"按钮才可以提交，并运行后台的代码。

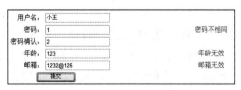

图 4.21　提交验证

## 4.5　用户控件

　　虽然 ASP.NET 服务器控件提供了大量的功能，但它们并不能涵盖每一种情况，不可能完全满足程序设计人员的所有需求。在 ASP.NET 中，可以自定义控件（用户控件）以方便程序的设计。

一个 Web 用户控件与一个完整的 Web 窗体页相似，它们都包含一个用户界面页和一个代码隐藏文件。在用户控件上可以使用与标准 Web 窗体页上相同的 HTML 元素和 Web 控件。但与.aspx 文件不同的是，用户控件界面页定义在扩展名为.ascx 的文件中，不能作为独立的 Web 窗体页来运行；用户控件中不包含<HTML>、<BODY>和<FORM>元素（这些元素必须位于宿主页中）。

### 4.5.1 建立用户控件

Web 用户控件与 Web 窗体页非常相似，它们是使用相同的技术创建的。创建 Web 用户控件，便创建了一个可重复使用的 UI 组件，可以在其他 Web 窗体页上使用该组件。

在 ASP.NET 2.0 中，创建用户控件的具体步骤如下。

（1）新建或打开项目。

（2）在"解决方案资源管理器"中用鼠标右键单击"添加新项"，打开"添加新项"对话框，如图 4.22 所示。

图 4.22 "添加新项"对话框

（3）在"添加新项"对话框的模板中选中"Web 用户控件"，在"名称"文本框中输入用户控件的文件名（扩展名必须是.ascx），然后单击"添加"按钮。

（4）在设计器中，像设计普通 Web 页的方法一样来设计用户界面和编写事件处理代码。

### 4.5.2 使用用户控件

可以将 Web 用户控件添加到 Web 窗体页的"设计"视图中。Web 窗体设计器会自动向 Web 窗体页添加该控件的@Register 指令和标记。从此时开始，该控件就成为页的一部分，并在处理该页时呈现出来。此外，该控件的公共属性、事件和方法将向 Web 窗体页公开并且可以通过编程来使用。

向 Web 窗体页添加用户控件的步骤如下。

（1）在 Web 窗体设计器中，打开要将该控件添加到的 Web 窗体页，并确保该页以"设计"视图显示。

（2）在解决方案资源管理器中选择用户控件的文件，并将其拖放到 Web 窗体页上。

（3）将用户控件添加到 Web 窗体页后，可以像使用其他普通 Web 服务器控件一样对其操作。

【例 4-8】　本例创建一个用户控件，并在 Web 页中使用。它的功能是向用户显示个性化的欢迎信息。

（1）打开例 4-1 所建的网站"ServerControl"，通过用鼠标右键单击"解决方案资源管理器"内的项目名称，选择"添加新项"，在打开的对话框中选择新建"Web 用户控件"，并输入文件名为"welcome.ascx"，单击"确定"按钮。

（2）在该 Web 窗体页中用到 2 个 Label 控件、1 个 TextBox 控件和 1 个 Button 控件，其位置如图 4.23 所示。各控件的主要属性设置见表 4.5。

图 4.23　窗体页的运行效果

表 4.5　各控件的主要属性设置

| 控 件 名 | 控件 ID 标记 | 属　　性 | 属 性 值 | 备　　注 |
|---|---|---|---|---|
| Label | Label1 | text | Enter name: | |
| Label | Label2 | text | 空 | 用于显示信息 |
| TextBox | name | text | 空 | 用于输入用户名 |
| Button | Button1 | text | Enter | |

（3）为 Button1 的 Click 事件添加处理代码：

```
Label2.Text = "Hi " + name.Text + ", welcome to ASP.NET!" ;
```

（4）打开"Default.aspx"页面，并切换到"设计"视图，在"解决方案资源管理器"中把"welcome.ascx"拖放到"Default.aspx"页面中。

（5）运行该 Web 窗体页并对其进行测试，运行效果如图 4.23 所示。

# 4.6　ASP.NET 2.0 事件处理模型

## 4.6.1　ASP.NET 2.0 事件

ASP.NET 有数千个事件。应用程序有事件（如应用程序的开始和结束），每一个会话也有事件（如会话的开始和结束），并且页面和多数服务器控件都会触发事件。所有的 ASP.NET 事件都在服务器端处理。有些事件被立刻发送到服务器，另外有一些事件则被存储，直到下次页面回传到服务器。

因为事件在服务器端处理，所以 ASP.NET 事件与传统客户端应用程序中的事件稍有不同。在传统客户端应用程序中，事件本身和事件处理程序都在客户端。在 ASP.NET 应用程序中，事件通常都在客户端触发（例如用户单击浏览器上显示的按钮），但在服务器上处理。

考虑一个包含按钮控件的 ASP.NET 页面。当单击该按钮时，触发了一个 Click 事件。不同于 HTML 按钮控件，ASP.NET 的按钮有一个"runat=server"属性，它为所有 HTML 按钮的标准功能添加服务器端处理属性。当触发 Click 事件时，浏览器发送页面到服务器，以便处理客户端事件。与此同时，一个事件消息传送到服务器。服务器端确定是否有与 Click 事件关联的事件处理程序,如果有,则在服务器端执行该事件处理程序。

事件消息通过 HTTP POST 方式发送到服务器。ASP.NET 将自动处理所有捕获事件的基础结构,将它传送到服务器,并处理事件。程序员所要做的仅仅是创建事件处理程序。

许多事件,如 MouseOver,不会进行服务器端事件处理,否则会降低性能。由于所有服务器端处理都需要回传(从客户端到服务器,再返回客户端),因此,不能要求每次发生 MouseOver 时都回传页面。如果一定要处理这些事件,那么只能在客户端,例如使用 javascript 脚本处理。

### 4.6.2　Visual Studio 2005 的事件

Visual Studio 2005 能自动处理 ASP.NET 实现事件过程中的大量工作。例如,它为每个控件提供所有可用的事件列表。如果选择实现一个事件,只需输入对应事件处理程序的名称。此时,IDE 将创建所需的模板代码,并绑定相关委托。

当新建一个 Web 应用程序时,Visual Studio 2005 将自动包含以下代码,以便处理页面加载事件:

```
protected void Page_Load(object sender, EventArgs e)
{

}
```

每个页面都包含多个类似于 Page_Load 的、可创建处理程序的事件。这些预定义的事件处理程序的名称由 Page_连接事件名组成,如 Page_PreInit、Page_PreLoad、Page_Init、Page_Error、Page_LoadComplete 等。这些页面事件的处理程序会自动关联到它们相对应的事件。

另外,页面中的控件具有它们自身的事件。添加控件后,在"设计"视图中单击控件,然后,单击"属性"窗口中的事件按钮( ),将会看到控件的事件。例如,图 4.24 列举了页面中按钮控件的事件,其中还指示了事件按钮。

可以在任意事件旁的空白处输入方法名,或者双击该空白,Visual Studio 2005 就会创建事件处理程序,如图 4.25 所示,并准备输入代码以实现事件处理。

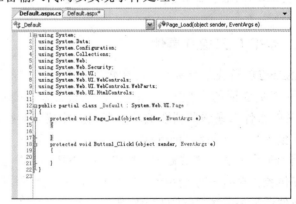

图 4.24　按钮控件的事件列表　　　　　　图 4.25　事件处理代码

双击 Button1 控件的 Click 事件旁的空白,Visual Studio 2005 则命名一个 Button1_Click(控件名_事件名)事件。同时,创建事件处理程序的构架,并使光标处于该事件处理程序中。

每种控件都有一个默认事件,多为该类型控件最常实现的事件。可见 Button 控件的默认事件是 Click 事件。另外，也可以通过在"设计"视图中双击控件来创建默认事件的处理程序。

### 4.6.3　尽量减少页面回发的次数

为了减少事件处理中信息往返的次数，系统采用了以下策略，即客户端发生的事件，并不是每发生一次就向服务器传送一次信息。默认情况下，只有当服务器端按钮（Button）被单击时，才集中向服务器传递事件信息。其他支持改变（Change）事件的服务器端控件，如文本框、下拉列表框、单选按钮、复选框等，当它们的 Change 事件发生时，先将事件的信息暂存在客户端的缓冲区中，等到下一次向服务器传递信息时，再和其他信息一起发送给服务器。以降低传送信息的频度。

如果希望某控件的 Change 事件得到即时响应，只需要将该控件的 AutoPostBack 的属性设置为 True 即可。值得注意的是，这种设置不宜过多，如果过多有可能降低系统的运行效率。当服务器同时收到多个事件信息时，对 Change 事件的处理总是放在其他事件之前。

### 4.6.4　处理客户端事件

ASP.NET 2.0 事件的核心是服务器端处理。然而，这种方式存在一些缺点。主要问题是，任何处理开始之前，都必须回传到服务器。这常常会给用户带来显而易见的、无法接受的延迟体验。甚至对于通过本地高速网络连接到服务器的 Intranet 应用程序，也是如此。对于那些连接 Internet 的应用程序而言，延迟可能变得更加漫长。

客户端处理可为用户行为提供即时响应，能够显著改善用户体验。它们可使用诸如 JavaScript 或者 VBScript 这样的脚本语言来实现。

某些 ASP.NET 服务器控件使用客户端脚本来提供用户行为响应，而不需要回传到服务器。典型的如检验控件下载脚本到浏览器，那么，无效数据将在浏览器中被捕捉和标记，而不需要回传到服务器。然而，在这些情况下，客户端脚本由 ASP.NET 提供，而开发人员则不用编写或管理脚本。

常规的 HTML 控件和 HTML 服务器控件包含许多事件，当它们被引发时，则可执行脚本。脚本包含在内容文件的脚本块，或者包含在控件声明的属性内。如前文所述，HTML 按钮控件的 onclick 属性，就可以用来处理客户端单击事件。表 4.6 列出了 HTML 控件可以使用的一些常用客户端事件。

表 4.6　常用的 HTML 事件

| 事　件 | 说　明 |
|---|---|
| onblur | 当控件失去焦点时触发 |
| onfocus | 当控件接收焦点时触发 |
| onclick | 当控件被单击时触发 |
| onchange | 当控件的值发生修改时触发 |
| onkeydown | 当用户按键时触发 |
| onkeypress | 当用户按文字或数字键时触发 |
| onkeyup | 当用户松开键时触发 |
| onmouseover | 当鼠标指针移动到控件上时触发 |
| onserverclick | 当控件被单击时抛出一个 ServerClick 事件 |

本节通过一个小实例说明客户端事件处理。

【例 4-9】 客户端事件处理。

（1）新建一个名为"ClientSideProcessing"的网站，在"资源管理器"内新建一个 default. aspx 文件，在 default.aspx 页面文件的源视图中，将下面的脚本块添加到</head>关闭标签和 <body>打开标签之间：

```
<script language=javascript>
function ButtonTest()
{
    alert("客户端脚本检测到按钮被按下！");
}
function DoChange()
{
    document.getElementById("btnSave").disabled=true;
}
</script>
```

网页中，通常在<script>标签中定义 JavaScript 脚本（也可以单独定义在.js 脚本文件中），<script>标签中使用 language 属性指定脚本编程语言，当前情况使用的是 JavaScript。

在该示例中，实现了两个不同功能的函数。

ButtonTest 函数通过调用 alert 方法弹出一个对话框（当调用该方法的时候，就会打开一个对话框，对话框上面的内容由 alert 方法的参数决定）。

DoChange 函数启用了一个 Save 按钮，当该方法被调用后，ID 为 btnSave 的元素的 disabled 属性值会被设置为 False。

（2）向窗体添加以下控件：一个 HTML 按钮、两个 ASP.NET 按钮、一个 HTML 输入文本框。如图 4.26 所示，可以将控件拖到窗体上，然后按照表 4.7 重命名控件，并且设置属性。

图 4.26 演示客户端事件处理

表 4.7 控件的属性设置

| 控件类型 | 控件 ID 标记 | 属性 | 属性值 |
| --- | --- | --- | --- |
| HTML 按钮 | btnHTML | text | HTML Button |
| HTML 文本框 | txtHTML | text | 空 |
| ASP.NET 按钮 | btnServer | text | ASP.NET Button |
| ASP.NET 按钮 | btnSave | text | Save |

（3）设置 btnHTML 控件的 onclick 属性为 ButtonTest()，并设置其可在服务器段运行，设置 btnSave 控件的 Enabled 属性被设置为 False，设置 txtHTML 控件的 onchange 属性为 DoChange()。

（4）在设计视图中，双击"btnHTML"控件，接着在事件处理程序中添加以下一行代码：

```
txtHTML.Value = "An HTML server control";
```

（5）在设计视图中，双击"btnServer"控件，接着在事件处理程序中添加以下一行代码：

```
txtHTML.Value = "An ASP.NET server control";
```

（6）在浏览器中查看本页面，运行结果如图 4.27 所示。

注意：初始情况下，Save 按钮不可用（灰色）。单击"HTML"按钮将触发 JavaScript 函数 ButtonTest，即打开对话框"客户端脚本检测到按钮被按下！"。一旦在对话框中单击了"确定"按钮，服务器端代码则开始执行。即在 HTML 输入框中创建一个"An HTML server control."字符串。同样，单击 ASP.NET 服务器按钮将打开相同的对话框，并在 HTML 输入框中创建"An ASP.NET server control."字符串。修改文本框中的内容，将触发文本的 Dochange 事件并通过客户端的脚本代码启用 Save 按钮。

图 4.27　运行结果

# 本章小结

控件实质上就是一个类，一种可视化的类。利用控件进行网页设计，可以起到"所见即所得"的直观效果。

事件处理模型是影响系统运行方式的重要方面。事件处理模型有多种方式，有的以浏览器处理为主，有的以服务器处理为主，就好比人们到超市去购货，可以使用现金，也可以使用信用卡。前一种方式是基于浏览器的处理方案，此时所有计算都在现场完成；而后一种方式是基于服务器的处理方案，所有财务方面的问题都由银行系统的服务器自动完成，此时用户只需要刷卡。

在传统的 HTML 网页或 ASP 网页中，当在浏览器端下载网页以后，发生的事件都在浏览器端处理，直到提交网页时才再度与服务器进行交互。现在 ASP.NET 2.0 采用的是基于服务器的事件驱动模型，程序运行中浏览器与服务器之间的交互变得更加频繁，这不仅充分发挥了.NET 框架平台的作用，也使得系统的运行方式更加接近于桌面系统，使得两种设计思想更加趋于一致，从而使得广大程序设计者学习和掌握 ASP.NET 2.0 系统变得更加容易。

# 第 5 章　ASP.NET 2.0 内置对象

ASP.NET 2.0 内置对象提供了基本的请求、响应、会话等处理功能。与需要频繁使用的服务器控件一样，ASP.NET 2.0 程序设计中需要大量使用对象。本章介绍 ASP.NET 2.0 对象的概念，常用对象的功能、属性、方法及使用技巧。

## 5.1　ASP.NET 2.0 对象概述

ASP.NET 2.0 定义了多个内置对象，它们是全局对象，即不必事先声明就可以直接使用。例如：Response.Write("Hello")，就是直接使用了 Response 对象，传送信息到浏览器。

每个对象有各自的属性、(属性)集合、方法和事件。属性用来描述对象的性质，它表示对象的静态特性；方法反映了对象的行为，表示对象的动态特性；集合指一组相关的值，如 Request 对象的 QueryString 由一组相关值构成；事件指对象在一定条件下产生的信息，如对于 Session 对象，会话开始将产生 OnStart 事件。

语法格式：

> 对象名.属性名

上述语法为访问对象属性的格式。例如，访问 Page 对象的 IsPostBack 属性的语法为 Page.IsPostBack。访问对象的集合与访问对象属性类似。对象的集合都有一个 count 属性，它表示集合中值的个数。

语法格式：

> 对象名.方法名(参数表)

上述语法为访问对象方法的格式。例如，访问 Response 对象的 Write 方法的语法为 Response. Write("Hello");。

语法格式：

> 对象名_事件名(参数表)　或　事件名(参数表)

上述语法为对象事件处理的定义。例如：

```
protected void Page_Load(object sender, EventArgs e)
{
    //程序体定义
}
```

ASP.NET 2.0 事件的处理过程都有以下两个参数。

（1）object sender：事件处理过程的第一个参数，表示发生该事件的源对象。

（2）EventArgs e：事件处理过程的第二个参数，表示传递给事件处理过程的额外描述，作为辅助之用。

ASP.NET 2.0 的内置对象主要有 7 个，如表 5.1 所示。

表 5.1　ASP.NET 的内置对象

| 对　象　名 | 说　　明 |
|---|---|
| Page | 用于设置与网页有关的属性、方法和事件 |
| Request | 从浏览器（用户端）获取信息 |
| Response | 发送信息到浏览器 |
| Server | 提供服务器端的属性和方法 |
| Session | 存储单个客户端的信息 |
| Application | 存储客户端的共享信息 |
| Exception | 捕捉 ASP.NET 的错误，返回错误描述 |

除了内置对象外，ASP.NET 2.0 还包含其他的对象，如文件类和数据库类对象，它们是数据存储和访问的主要手段，需在对象创建以后再使用。

## 5.2　Page 对象

在浏览器打开 Web Form 网页时，ASP.NET 先编译 Web Form 网页，分析网页及其代码，然后以动态的方式产生新的类，再编译新的类。Web Form 网页编译后所创建的类由 Page 类派生而来。可见，Web Form 网页可以使用 Page 类的属性、方法与事件。

每次请求 Web Form 网页，新派生的类将成为一个能在服务器执行的可执行文件。在运行阶段，Page 类会以动态的方式创建 HTML 标记并返回浏览器，同时处理收到的请求（Request）和响应（Response）。若网页中包含服务器控件，Page 类便可作为服务器控件的容器，并在运行阶段创建服务器控件。

### 5.2.1　Page 对象的属性

Page 对象的常用属性列于表 5.2 中。

表 5.2　Page 对象的常用属性

| 属　　性 | 说　　明 |
|---|---|
| Application | 获取目前 Web 请求的 Application 对象，Application 对象派生自 httpapplicationstate 类，每个 Web 应用程序都有一个专属的 Application 对象 |
| Cache | 获取与网页所在之应用程序相关联的 Cache 对象，Cache 对象派生自 Cache 类，允许在后续的请求中保存并捕获任意数据，Cache 对象主要用来提升应用程序的效率 |
| ClientTarget | 获取或设定数值，覆盖浏览器的自动侦测，并指定网页在特定浏览器用户端如何显示。若设置了此属性，则会禁用客户端浏览器检测，使用在应用程序配置文件（web.config）中预先定义的浏览器能力 |
| EnableViewState | 获取或设置目前网页请求结束时，网页是否要保持视图状态及其所包含的任何服务器控件的视图状态（viewstate），默认为 True |
| ErrorPage | 获取或设置当网页发生未处理的异常情况时，要将用户定向到哪个错误信息网页，此属性可以让用户自定义所要显示的错误信息。如果没有设置此属性，ASP.NET 会显示默认的错误信息网页 |
| IsPostBack | 获取布尔值，用来判断网页在何种情况下加载，返回 False 是表示是第一次加载该网页，返回 True 是表示因为客户端返回数据而被重新加载 |

| 属　性 | 说　明 |
|---|---|
| IsValid | 获取布尔值，用来判断网页上的验证控件是否全部验证成功，返回 True 表示全部验证成功，返回 False 表示至少有一个验证控件验证失败 |
| Request | 获取请求网页的 Request 对象，Request 对象派生自 HttpRequest 类，主要是用来获取客户端的相关信息 |
| Response | 获取与请求网页相关的 Response 对象，Response 对象派生自 HttpResponse 类，允许发送 HTTP 响应数据给客户端 |
| Server | 获取 Server 对象，Server 对象派生自 HttpServerUtility 类 |
| Session | 获取 Session 对象，Session 对象派生自 HttpSessionstate 类 |
| Trace | 获取目前 Web 请求的 Trace 对象，Trace 对象派生自 TraceContext 类，可以用来处理应用程序跟踪 |
| Validators | 获取请求的网页所包含的 ValidatorsCollection(验证控件集合)，网页上的验证控件均存放在此集合中 |

IsPostBack 是 Page 对象的一个重要属性。这是一个只读的 Boolean 类型属性，它可以指示页面是第一次加载还是为了响应客户端回传而进行的加载。有经验的程序员将一些耗费资源的操作（例如，从数据库获取数据或构造列表项）放在页面第一次加载时执行。如果页面回传到服务器并再次加载，就无须重复这些操作了。显然，任何输入或构建的数据都已被视图状态自动保留到后续的回传中。下面的代码段用于测试 IsPostBack 属性，它跳过了之前提到的耗费资源的操作：

```
protected void Page_Load(Object sender, EventArgs e)
{
    if (! IsPostBack)
    {
        //  仅在页面第一次加载时，执行重要操作
    }
}
```

表 5.2 中所列的 Application 对象用来记录访问 Web 应用程序的所有用户共享的变量；Cache 对象进行数据缓存，用于提高应用程序的效率；Request 对象用于获得客户端的输入；Response 对象用于将服务器的响应传送到客户端；Server 对象用于提供服务器的信息；Session 对象用于记录来访用户的信息。它们是 ASP.NET 2.0 编程中常用的对象，本章将详细介绍。

## 5.2.2　Page 对象的方法

Page 对象的方法较多，表 5.3 列出了其常用的方法。

表 5.3　Page 对象的常用方法

| 方　法 | 说　明 |
|---|---|
| DataBind | 将数据源绑定到网页上的服务器控件 |
| Dispose | 令服务器控件在释放内存前执行最终的清理操作，在释放对服务器控件的引用前，若不调用 Dispose()方法，将不会立即释放服务器控件正在使用的资源 |
| MapPath | 将 VirtualPath 指定的虚拟路径（相对或绝对路径）转换成实际路径 |

| 方　法 | 说　明 |
|---|---|
| FindControl | 在网页上搜索标志名称为 id 的控件，返回值为标志名称为 id 的控件，若找不到标志名称为 id 的控件，则会返回 Nothing |
| HasControls | 获取布尔值，用来判断 Page 对象是否包含控件，返回 True 表示包含控件，返回 False 表示没有包含控件 |
| IsClientScriptBlockRegistered | 获取布尔值，用来判断客户端脚本块是否已使用键值 key 注册过，例如代码 IsClientScriptBlockRegistered("clientScript") 可以判断是否有客户端脚本块使用键值 "clientScript" 登录过 |
| ParseControl | 将 content 指定的字符串解译成控件，例如，码可以将字符串解译成控件，然后再使用 CType 方法将它转换为 TextBox 控件 |
| RegisterClientScriptBlock | 发送客户端脚本给浏览器，参数 key 为脚本块的键值，参数 Script 为要发送到客户端的脚本，此方法会在网页<Form Runat="Server">标记之后将客户端脚本发送到浏览器 |
| RegisterHiddenField | 在网页窗体上添加名称为 HiddenFieldName、值为 HiddenFieldInitialValue 的隐藏字段 |
| RegisterOnSubmitStatement | 用来设置当客户端发生 OnSubmit 事件时所要执行的代码，参数 key 为脚本块的键值，参数 Script 为要发送到客户端的脚本 |
| ResolveUrl | 将相对地址转换为绝对地址 |
| Validate | 执行网页上的所有验证控件 |

## 5.2.3　Page 对象的事件

Page 对象的常用事件列于表 5.4 中，最主要的事件是 Init、Load 和 UnLoad。

表 5.4　Page 对象的主要事件

| 事　件 | 说　明 |
|---|---|
| DataBinding | 当网页上的服务器控件连接数据源时会触发此事件 |
| Disposed | 当网页从内存释放时会触发此事件，在 ASP.NET 网页被请求时，Disposed 是网页执行最后一个触发的事件 |
| CommitTransaction | 当网页事务完成时触发此事件 |
| Init | 当网页初始化时会触发此事件 |
| Load | 当网页被载入时会触发此事件 |
| PreRender | 在信息被写入客户端前会触发此事件 |
| Unload | 在网页完成处理且信息被写入客户端后会触发此事件 |
| Error | 当网页发生未处理的异常情况时会触发此事件 |

## 5.2.4　Web 控制事件

ASP.NET 是事件驱动的应用程序，Web Form 网页执行时会进行网页初始化，此时会触发 Page 对象的 Init 事件，然后加载网页并触发 Page 对象的 Load 事件，服务器控件是在触发 Load 事件后才被完全加载，最后在网页完成处理且信息被写入客户端后会触发 Page 对象的 Unload 事件。ASP.NET 中事件的触发次序如图 5.1 所示。

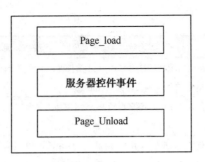

图 5.1　Web Form 事件触发次序

其中 Page_Load 事件是当一个页面开始执行时，只要定义了 Page_Load 事件的处理方法，就会最先执行这个处理方法。通常使用这个事件来进行页面的初始化。

【例 5-1】　设计一个 ASP.NET 网页，该页面被请求时，在浏览器中显示一个选择运动项目的下拉列表；在文本框中输入新增运动项目，单击"增加"按钮后，在下拉列表中将增加该运动项目。设计步骤如下。

（1）运行 Visual Studio 2005，创建名为 InnerObject 的 ASP.NET 网站，新建名为"DynamicDrop Downlist.aspx"的 Web 窗体文件。

（2）在 DynamicDropDownlist.apsx 的视图设计页面，所包含的控件及属性列于表 5.5 中，控件排布如图 5.2 所示。

表 5.5　DynamicDropDownlist.aspx 文件包含的控件及其属性

| 控件类别 | 控件名 | 控件标记 | 属　性 | 属性值 | 备　注 |
|---|---|---|---|---|---|
| Web 控件 | Label | LblCation | ForeColor | red | 显示出错提示信息 |
| Web 控件 | DropDownList | DpSport | — | — | 显示运动项目列表 |
| Web 控件 | TextBox | TxtSport | — | — | 输入新增运动项目 |
| Web 控件 | Button | BtnAdd | Text | 增加 | |

（3）在页面 Load 事件的处理函数中输入以下代码：

```
protected void Page_Load(object sender, EventArgs e)
{
    if (!Page.IsPostBack)
    {
        DpSport.Items.Add("足球");
        DpSport.Items.Add("乒乓球");
        DpSport.Items.Add("长跑");
        DpSport.Items.Add("滑冰");
    }
}
```

双击 DynamicDropDownList.aspx 的"BtnAdd"按钮，输入以下 BtnAdd_Click()事件处理程序代码：

```
protected void BtnAdd_Click(object sender, EventArgs e)
{
    if (TxtSport.Text != string.Empty)
    {
        DpSport.Items.Add(TxtSport.Text);
    }
    else
    {
        LblCation.Text = "项目名不得为空！";
    }
}
```

（4）在浏览器中查看本页面，并进行相关操作，结果如图 5.2 和图 5.3 所示。

这个例子先触发 Page 对象的 Load 事件，利用 Page 对象的 IsPostBack 属性，来判断是否为第一次加载，如是第一次加载，则添加"足球"、"乒乓球"、"长跑"、"滑冰"等 4 个选项。在单击"增加"按钮后会触发 Click 事件，执行 BtnAdd_Click()过程，将新的运动项目添加进来。

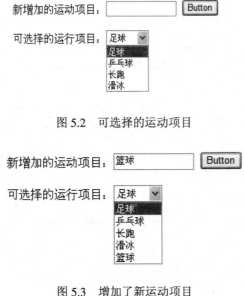

图 5.2   可选择的运动项目

图 5.3   增加了新运动项目

## 5.3   Response 对象

Response 对象的主要作用是输出数据到客户端。Response 对象类名是 HttpResponse，它是 Page 对象的成员，可直接使用。Response 对象提供了许多属性和方法，常用属性列于表 5.6 中。

表 5.6　Response 对象的常用属性

| 属　　性 | 说　　明 | 类　　型 |
|---|---|---|
| BufferOutput | 设定 HTTP 输出是否启用缓冲处理，预设为 True | Boolean |
| Cache | 传回目前网页缓存的设置 | HttpCachePolicy |
| Charset | 设置或取得 HTTP 的输出字符编码 | String |
| Cookies | 传回目前请求的 HttpCookieCollection 对象集合 | HttpCookieCollection |
| IsClientConnected | 传回客户端是否仍然处于和 Server 连接中 | Boolean |
| StatusCode | 传回或设定输出至客户端浏览器的 HTTP 状态码，预设是 200 | Integer |
| StatusDescription | 传回或设定输出至客户端浏览器的 HTTP 状态说明字符串 | String |
| SuppressContent | 设定是否将 HTTP 的内容送至客户端浏览器，若为 True 则网页将不会传至 Client 端 | Boolean |

Response 对象的常用方法列于表 5.7 中。

表 5.7　Response 对象的常用方法

| 方　　法 | 说　　明 |
|---|---|
| AppendToLog | 将自定的记录信息加到 IIS 的日志文件中 |
| BinaryWrite | 将一个二进制的字符字符串写入 HTTP 输出串流 |
| Clear | 将缓冲区的内容清除 |
| ClearHeaders | 将缓冲区中所有的页面标头清除 |
| Close | 关闭客户端的连机 |
| End | 将目前缓冲区中所有的内容送到客户端，然后关闭连机 |
| Flush | 将缓冲区中所有的数据送到客户端 |
| Redirect | 将网页重新导向另一个地址 |
| Write | 将数据输出到客户端 |
| WriteFile | 将一个文件直接输出至客户端 |

## 5.3.1　使用缓冲区

由于 Response 对象的 BufferOutput 属性预设为 True，所以要输出到客户端的数据暂时都存储在缓冲区内，等到所有的事件程序以及所有的页面对象全部解译完毕后，才将所有在缓冲区中的数据送到客户端的浏览器。以下是一个操作缓冲区的程序示例：

```
<%@ Page Language="C#" %>
<%Response.Write("清除之后的数据<BR>");%>
<script runat="server">
    protected void Page_Load(Object sender, EventArgs e)
    {
        Response.Write("清除缓冲区之前的数据" + "<BR>");
        Response.Clear();        // 清除缓冲区内的数据
    }
</script>
<html>
```

```
<head runat="server"><title></title></head><body></body></html>
```

上述程序代码首先在 Page_Load 事件中送出"清除缓冲区之前的数据"这一行，此时的数据存在缓冲区中。接着使用 Response 对象的 Clear 方法将缓冲区的数据清除，刚刚送出的字符串已经被清除。然后服务器开始读取 HTML 组件的部分，最后将结果送至 Client 端的浏览器，执行的结果如图 5.4 所示。由执行结果只出现"清除之后的数据"可知，使用 Clear 方法之前的数据并没有出现在浏览器上，可见数据一开始是存在于缓冲区内的。

接下来将上述程序代码中加入"Response.BufferOutput=False"：

```
<%@ Page Language="C#" %>
<%Response.Write("清除之后的数据<BR>");%>
<script runat="server">
    protected void Page_Load(Object sender, EventArgs e)
    {
        Response.BufferOutput = false;
        Response.Write("清除缓冲区之前的数据" + "<BR>");
        Response.Clear();               // 清除缓冲区内的数据
    }
</script>
<html>
<head runat="server"><title></title></head><body></body>
</html>
```

这段程序的执行结果如图 5.5 所示。可以发现执行的结果并没有因为使用 Clear 方法而将缓冲区的数据清除，这表示数据是直接输出而没有存放在缓冲区内。

图 5.4　使用缓冲区

图 5.5　不使用缓冲区

## 5.3.2　检查使用者的连机状态

当网页在执行需要较长时间的复杂运算或循环时，使用者的浏览器会一直处于等待的状态。此时若使用者停止浏览的动作，而服务器还继续执行运算的话，那么将浪费有限的系统资源。为此可以在执行这些需要等待的运算时，判断 Response 对象的 IsClientConnected 属性：若为 False 则代表使用者已经离线，此时只要使用 Response 对象的 End 方法来结束网页的执行即可。这样 Server 就不会执行无用的工作，而可以空出更多的资源来让其他用户使用。

【例 5-2】 设计一个页面检测用户是否在线。

（1）运行 Visual Studio 2005，打开例 5-1 名为 "InnerObject" 的 ASP.NET 网站，新建名为 "Detecting IsOnline.aspx" 的 Web 窗体文件。

（2）在 "DetectingIsOnline.aspx" 的 Page_Load 事件中输入如下的代码。

程序代码执行可达 100 000 次的循环，在循环中加入对 IsClientConnection 属性的判断操作；只要 Client 端离线就终止执行，而 Client 端的浏览器上也不会出现任何信息。

```
public void Page_Load(object Sender, Eventargs e)
{
    long i;
    for (i = 0; i <= 100000; i++)
    {
        if (!Response.IsClientConnected)
            Response.End();
    }
    Response.Write("执行完毕");
}
```

（3）在浏览器中查看本页面，服务器会在后台运行那个耗时的循环，页面不会立刻显示出来，但是关闭本页后，服务器就不会再处理本页。

### 5.3.3 地址重定向

Response 对象的 Redirect 方法可以将连接重新导向到其他地址，使用时只要传入一个字符串型的 URL 即可，传入在网址后附加参数的 URL 字符串也可以。例如：

```
Response.Redirect("http://www.baidu.com");
```

### 5.3.4 直接输出文本文件

Response 对象提供了一个直接输出文本文件的 WriteFile 方法。若所要输出的文件和执行的网页在同一个目录，只要直接传入文件名就可以了；若不在同一个目录，则要指定详细的路径。

例如将与本程序位于同一目录的文本文件 "Output.txt" 直接输出到网页上，代码如下：

```
Response.WriteFile("Output.txt");
```

## 5.4 Request 对象

Request 对象的主要功能是把客户端浏览器的数据传递给服务器。与 Response 对象一样，Request 对象也是 Page 对象的成员之一，在程序中不需要做任何的说明即可直接使用。Request 对象所属的类名是 HttpRequest。Request 对象的属性相当多，表 5.8 列出了其常用的属性。

表 5.8 Request 对象的常用属性

| 属　　性 | 说　　明 | 类　　型 |
|---|---|---|
| ApplicationPath | 传回目前正在执行程序的服务器端的虚拟目录 | String |
| Browser | 传回有关客户端浏览器的功能信息 | HttpBrowserCapabilities |
| ClientCertificate | 传回有关客户端安全认证的信息 | HttpClientCertificate |
| ConnectionID | 传回目前客户端所发出的网页浏览请求之连机 ID | Long |
| ContentEncoding | 　传回客户端所支持的字符设定。中文 Internet Explorer 预设是 ChineseTraditional(Big5) | Encoding |
| ContentType | 传回目前需求的 MIME 内容类型 | String |
| Cookies | 传回 HttpCookieCollection 对象集合 | HttpCookieCollection |
| FilePath | 传回目前执行网页的相对地址 | String |
| Files | 传回客户端上传的文件集合 | HttpFileCollection |
| Form | 传回有关窗体变量的集合 | NameValueCollection |
| Headers | 传回有关 HTTP 标头的集合 | NameValueCollection |
| HttpMethod | 传回目前客户端 HTTP 数据传输的方式是 Post 或 Get | String |
| IsAuthenticated | 传回目前的 HTTP 连机是否有效 | Boolean |
| IsSecureConnection | 传回目前 HTTP 连机是否是安全 | Boolean |
| Params | 　传回 QueryString、Form、ServerVariable 以及 Cookies 全部的集合 | NameValueCollection |
| Path | 传回目前请求网页的相对地址 | String |
| PhysicalApplicationPath | 传回目前执行的 Server 端程序在 Server 端的真实路径 | String |
| PhysicalPath | 传回目前请求网页在 Server 端的真实路径 | String |
| QueryString | 传回附在网址后面的参数内容 | NameValueCollection |
| RawUrl | 传回目前请求页面的原始 URL | String |
| RequestType | 传回客户端 HTTP 数据的传输方式使用 Get 或 Post | String |
| ServerVariables | 传回网页 Server 变量的集合 | NameValueCollection |
| TotalBytes | 传回目前的输入串流有多少字节 | Integer |
| Url | 传回有关目前请求的 URL 信息 | HttpUrl |
| UserAgent | 传回客户端浏览器的版本信息 | String |
| UserHostAddress | 传回远方客户端机器的主机 IP 地址 | String |
| UserHostName | 传回远方客户端机器的 DNS 名称 | String |
| UserLanguages | 传回一个存储客户端机器使用的语言 | String |

Request 对象的常用方法有以下两个。

（1）MapPath（virtualPath）。MapPath 方法将参数 virtualPath 指定的虚拟路径转化为实际路径。

（2）SaveAs（filename,includeHeaders）。SaveAs 方法将 HTTP 请求保存到磁盘，filename 是保存的文件路径，includeHeaders 指定是否保存 HTTP 标头。

## 5.4.1　读取表单数据

Request 对象可以用来捕获由客户端返回服务器端的数据，例如，读取表单的数据，或读取保存在用户本地计算机上的 Cookie 等。

读取表单数据的方式有以下三种（与表单数据返回服务器的方式有关）。

（1）使用 Request 的 QueryString 属性获取表单数据。如果在 HtmlForm 控件中将 Method 属性设置为"Get"，则表单数据将以字符串形式附加在网址的后面返回服务器端，此时必须使用 Request 的 QueryString 属性来捕获表单数据。

QueryString 方式可以传递多个值给 URL 所指定的页面。

传递参数的格式：URL?var1=value&var2=value…

（2）使用 Request 的 Form 属性获取表单数据。如果将 Method 属性设置为"Post"，则表单数据将以放在 HTTP 标头的形式传到服务器端，此时需要使用 Request 对象的 Form 属性来捕获表单数据。

（3）使用 Request 对象的 Param 属性来获取表单数据。无论 Method 是"Get"方法还是"Post"方法，均可以使用 Request 对象的 Param 属性来获取表单数据。

在使用时还可以省略 QueryString、Form、Param 属性来得到表单的数据。以下是使用 Request 对象获取表单数据的例子：

```
Request.Querystrng("username");    //以 Get 方法传送表单数据，服务器端得到表单项 username 的值
Request.Form("username");          //以 Post 方法传送表单数据，服务器端得到表单项 username 的值
Request.Param("username");         //服务器端得到表单项 username 的值
Request("username");               //省略属性，得到表单项 username 的值
```

### 5.4.2  取得客户端浏览器的信息

使用 Request 对象的 Browser 属性可取得目前连接 Web 服务器的浏览器的信息。Browser 属性是一个集合对象，可使用一个 HttpBrowserCapabilities 型态的对象变量来接收 Browser 属性的传回值。

【例 5-3】  设计一个页面用来获取客户端浏览器的相关信息。

（1）运行 Visual Studio 2005，打开例 5-1 名为"InnerObject"的 ASP.NET 网站，新建名为"Detecting ClientInfo.aspx"的 Web 窗体文件。

（2）在"DetectingClientInfo.aspx"的 Page_load 事件中加入如下的代码。

使用 HttpBrowserCapabilities 型态的变量来取得浏览器的部分信息。

```
protected void Page_Load(object Sender, EventArgs e)
{
    HttpBrowserCapabilities bc = Request.Browser;
    Response.Write("<P>浏览器信息:</P>");
    Response.Write("浏览器  = " + bc.Browser + "<BR>");
    Response.Write("名称  = " + bc.Browser + "<BR>");
    Response.Write("版本  = " + bc.Version + "<BR>");
    Response.Write("使用平台  = " + bc.Platform + "<BR>");
    Response.Write("是否为测试版  = " + bc.Beta + "<BR>");
    Response.Write("是否为 16 位的环境  = " + bc.Win16 + "<BR>");
    Response.Write("是否为 32 位的环境  = " + bc.Win32 + "<BR>");
```

```
        Response.Write("是否支持框架(Frame) = " + bc.Frames + "<BR>");
        Response.Write("是否支持表格(Table) = " + bc.Tables + "<BR>");
        Response.Write("是否支持 Cookie = " + bc.Cookies + "<BR>");
        Response.Write("是否支持 VB Script = " + bc.VBScript + "<BR>");
        Response.Write("是否支持 Java Script = " + bc.JavaScript + "<BR>");
        Response.Write("是否支持 Java Applets = " + bc.JavaApplets + "<BR>");
        Response.Write("是否支持 ActiveX Controls = " + bc.ActiveXControls + "<BR>");
    }
```

（3）在浏览器（IE 7.0）中查看本页，运行结果如图 5.6 所示。

图 5.6　获取浏览器信息

### 5.4.3　虚实路径转换

Request 对象的 MapPath 方法接收一个字符串型的参数，执行以后传回参数指定的相对路径在服务器上的实际路径。这个方法应用在需要使用实际路径的地方，例如，在和数据源连接时必须指定完整的实际路径，可以使用本方法进行路径转换。

设文件 MyWeb.mdb 在服务器上的物理路径是 F:\WebSite\MyWeb.mdb 且与网页文件 Default.aspx 在同一个目录下，以下代码利用 Response 对象的 MapPath 方法获得 MyWeb.mdb 的实际路径，并用 Write 方法输出。程序如下：

```
        Response.Write(Request.MapPath("MyWeb.mdb"));
```
运行后将输出 F:\WebSite\MyWeb.mdb。

## 5.5　Server 对象

Server 对象也是 Page 对象的成员之一，主要提供一些处理网页请求时所需的功能，例如，建立 COM 对象、将字符串编、译码等。Server 对象的对象类名称是 HttpServerUtility。

Server 对象有以下两个属性。

（1）MachineName 属性。MachineName 属性是服务器的计算机名称，为只读属性。

（2）ScriptTimeout 属性。ScriptTimeout 属性获取或设置程序执行的最长时间，即程序必须在该段时间内执行完毕，否则将自动终止，时间以 s 为单位。系统的默认值为 90s。例如，ScriptTimeout=100，表示最长程序执行时间为 100s。

表 5.9 列出了 Server 对象的常用方法。

表 5.9　Server 对象的常用方法

| 方　法 | 说　明 |
| --- | --- |
| Transfer(url) | 结束当前 ASP.NET 程序，然后执行参数 url 指定的程序 |
| Execute(path) | 执行由 path 指定的 ASP.NET 程序，执行完毕后仍继续原程序的执行 |
| CreateObject | 创建服务器组件实例 |
| HtmlDecode | 将编码后的字符串译码返回原来的 HTML 数据 |
| HtmlEncode | 将字符串编码为 HTML 可以辨识的信息 |
| MapPath | 传回实际路径和传入字符串的结合字符串，和 Request 对象的方法一样 |
| UrlDecode | 将编码后的 URL 的字符串译码 |
| UrlEncode | 将代表 URL 的字符串编码 |

## 5.5.1　HtmlEncode 方法和 HtmlDecode 方法

当需要在网页上显示 HTML 标记时，由于在程序语句中直接输出则会被浏览器解译为 HTML 的内容，所以要通过 Server 对象的 HtmlEncode 方法将它编码后再输出；而若要将编码后的结果译码返回原本的内容，则使用 Server 对象的 HtmlDecode 方法。

【例 5-4】　HTML 编码练习，下列程序使用 Server 对象的 HtmlEncode 方法将"<B>HTML 内容</B>"编码后输出至浏览器，再利用 HtmlDecode 方法将把编码后的结果译码还原。

（1）运行 Visual Studio 2005，打开例 5-1 名为 InnerObject 的 ASP.NET 网站，新建名为 "HTML EncodeAndDecode.aspx"的 Web 窗体文件。

（2）在"HTMLEncodeAndDecode.aspx"的 Page_Load 事件中加入如下的代码：

```
protected void Page_Load(object Sender, EventArgs e)
{
        string strHtmlContent;
        strHtmlContent = Server.HtmlEncode("<B>HTML 内容</B>");
        Response.Write(strHtmlContent);
        Response.Write("<P>");
        strHtmlContent = Server.HtmlDecode(strHtmlContent);
        Response.Write(strHtmlContent);
}
```

（3）在浏览器中查看本页，效果如图 5.7 所示。

图 5.7 HTML 标记编码和解码

由输出结果可见，编码后的 HTML 标记变成了&lt;B&gt;HTML 内容&lt;/B&gt;，这是因为<B>变成了&lt;B&gt;，</B>变成了&lt;/B&gt;，所以才能在页面中显示出 HTML 标记。

### 5.5.2 UrlEncode 方法和 UrlDecode 方法

在传递网页参数时是将数据附在网址后面传递，但是遇到一些如 "#"、"&" 的特殊字符会读不到这些字符之后的参数。在需要传递特殊字符的场合，要先将欲传递的内容先用 UrlEncode 加以编码，才能够保证传递过去的值顺利被读到；而 UrlDecode 方法则是将编码过的内容译码还原。

【例 5-5】 Url 参数编码，下列程序使用两个 HtmlAnchor 对象来比较编码传递和未编码传递的结果，传递的参数内容是 "a# @ #b"。

（1）运行 Visual Studio 2005，打开例 5-1 名为 "InnerObject" 的 ASP.NET 网站，新建名为 "Parameter Encode.aspx" 和 "ParameterDecode.aspx" 的 Web 窗体文件。

（2）在 "ParameterEncode.aspx" 的源代码中加入如下的代码：

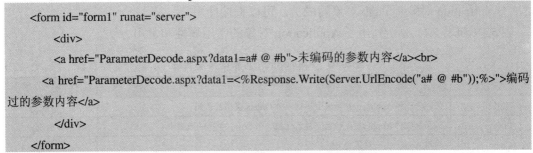

```
<form id="form1" runat="server">
    <div>
    <a href="ParameterDecode.aspx?data1=a# @ #b">未编码的参数内容</a><br>
    <a href="ParameterDecode.aspx?data1=<%Response.Write(Server.UrlEncode("a# @ #b"));%>">编码
过的参数内容</a>
    </div>
</form>
```

（3）在 "ParameterDecode.aspx" 的 Page_Load 时间中加入如下的代码：

```
Response.Write(Request.QueryString["data1"]);
```

（4）在浏览器中查看 ParameterEncode.aspx 页面，出现如图 5.8 所示的页面，单击对应的链接，会发现编码过的和未编码的传递的变量值不同。

先单击 "未编码的参数内容"，可以发现传递过去的参数内容只显示 a，这和当初欲传递的参数内容并不相符。接着单击 "编码过的参数内容"，结果显示出正确的参数内容 a#@#b。可见对 URL 地址中的特殊字符需进行编码才可正确传递。

图 5.8　URL 地址编码和解码

## 5.6　Application 对象

Application 对象的用途是记录整个网站的信息。Application 对象可以用来记录不同浏览器端共享的变量，无论有几个浏览者同时访问网页，都只会产生一个 Application 对象，也就是所有正在使用这个网页程序的浏览器端都可以存取这个变量。Application 对象变量的生命周期起始于 Web 服务器开始执行时，终止于 Web 服务器关机或重新启动时。

Application 对象的类名称是 HttpApplication，每个 Application 变量都是 Application 对象集合中的对象之一，由 Application 对象统一管理。

语法格式：

> Application["变量"] = "变量内容";
> Application["对象名"] = Server.CreateObject[ProgId];

上述语法用于创建 Appication 变量，所产生的变量可以使用 Application 对象的属性与方法。Application 对象是 Page 对象的成员，可以直接使用。

表 5.10 和表 5.11 分别列出了 Application 对象的常用属性和常用方法。

表 5.10　Application 对象的常用属性

| 属　　性 | 说　　明 | 类　　型 |
| --- | --- | --- |
| All | 传回全部的 Application 对象变量到一个 Object 类型的数组 | Object |
| AllKeys | 传回全部的 Application 对象变量名称到一个 String 类型的数组中 | String |
| Count | 取得 Application 对象变量的数量 | Integer |
| Item | 通过索引或 Application 变量名称传回内容值 | Object |

表 5.11　Application 对象的常用方法

| 方　　法 | 说　　明 |
| --- | --- |
| Add | 新增一个 Application 对象变量 |
| Clear | 清除全部的 Application 对象变量 |
| Get | 使用索引值或变量名称传回变量值 |

| 方　法 | 说　明 |
|---|---|
| GetKey | 使用索引值来取得变量名称 |
| Lock | 锁定全部的 Application 变量 |
| Remove | 使用变量名称移除一个 Application |
| RemoveAll | 移除全部的 Application 对象变量 |
| Set | 使用变量名称更新一个 Application 对象变量的内容 |
| UnLock | 解除锁定 Application 变量 |

### 5.6.1　存取 Application 对象变量值

获取和设置 Application 对象变量值的语法格式如下：

变量 = Application["变量名称"];

Application["变量名称"] = 表达式;

例如：

Application["count"] = 0。

【例 5-6】　利用 Application 对象存储变量，向 Application 对象中添加三个变量并赋值，三个变量的值分别为"Value1"、"Value2"和"Value3"。通过循环显示这三个 Application 变量的名字和值，显示以后清除它们。

（1）运行 Visual Studio 2005，打开例 5-1 名为"InnerObject"的 ASP.NET 网站，新建名为"Access Application.aspx"的 Web 窗体文件。

（2）在"AccessApplication.aspx"的 Page_Load 事件中加入如下的代码：

```
protected void Page_Load(object Sender, EventArgs e)
{
    short shtI;
    //向 Application 对象中添加三个变量并赋值
    Application.Add("App1", "Value1");
    Application.Add("App2", "Value2");
    Application.Add("App3", "Value3");
    for (shtI = 0; shtI <= Application.Count - 1; shtI++)
    {
        //显示三个 Application 变量名和值
        Response.Write("变量名：" + Application.GetKey(shtI));
        Response.Write(" ,变量值：" + Application[shtI] + "<P>");
    }
    //清除 Application 对象变量
    Application.Clear();
}
```

**说明：** 上述程序利用 Application 的 Add()方法，向 Application 对象中添加三个值分别为

"Value1"、"Value2" 和 "Value3" 的变量。所有的 Application 变量都放在 Application 集合中，由 Application 对象管理。所以要取出集合中的对象，可使用 for 循环或 foreach 循环，循环中分别使用 GetKey 方法传回变量名称，Item 属性传回变量内容，程序最后将全部在集合中的变量用 Clear 方法清除。

（3）在浏览器中查看本页，程序运行结果如图 5.9 所示。

图 5.9　Application 变量值的存取

### 5.6.2　锁定 Application 对象

因为 Application 对象变量是共享的，每个连线的客户端都可以使用，所以可能造成多个使用者同时存取同一变量的情形，从而导致存入的数据不正确。要避免这种情况，可利用 Application 对象的 Lock 方法将变量暂时锁定，禁止他人写入，等操作完毕后再利用 Application 对象的 UnLock 方法解除锁定。

语法格式：

```
Application.Lock();
Application["变量"] = 表达式;
Application.UnLock();
```

第 1 条语句锁定 Application 变量，第 2 条语句改变指定的 Application 变量值，第 3 条语句取消对 Application 变量的锁定。

### 5.6.3　Application 对象的事件

Application 事件只能在 Global.asax 文件中定义，Global.asax 文件必须存放在 Web 主目录中。当浏览器与 Web 服务器连接时，会先去检查 Web 主目录有没有 Global.asax 文件，如果有，则先去执行该文件。

Application 对象有以下 4 个事件。

（1）OnStart 事件。OnStart 事件在整个 ASP.NET 应用中首先被触发的事件，也就是在一个虚拟目录中第一个 ASP.NET 程序执行时触发。

（2）OnEnd 事件。OnEnd 事件与 OnStart 正好相反，在整个应用停止时被触发（通常发生在服务器被重启/关机时）。

（3）OnBeginRequest 事件。OnBeginRequest 事件在每一个 ASP.NET 程序被请求时就发

生，即客户每访问一个 ASP.NET 程序时，就触发一次该事件。

（4）OnEndRequest 事件。ASP.NET 程序结束时，触发 OnEndRequest 事件。

以下是一个 Global.asax 文件的示例。

```
<%@ Application Language="C#" %>
<script runat="server">
    void Application_Start(object sender, EventArgs e)
    {
        // 在应用程序启动时运行的代码
        Application.Add("count", 0);
    }
    void Application_End(object sender, EventArgs e)
    {
        //  在应用程序关闭时运行的代码
        Application.RemoveAll();
    }
</script>
```

## 5.7  Session 对象

Session 对象的功能和 Application 对象相似，都是用来记录浏览器端的变量，但两者的差异是，Application 对象记录的是所有浏览器端共享的变量，而 Session 对象变量只记录单个浏览器端专用的变量。也就是说各个在线的机器有各自的 Session 对象变量，但共享同一个 Application 对象。Session 对象的生命周期起始于浏览器第一次与服务器连接时，终止于浏览器结束连接或浏览器超过 Timeout 属性设置的分钟数没有访问网页。

Session 对象类名称是 HttpSessionState，它和 Application 对象一样是属于 Page 对象的成员，可以直接使用。Session 对象的使用方式和 Application 对象变量很相似。

语法格式：

```
Session["变量名"] = 表达式;
Session["对象名称"] = Server.CreateObject(ProgId);
```

例如：

```
Session["name"]="李明";
```

表 5.12 和表 5.13 分别列出了 Session 对象的常用属性和方法。

表 5.12  Session 对象的常用属性

| 属　　性 | 说　　明 | 类　　型 |
| --- | --- | --- |
| All | 传回全部的 Session 对象变量到一个数组 | Object |
| Count | 传回 Session 对象变量的个数 | Integer |
| Item | 以索引值或变量名称来传回或设定 Session 对象变量的内容 | Object |

| 属　　性 | 说　　明 | 类　　型 |
|---|---|---|
| TimeOut | 传回或设定 Session 对象变量的有效时间，当连机使用者超过有效时间没有动作，Session 对象便失效。默认值为 20min | Integer |
| SessionID | 由服务器生成的会话 ID，它代表唯一的一次会话 | Integer |

表 5.13　Session 对象的常用方法

| 方　　法 | 说　　明 |
|---|---|
| Add | 新增一个 Session 对象变量 |
| Clear | 清除所有的 Session 对象变量 |
| Remove | 以变量名称来移除变量 |
| RemoveAll | 清除所有的 Session 对象变量 |
| Abandon | 结束 session 对象，目前的 Session 对象会失效 |

### 5.7.1　Session 对象变量的有效期限

因为每一个和服务器端连机的客户端都有独立的 Session，所以服务器端需要额外的资源来管理这些 Session。有时使用者正在浏览网页时，可能去做其他的事情而没有把网页的连机关闭。如果服务器端一直浪费资源在管理这些 Session 上，那么势必会降低服务器的效率。显然当使用者超过一段时间没有动作时，就可以将 Session 释放。要更改 Session 对象的有效期限，只要设定 TimeOut 属性即可。TimeOut 属性的默认值是 20min。

【例 5-7】　将 Session 对象的 TimeOut 属性设定为 1min，在程序中加入 var1 和 var2 两个变量，它们的值分别为 "Value1" 和 "Value2"。程序运行时将显示两个变量的值，1min后，单击 "显示" 按钮，再查看两个变量的值，此时这两个变量的值将消失。

（1）运行 Visual Studio 2005，打开例 5-1 名为 "InnerObject" 的 ASP.NET 网站，新建名为 "Session TimeOut.aspx" 的 Web 窗体文件。

（2）在 "SessionTimeOut.aspx" 可视化设计页面中放三个标签控件：Label1、Label2 和 Label3，分别用来显示当前时间和两个 Session 变量的值。在 Label2 和 Label3 的前面输入 "第一个 Session 的值：" 和 "第二个 Session 的值："；放一个按钮控件 Button1，其 Text 属性为 "显示"。

（3）在 "SessionTimeOut.aspx" 的 Page_Load 事件中加入如下的代码：

```
protected void Page_Load(object sender, EventArgs e)
{
    if (!Page.IsPostBack)
    {
        Session["var1"] = "Value1";
        //添加一个 Session 变量 Session1
        Session["var2"] = "Value2";
        //添加另一个 Session 变量 Session2
        Session.Timeout = 1;
        //设置 Session 变量有效期为 1min
```

```
            Label1.Text = DateTime.Now.ToLongTimeString();
            //设置时间的显示格式
            Label2.Text = Session["var1"].ToString();
            //显示变量 Session1 的值
            Label3.Text = Session["var2"].ToString();
        }
    }
```

（4）在设计视图中双击"Button1"按钮，在 Button1_Click()事件内加入如下的代码：

```
    protected void Button1_Click(object sender, EventArgs e)
    {
        Label1.Text = DateTime.Now.ToLongTimeString();
        Label2.Text = Session["Session1"] == null ?
                            string.Empty : Session["Session1"].ToString();
        Label3.Text = Session["Session2"] == null ?
                            string.Empty : Session["Session2"].ToString();
    }
```

（5）在浏览器中查看本页面，会出现如图 5.10 所示的页面，显示 Session 变量值。过 1min 后，单击"显示"按钮会出现如图 5.11 所示超时后 Session 变量值消失的页面。

图 5.10　显示 Session 变量值　　　　图 5.11　超时后 Session 变量值消失

**注意**：第一次进入这个网页时，Session 对象变量的值会被显示出来；接着不要做任何动作静待 1min，1min 后单击"显示"按钮时，Session 对象变量的内容便被释放。

## 5.7.2　Session 对象的事件

与 Application 对象一样，Session 对象也有 OnStart 事件和 OnEnd 事件。OnStart 事件在客户第一次从应用程序中请求 ASP.NET 网页时由 ASP.NET 调用，OnEnd 事件在会话关闭时调用。这些事件同样也只能在 Global.asax 文件中使用。

【例 5-8】　一个简单的在线人数计数器程序，利用 Applicaton 对象保存 Counter 变量，当有用户访问本站点，Counter 变量值就加 1。

（1）运行 Visual Studio 2005，打开例 5-1 名为 InnerObject 的 ASP.NET 网站，并通过"添加新项"，在出现的窗口中选择"全局应用程序类"，名称无须修改。

（2）在"Global.asax"的 Application_Start 事件中，加入如下的代码：

```
Application.Lock();
Application["Counter"] = 0;
//应用程序启动的时候，设置 Counter 变量值为 0
Application.UnLock();
```

（3）在"Global.asax"的 Sessoin_Start 事件中，加入如下的代码：

```
Application.Lock();
Application["Counter"] = (int)Application["Counter"] + 1;
//当新用户登录的时候，Counter 变量加 1
Application.UnLock();
```

（4）在网站内添加一个"Counter.aspx"的 Web 窗体，在其 Page_Load 时间内加入如下的代码：

```
Response.Write("你是第"+(int)Application["Counter"] + " 位访问者！");
```

（5）在浏览器中查看本页面，会出现如图 5.12 所示的在线人数统计页面，再开一个浏览器浏览本页面，会发现在线人数增加为 2 了。

图 5.12　在线人数统计页面

## 5.8　Cookies 对象

Cookies、Session 和 Application 对象很类似，也是一种集合对象，都是用来保存数据。但 Cookies 和其他对象最大的不同是 Cookies 将数据存放于客户端的磁盘上，而 Application 以及 Session 对象是将数据存放于 Server 端。表 5.14 列出了对 Application、Section 及 Cookies 对象的比较。

表 5.14　Application、Section 和 Cookies 对象的比较

| 对　象 | 数据存放位置 | 生命周期 |
| --- | --- | --- |
| Application | 存放在 Server 端的内存上 | 终止于服务器关机或重启 |
| Session | 存放在 Server 端的内存上 | 终止于浏览器结束连接或浏览器超过 Timeout 属性设置的时间 |
| Cookies | 以文件的形式存放在客户端的磁盘上 | 可一直存在或终止于所设定的时间 |

## 5.8.1 Cookies 对象的基本使用

通常当浏览器访问 Web 服务器时，服务器使用 Response 对象的 Cookies 对象向客户端写入 Cookie 信息，再通过 Request 对象的 Cookies 对象来检索 Cookie 变量。客户端 Cookie 存放于磁盘上，记录了浏览器的信息、何时访问 Web 服务器、访问过哪些页面等信息。使用 Cookie 的主要优点是服务器能够依据它，快速获得浏览者的信息，而不必将浏览者信息存储在服务器上，可减小服务器的负担。

Cookies 对象不属于 Page 对象，其用法与 Application 对象和 Session 对象不同。Cookies 对象分别属于 Request 对象和 Response 对象，每一个 Cookie 变量都是被 Cookies 对象所管理的。Cookies 对象类名称是 HttpCookieCollection。要存取一个 Cookie 变量，需要使用 Response 对象、Resquest 对象的 Cookies 对象。

（1）在 Response 的 Cookies 对象中创建 Cookie 变量，并设置其属性值：

Response.Cookies[string name].Value = 表达式;

（2）从 Request 的 Cookies 对象中读取 Cookie 变量的属性值：

变量 = Request. Cookies[string name].Value;

例如：

Response.Cookies["CookieName"].Value = "mike";                                    //设置 Value 属性
Response.Cookies["CookieName"].Expires = DateTime.Now.AddDays(1);    //设置 Expires 属性
//分别读取 Cookie 变量的属性
Response.Write("变量名称：" + Request.Cookies["CookieName"].Name);
Response.Write("变量值：" + Request.Cookies["CookieName"].Value);
Response.Write("变量有效期：" + Request.Cookies["CookieName"].Expires);

表 5.15 和表 5.16 分别列出了 Cookies 对象的常用属性和常用方法。

**表 5.15  Cookies 对象的常用属性**

| 属　　性 | 说　　明 | 类　　型 |
|---|---|---|
| All | 传回全部的 Cookie | HttpCookie[] |
| AllKeys | 传回全部 Cookie 变量的名称到一个字符串型的数组中 | String[] |
| Count | 传回 Cookie 变量的数量。 | Integer |
| Item | 以 Cookie 变量名称或索引值来传回 Cookie 变量的内容 | ① HttpCookie<br>② HttpCookie |

**表 5.16  Cookies 对象的常用方法**

| 方　　法 | 说　　明 |
|---|---|
| Add | 新增一个 Cookie 变量到 Cookies 集合内 |
| Clear | 将 Cookies 集合内的变量全部清除 |
| Get | 以 Cookie 变量名称或索引值传回 Cookie 变量的值 |
| GetKey | 以索引值来取回 Cookie 变量名称 |
| Remove | 以 Cookie 变量名称移除 Cookie 变量 |
| Set | 更新一个 Cookie 变量的值 |

表 5.17 列出了 Cookie 变量的常用属性。

表 5.17　Cookie 变量的常用属性

| 属　性 | 说　明 | 类　型 |
|---|---|---|
| Name | 取得 Cookie 变量的名称 | String |
| Value | 取得或设定 Cookie 变量的内容值 | String |
| Expires | 设定 Cookie 变量的有效时间，默认值是 1 000min。若设为 0，则可以实时删除 Cookie 变量 | DateTime |

【例 5-9】　Cookies 对象中存储和读取 Cookie 变量。

下列程序在 Cookies 对象中加入两个 Cookie 变量，利用 Cookies 对象的 Item 属性和 Get 方法取 Cookies 对象中的 Cookie 变量。

（1）运行 Visual Studio 2005，打开例 5-1 名为 InnerObject 的 ASP.NET 网站，添加一个名为"CookieResponseRequest.aspx"的 Web 窗体文件。

（2）在"CookieResponseRequest.aspx"的 Page_Load 事件中加入如下的代码：

```
protected void Page_Load(object Sender, EventArgs e)
{
    short i;
    Response.Cookies["Cookie1"].Value = "Microsoft Visual Studio";
    Response.Cookies["Cookie2"].Value = "ASP.Net";
    for (i = 0; i <= Request.Cookies.Count - 1; i++)
    {
        Response.Write("变量名称：" + Request.Cookies[i].Name
                    + "<BR>变量内容：" + Request.Cookies.Get(i).Value + "<BR>");
    }
    Response.Cookies.Clear();
}
```

（3）在浏览器中查看本页面，程序的执行结果如图 5.13 所示。

图 5.13　使用 Cookies

由图 5.13 看出，除所加入的两个 Cookie 变量之外，另外多了一个名为 ASP.NET_SessionId 的 Cookie 变量。这个 Cookie 变量是由 ASP.NET 在每个客户端建立连接时自动产生的，用来识别每个连接，每次连接的 ASP.NET_SessionId 值都不同。

## 5.8.2　定义 Cookies 对象

除了使用系统预设的 Response 和 Request 内的 Cookies 对象外，还可以自行定义属于自己的 Cookies 对象。Cookies 对象类名称是 HttpCookieCollection，可以自行在程序中创建并使用这些对象。这样做的好处是可以避免和一些系统所自动产生的 Cookie 变量混杂。利用 HttpCookie 类创建 Cookie 对象方法如下：

```
//创建 CookieCollection 对象
HttpCookieCollection CookieCollection = new HttpCookieCollection();
//创建名为 CookieName 的 Cookie 对象
HttpCookie newCookie = new HttpCookie("CookieName");
//设置 Cookie 对象的 Value 和 Expires 属性
newCookie.Value = "值";
newCookie.Expires= DateTime.Now.AddDays(1);
//写入 CookieCollection
CookieCollection.Add(newCookie);
//从 CookieCollection 中读取 Cookie 对象的属性值
变量 = CookieCollection[string name].Value;
变量 = CookieCollection[string name].Expires;
```

例如：

```
//创建 CookieCollection 对象
HttpCookieCollection CookieCollection = new HttpCookieCollection();
//创建名为 CookieExmple 的 Cookie 对象
HttpCookie newCookie = new HttpCookie("CookieExmple");
//设置 Cookie 对象的 Value 和 Expires 属性
newCookie.Value = "mike";
newCookie.Expires = DateTime.Now.AddDays(1);
//写入 Cookie 对象
CookieCollection.Add(newCookie);
//分别读取 Cookie 对象的属性
Response.Write("对象名称：" + CookieCollection["CookieExmple"].Name + "<br />");
Response.Write("对象值：" + CookieCollection["CookieExmple"].Value + "<br />");
Response.Write("对象有效期：" + CookieCollection["CookieExmple"].Expires + "<br />");
```

【例 5-10】　将例 5-9 中的 Cookies 改为自定义的 Cookies 对象来操作 Cookie 变量。

（1）运行 Visual Studio 2005，打开例 5-1 名为 "InnerObject" 的 ASP.NET 网站，添加一个名为 "CookieCollection.aspx" 的 Web 窗体文件。

（2）在"CookieCollection.aspx"的 Page_Load 事件中加入如下的代码：

```
protected void Page_Load(object Sender, EventArgs e)
{
    HttpCookieCollection CookieCollection = new HttpCookieCollection();
    HttpCookie Cookie1 = new HttpCookie("Cookie1");
    HttpCookie Cookie2 = new HttpCookie("Cookie2");
    Cookie1.Value = "Microsoft Visual Studio";
    Cookie2.Value = "ASP.NET";
    CookieCollection.Add(Cookie1);
    //将 Cookie 对象加入 Cookies 集合中
    CookieCollection.Add(Cookie2);
    short i;
    for (i = 0; i <= CookieCollection.Count - 1; i++)
    {
        Response.Write("变量名称=" + CookieCollection.Get(i).Name + "<BR>");
        Response.Write("变量内容=" + CookieCollection.Get(i).Value + "<P>");
    }
    CookieCollection.Clear();
}
```

（3）在浏览器中查看本页面，程序运行结果如图 5.14 所示。

**说明：** 程序中创建一个 HttpCookieCollection 对象和两个 HttpCookie 对象。注意在创建 HttpCookie 对象时至少要将 Name 属性设定好，或者用以下的语法格式创建：

```
HttpCookie 变量名 = new HttpCookie("Cookie 名称");
```

当创建 Cookie1 和 Cookie2 这两个变量后，就可以使用 CookieCollection 对象的 Add 方法将 Cookie 对象加入集合中。接着在循环中分别读出它们的变量名称及内容。观察执行结果，发现系统 Cookie 变量 ASP.NET_SessionId 没有出现在自定义的 Cookies 集合对象中了。

图 5.14　使用自定义 Cookies

### 5.8.3 Cookie 变量的生命周期

Cookie 变量的生命周期起始于浏览器被执行时，终止于浏览器结束执行时。但可以在程序中自行设定有效日期，只要设置 Cookie 变量的 Expires 属性即可。使用语法如下所示。

语法：

```
Response.Cookies[CookieName].Expires = DateTime 对象名
```

例如：

```
Response.Cookies["myCookie"].Expires = new DateTime(2008, 1, 1);
```

设置 Cookie 变量在 2008 年 1 月 1 日失效。

若没有指定 Expires 属性，则 Cookie 变量将不会被存储，此时 Cookie 对象只存储于客户端的内存中，而没有存入客户端的磁盘中；一旦设定有效期限后，Cookie 变量就将在客户端的机器上以文件形式保存下来。

## 5.9 对象应用实例

### 5.9.1 访问计数器

例 5-8 设计的访问计数器实例中采用了 Application 对象，但 Application 对象记录的变量在 Web 服务器关机或重新启动时自动消失。为了解决这个问题，改用文件来存放计数器的值。当应用程序启动时，创建 StreamReader 对象，读取计数器文件 counter.txt 文件的第一行的数据，并赋值给 Counter 变量，关闭 StreamReader 对象；当应用程序关闭时，创建 StreamWriter 对象，将计数值写入计数器文件 counter.txt 中，关闭 StreamWriter 对象。

【例 5-11】 持久访问计数器。

（1）运行 Visual Studio 2005，新建一个名为"Counter"的 ASP.NET 网站，并通过"添加新项"，在出现的窗口中选择"全局应用程序类"，名称无须修改。在网站目录内新建一个名为"Counter"的文本文件，并在第一行填写一个 0。

（2）在 Global.asax 的 Application_Start 事件内填写如下的代码：

```
StreamReader objReader = new StreamReader(Server.MapPath("Counter.txt"));
int Counter = int.Parse(objReader.ReadLine());
objReader.Close();
Application.Lock();
Application["Counter"] = Counter;
Application.UnLock();
```

（3）在 Global.asax 的 Application_End 事件内填写如下的代码：

```
int Counter = (int)Application["Counter"];
StreamWriter objWriter = new StreamWriter(Server.MapPath("Counter.txt"), false);
objWriter.WriteLine(Counter);
objWriter.Close();
```

（4）在 Global.asax 的 Session_Start 事件内填写如下的代码：

```
Application.Lock();
Application["Counter"] = (int)Application["Counter"] + 1;
Application.UnLock();
```

（5）在 Default.aspx 的 Page_Load 事件内填写如下的代码：

```
Response.Write("你是第：" + (int)Application["Counter"] + " 位访问者！");
```

（6）在浏览器中浏览，效果如图 5-12 所示。

### 5.9.2 登录检查

使用 Application 对象和 Session 对象来实现访客登录检查的功能。本示例共有两个文件：Checkin.aspx 和 Checkout.aspx。当访问者第一次进入站点时，执行 Checkin.aspx，访问者被要求登录到站点，接着访问者输入姓名并单击"登录"按钮，姓名会被存储在一个 Session 变量中，并将网页重定向到下一个检查网页，即 Checkout.aspx。Checkout.aspx 会检查访问者是否已经登录，如果登录了，会显示访问者的会话信息。然后访问者单击"退出"按钮，会调用会话对象的 Abandon 方法终止会话。访问者的会话被重置了，要求访问者重新登录。

【例 5-12】 登录检测。

（1）运行 Visual Studio 2005，打开例 5-1 名为"InnerObject"的 ASP.NET 网站，添加名为"Checkin.aspx"和"Checkout.aspx"的 Web 窗体文件。

（2）切换到"Checkin.aspx"的设计视图，按照图 5.15，在窗口上拖动一个 Textbox 控件和一个 Button 控件。双击 Button，在 Button 的 Click 事件中填写如下的代码：

```
Session["visitorsName"] = TextBox1.Text;
Response.Redirect("checkout.aspx");
```

（3）切换到"Checkout.aspx"的设计视图，按照图 5.16，在窗口上拖动一个 Button 控件。双击 Button，在 Button 的 Click 事件中填写如下的代码：

```
Session.Abandon();
Response.Redirect("checkout.aspx");
```

（4）在"Checkout.aspx"的 Page_Load 事件中填写如下的代码：

```
if (Session["visitorsName"] == null)
{
    Response.Write("你不能登录" + "<a href='checkin.aspx'>重新登录</a>");
    Button1.Visible = false;
}
else
{
    Response.Write("你的姓名: " + Session["visitorsName"] + "<br/>");
    Response.Write("SessionID：" + Session.SessionID + "<br/>");
    Response.Write("Session Timeout: " + Session.Timeout + "分钟 <br/>");
```

}

在浏览器中查看"Checkin.aspx"页面，并输入姓名，如图 5.15 所示，单击"登录"按钮，出现如图 5.16 所示的页面。单击"退出"按钮后，出现如图 5.17 所示用户重新登录的页面。

图 5.15　用户登录

图 5.16　用户登录后退出

图 5.17　退出后重新登录

## 本章小结

ASP.NET 对象是 Web 程序设计中最频繁使用的元素之一，它向用户提供基本的请求、响应、会话等处理功能。ASP.NET 预定义的对象主要有：Request 对象、Response 对象、Server 对象、Session 对象和 Application 对象。其中前三个对象是最常用的。Request 对象通过 HTTP 请求可以得到客户端的信息，Response 对象控制发送给客户端的信息，而 Server 对象提供了服务器端的基本属性与方法。

通过本章的学习，读者应熟练掌握和运用各种 ASP.NET 对象进行基本的程序设计。

# 第 6 章　数据库基础与 ADO.NET 2.0

本章将介绍数据库基础知识、ADO.NET 数据模型，下一章将介绍 ASP.NET 数据访问和处理，重点讲解如何使用数据绑定控件与操作数据库。

## 6.1　数据库基本概念

用计算机进行数据处理，首先就要把信息以数据形式存储到计算机中，数据是可以被计算机接受和处理的符号。根据所表示的信息特征不同，数据有不同的类别，如数字、文字、表格、图形图像、声音等。

数据库（Database，DB），顾名思义，就是存放数据的仓库，其特点是数据按照数据模型组织，是高度结构化的，可供多个用户共享并且具有一定的安全性。

实际开发中使用的数据库几乎都是关系型的。关系数据库是按照二维表结构方式组织的数据集合，二维表由行和列组成，表的行称为元组，列称为属性，对表的操作称为关系运算，主要的关系运算有投影、选择和连接等。

### 6.1.1　数据库管理系统

数据库管理系统即 DBMS（DataBase Management System），它是位于用户应用程序和操作系统之间的数据库管理系统软件，其主要功能是组织、存储和管理数据，高效地访问和维护数据，即提供数据定义、数据操纵、数据控制和数据维护等功能。常用的数据库管理系统有 Oracle、Microsoft SQL Server、Sybase 和 DB2 等。

数据库系统即 DBS（DataBase System），是指按照数据库方式存储和维护数据，并向应用程序提供数据访问接口的系统。DBS 通常由数据库、计算机硬件（支持 DB 存储和访问）、软件（包括操作系统、DBMS 及应用开发支撑软件）和数据库管理员（DataBase Administrator，DBA）4 个部分组成，其中 DBA 是控制数据整体结构的人，负责数据库系统的正常运行，承担创建、监控和维护整个数据库结构的责任，必须具有下列素质：熟悉所有数据性质和用途，对用户需求有充分了解，对系统性能非常熟悉。

实际应用中，数据库系统通常分为桌面型数据库系统和网络型数据库系统两大类。桌面型数据库系统是指只在本机运行、不和其他计算机交换数据的数据库系统，常用于小型信息管理系统，这类数据库系统的典型代表是 VFP 和 Access。网络型数据库系统是指能通过计算机网络进行数据共享和交换的数据库系统，常用于构建较复杂的 C/S 结构或 B/S 结构的分布式应用系统，大多数数据库系统均属于此类，如 Oracle、Microsoft SQL Server、Sybase、DB2 和 Informix 等。随着计算机网络的普及，计算模式正迅速从单机模式向网络计算平台迁移，网络型数据库系统的应用将越来越广泛。

### 6.1.2　表和视图

表是关系数据库中最主要的数据库对象，它是用来存储和操作数据的一种逻辑结构。表由行和列组成，也称为二维表。

## 1．表（Table）

表是在日常工作和生活中经常使用的一种表示数据及其关系的形式，如表 6.1 所示是一个学生情况表。

表6.1　学生情况表

| 学　号 | 姓　名 | 专业名 | 性　别 | 出生时间 |
|--------|--------|--------|--------|----------|
| 990201 | 王　一 | 计算机 | 男 | 1980/10/01 |
| 990202 | 王　巍 | 计算机 | 女 | 1981/02/08 |
| 990302 | 林　滔 | 电子工程 | 男 | 1980/04/06 |
| 990303 | 江为中 | 电子工程 | 男 | 1879/12/08 |

每个表都有一个名字，以标记该表。如表 6.1 的名字是学生情况表，它共有 5 列，每一列也都有一个名字，描述了学生的某一方面特性。每个表由若干行组成，表的第一行为各列标题，即"栏目信息"，其余各行都是数据。例如，表 6.1 分别描述了 4 位同学的情况。下面是表的定义。

（1）表结构。每个数据库包含了若干个表。每个表具有一定的结构，称为表"型"，所谓表型是指组成表的各列的名称及数据类型，也就是日常表格的"栏目信息"。

（2）记录。每个表包含了若干行数据，它们是表的"值"，表中的一行称为一个记录（Record），表是记录的有限集合。

（3）字段。每个记录由若干个数据项构成，将构成记录的每个数据项称为字段（Field）。字段包含的属性有字段名、字段数据类型、字段长度及是否为关键字等，其中字段名是字段的标记，字段的数据类型可以是多样的，如整型、实型、字符型、日期型或二进制类型等。

例如，学生情况表中，表结构为（学号，姓名，专业名，性别，出生时间），该表由 4 个记录组成，它们分别是，990201，王一，计算机，男，1980/10/01；990202，王巍，计算机，女，1981/02/08；990302，林滔，电子工程，男，1980/04/06，每个记录包含 5 个字段。

（4）关键字。在学生情况表中，若不加以限制，每个记录的姓名、专业、性别和出生时间这 4 个字段的值都有可能相同，但是学号字段的值对表中所有记录来说一定不同，即通过"学号"字段可以将表中的不同记录区分开来。

若表中记录的某一字段或字段组合能唯一标记记录，则称该字段或字段组合为候选关键字（Candidate key）。若一个表有多个候选关键字，则选定其中一个为主关键字（Primary key），也称为主键。当一个表仅有唯一的一个候选关键字时，该候选关键字就是主关键字，如学生表的主关键字为学号。

若某字段或字段组合不是数据库中 A 表的关键字，但它是数据库中另外表 B 的关键字，则称该字段或字段组合为 A 表的外关键字（Foreign key）。

例如，设学生数据库有三个表：学生表、课程表和学生成绩表，其结构分别为

学生表（<u>学号</u>，姓名，专业，性别，出生年月）

课程表（<u>课程号</u>，课程名，学分）

学生成绩表（<u>学号，课程号</u>，分数）

（带下画线的表示字段或字段组合为关键字）

可见，单独的学号、课程号都不是学生成绩表的关键字，但它们分别是学生表和课程表的关键字，是学生成绩表的外关键字。

外关键字表示了表之间的参照完整性约束。如学生数据库中，在学生成绩表中出现的学号必须是学生表中出现的，同样课程号也必须是课程表中出现的。若在学生成绩表中出现了一个未在学生表中出现的学号，则会违背参照完整性约束。

### 2．视图（View）

视图是从一个或多个表（或视图）导出的表。

视图与表不同，它是一个虚表，即视图所对应的数据不进行实际存储，数据库中只存储视图的定义，对视图的数据进行操作时，系统根据视图的定义去操作与视图相关联的基本表。视图一经定义以后，就可以像表一样被查询、修改、删除和更新。使用视图具有便于数据共享、简化用户权限管理和屏蔽数据库的复杂性等优点。

如对表 6.1 所设的学生数据库，可创建"学生选课"视图，该视图包含以下字段：学号、姓名、课程号、课程名、学分和成绩。

## 6.2  SQL 语言

结构化查询语言 SQL（Structured Query Language）是用于关系数据库操作的标准语言，1982 年美国国家标准化组织（ANSI）确认 SQL 为数据库系统的工业标准。1986 年 ANSI 公布了 SQL 的第一个标准 X3.135—1986，不久，国际标准化组织 ISO 也通过了这个标准，即通常所说的 SQL—86。1989 年，ANSI 和 ISO 公布了经过增补和修改的 SQL—89。此后，于 1992 年公布了 SQL—92，又称为 SQL—2。SQL—2 对语言表达式做了较大扩充。在完成 SQL—92 标准后，ANSI 和 ISO 即开始合作开发 SQL3 标准。SQL3 的主要特点在于抽象数据类型的支持，为新一代对象关系数据库提供了标准。

目前，许多关系型数据库供应商都在自己的数据库中支持 SQL 语言，如 Access、Oracle、Sybase、Infomix、DB2 和 Microsoft SQL Server 等。SQL 虽然名为查询语言，但实际上具有数据定义、查询、更新和控制等多种功能，它使用方便、功能丰富、简洁易学。SQL 语言由 3 部分组成。

（1）数据定义语言（Data Description Language，DDL）。数据定义语言用于执行数据库定义的任务，对数据库以及数据库中的各种对象进行创建、删除、修改等操作。数据库对象主要包括：表、默认约束、规则、视图、触发器、存储过程。

（2）数据操纵语言（Data Manipulation Language，DML）。数据操纵语言用于操纵数据库中各种对象，检索和修改数据。

（3）数据控制语言（Data Control Language，DCL）。数据控制语言用于安全管理，确定哪些用户可以查看或修改数据库中的数据。

SQL 语言主体由大约 40 条语句组成，每一条语句都会对 DBMS 产生特定的动作，如创建新表、检索数据、更新数据等。SQL 语句通常由一个描述要产生的动作的谓词（Verb）关键字开始，如 Create、Select、Update 等。紧随语句的是一个或多个子句（Clause），子句进一步指明语句对数据的作用条件、范围、方式等。

## 6.2.1　SELECT 查询

SELECT 查询是 SQL 语言的核心，功能强大，和各类 SQL 子句结合可完成各类复杂的查询操作。在数据库应用中，最常用的操作是查询，同时查询还是数据库的其他操作（如统计、插入、删除及修改）的基础。

### 1. Select 语句

SELECT 语句很复杂，主要的子句语法格式如下：

```
SELECT [DISTINCT] [别名.]字段名或表达式 [AS 列标题]
                              /* 指定要选择的列或行及其限定 */
FROM    table_source         /* FROM 子句，指定表或视图 */
[ WHERE    search_condition ]   /* WHERE 子句，指定查询条件 */
[ GROUP BY group_by_expression ]  /* GROUP BY 子句，指定分组表达式 */
[ ORDER BY order_expression [ ASC | DESC ]]
/* ORDER 子句，指定排序表达式和顺序 */
```

其中，SELECT 子句和 FROM 子句是不可缺少的。

（1）SELECT 子句指出查询结果中显示的字段名，以及字段名和函数组成的表达式等。可用 DISTINCT 去除重复的记录行；AS 列标题指定查询结果显示的列标题。若要显示表中所有字段时，可用通配符"*"代替字段名列表。

（2）WHERE 子句定义了查询条件。WHERE 子句必须紧跟 FROM 子句之后，其基本格式为

```
WHERE <search_condition>
```

其中的 search_condition 为查询条件，常用格式为

```
{ [ NOT ] <precdicate> | (<search_condition> ) }
    [ { AND | OR } [ NOT ] { <predicate> | (<search_condition>) } ]
} [ ,...n ]
```

其中 predicate 为判定运算，结果为 TRUE、FALSE 或 UNKNOWN，格式为

```
{ expression { = | < | <= | > | >= | <> | != | !< | !> } expression          /* 比较运算 */
| string_expression [ NOT ] LIKE string_expression [ ESCAPE 'escape_character'  /* 字符串模式匹配 */
| expression [ NOT ] BETWEEN expression AND expression    /* 指定范围 */
| expression IS [ NOT ] NULL                          /* 是否空值判断 */
| expression [ NOT ] IN ( subquery | expression [,...n] )     /* IN 子句 */
| expression { = | < | <= | > | >= | <> | != | !< | !> } { ALL | SOME | ANY } ( subquery )
  /* 比较子查询 */
| EXIST ( subquery )                                  /* EXIST 子查询 */
```

```
}
```

从查询条件的构成可以看出，可以将多个判定运算的结果通过逻辑运算符再组成更为复杂的查询条件。判定运算包括比较运算、模式匹配、范围比较、空值比较和子查询等。

在 SQL 中，返回逻辑值（TRUE 或 FALSE）的运算符或关键字都可称为谓词。

GROUP BY 子句和 ORDER BY 子句分别对查询结果分组和排序。

下面用示例说明 SQL 语句的使用。

【例 6-1】 对 Student 数据库进行各种查询。

（1）查询 Student 数据库的 students 表中各个同学的姓名和总学分。

```
USE Student
SELECT name,totalscore FROM students
```

（2）查询表中所有记录。查询 students 表中各个同学的所有信息。

```
SELECT * FROM students
```

（3）条件查询。查询 students 表中总学分大于等于 120 的同学的情况。

```
SELECT * FROM students
    WHERE totalscore >=    120
```

（4）多重条件查询。查询 students 表中所在系为"计算机"且总学分大于等于 120 的同学的情况。

```
SELECT * FROM students
```

（5）使用 LIKE 谓词进行模式匹配。查询 students 表中姓"王"且单名的学生情况。

```
SELECT * FROM students
    WHERE name LIKE '王_'
```

（6）用 BETWEEN…AND 指定查询范围。查询 students 表中不在 1979 年出生的学生情况。

```
SELECT * FROM students
    WHERE birthday NOT BETWEEN '1979-1-1' and '1979-12-31'
```

（7）空值比较。查询总学分尚不定的学生情况。

```
SELECT * FROM students
    WHERE totalscore IS NULL
```

（8）自然连接查询。查找计算机系学生姓名及其"C 程序设计"课程的考试分数情况。

```
SLELCT name,grade
    FROM students, courses,grades,
    WHERE department = '计算机' AND student.studentid = grades.studentid
        AND courses.courseid = grades.coursesid
```

（9）IN 子查询。查找选修了课程号为 101 的课程的学生的情况。

```
SELECT * FROM students
    WHERE studentid IN
```

（ SELECT studentid FROM courses WHERE courseid = '101' ）

在执行包含子查询的 SELECT 语句时，系统先执行子查询，产生一个结果表，再执行外查询。本例中，先执行子查询：

SELECT studentid FROM courses   WHERE courseid = '101'

得到一个只含有 studentid 列的结果表，courses 中 courseid 列值为'101'的行在该结果表中都有一行。再执行外查询，若 students 表中某行的 stuentid 列值等于子查询结果表中的任一个值，则该行就被选择到最终结果表中。

（10）比较子查询，这种子查询可以认为是 IN 子查询的扩展，它使表达式的值与子查询的结果进行比较运算。查找课程号 206 的成绩不低于课程号 101 的最低成绩的学生的学号。

```
SELECT studentid FROM grades
   WHERE courseid = '206' AND grade !< ANY
      ( SELECT grade FROM grades
         WHERE courseid = '101'
      )
```

（11）EXISTS 子查询。EXISTS 谓词用于测试子查询的结果是否为空表，若子查询的结果集不为空，则 EXISTS 返回 TRUE，否则返回 FALSE。EXISTS 还可与 NOT 结合使用，即 NOT EXISTS，其返回值与 EXIST 刚好相反。查找选修 206 号课程的学生姓名。

```
SELECT name FROM students
   WHERE EXISTS
      ( SELECT * FROM grades
         WHERE studentid = students.studentid AND courseid = '206'
      )
```

（12）查找选修了全部课程的同学的姓名（即查找没有一门功课不选修的学生）。

```
SELECT name FROM students
   WHERE NOT EXISTS
      ( SELECT * FROM courses
         WHERE NOT EXISTS
         ( SELECT * FROM grades
            WHERE studentid=XS.studentid AND courseid=courses.courseid
         )
      )
```

（13）查询结果分组。将各课程成绩按学号分组。

```
SELECT studentid,grade FROM grades
   GROUP BY studentid
```

（14）查询结果排序。将计算机系的学生按出生时间先后排序。

```
SELECT * FROM students
   WHERE department = '计算机'
```

## 2. 常用聚合函数

对表数据进行检索时，经常需要对结果进行汇总或计算，例如在学生成绩数据库中求某门功课的总成绩、统计各分数段的人数等。聚合函数用于计算表中的数据，返回单个计算结果。常用的聚合函数列于表 6.2 中。

表 6.2　聚合函数表

| 函　数　名 | 说　　　明 |
|---|---|
| AVG | 求组中值的平均值 |
| COUNT | 求组中项数，返回 int 类型整数 |
| MAX | 求最大值 |
| MIN | 求最小值 |
| SUM | 返回表达式中所有值的和 |
| VAR | 返回给定表达式中所有值的统计方差 |

【例 6-2】　使用聚合函数，对 Students 数据库表执行查询。

（1）求选修 101 课程的学生的平均成绩。

```
SELECT AVG(grade) AS ' 课程 101 平均成绩'
    FROM grades
    WHERE courseid = '101'
```

（2）求选修 101 课程的学生的最高分和最低分。

```
SELECT MAX(grade) AS '课程 101 最高分' , MIN(grade) AS '课程 101 最低分'
    FROM grades
    WHERE courseid = '101'
```

（3）求学生的总人数。

```
SELECT COUNT(*) AS '学生总数'
    FROM students
```

## 6.2.2　数据更新

数据更新语句包括 Insert、Update 和 Delete 语句，数据操作语句一次只能对一个表进行更新，不能进行多表操作。

### 1. 插入数据语句 INSERT

INSERT 可添加一个或多个记录至一个表中。INSERT 有两种语法格式。

语法格式 1：

```
INSERT INTO target [IN externaldatabase] (fields_list)]
{DEFAULT VALUES|VALUES(DEFAULT | expression_list)}
```

语法格式 2：

```
INSERT INTO target [IN externaldatabase] fields_list
    {SELECT…|EXECUTE…}
```

其中，

target：为欲追加记录的表（Table）或视图（View）的名称。

externaldatabase：外部数据库的路径和名称。

expression_list：需要插入的字段值表达式列表，其个数应与表的字段个数一致。若指定要插入值的字段 fields_list，则应与 fields_list 的字段个数相一致。

使用第 1 形式将数据插入到表或视图的全部或者部分字段中。第 2 种形式的 INSERT 语句插入来自 SELECT 语句或来自使用 EXECUTE 语句执行的存储过程的结果集。

例如，以下语句向 students 表添加一条记录：

```
INSERT INTO students
    VALUES('990206','罗亮', 0 ,'1/30/1980', 1, 150)
```

## 2．删除数据语句 DELETE

DELETE 用来从一个或多个表中删除记录。

DELETE 语句的语法格式如下：

```
DELETE FROM table_names
[WHERE …]
```

例如，以下语句从 students 表中删除姓名为"罗亮"的记录：

```
DELETE FROM students
    WHERE name = '罗亮'
```

## 3．更新数据语句 UPDATE

UPDATE 语句用来更新表中的记录。

UPDATE 语句的语法格式如下：

```
UPDATE table_name
SET Field_1=expression_1[,Field_2=expression_2…]
[FROM table1_name|view1_name[,table2_name|view2_name…]]
[WHERE…]
```

其中，

Field：需要更新的字段。

Expression：表示要更新字段的新值表达式。

例如，以下语句将计算机系的学生的总分增加 10：

```
UPDATE students
    SET totalscore = totalscore +10
    WHERE department = '计算机'
```

## 6.3 ADO.NET 模型

ASP.NET 使用 ADO.NET 数据模型。该模型从 ADO 发展而来，但它不只是对 ADO 的改进，而是采用了一种全新的技术，主要表现在以下几个方面。

（1）ADO.NET 不是采用 ActiveX 技术，而是与.NET 框架紧密结合的产物。

（2）ADO.NET 包含对 XML 标准的完全支持，这对于跨平台交换数据具有重要的意义。

（3）ADO.NET 既能在与数据源连接的环境下工作，又能在断开与数据源连接的条件下工作。特别是后者，非常适合于网络应用的需要。在网络环境下，保持与数据源连接，不符合网站的要求，不仅效率低，付出的代价高，而且常常会引发由于多个用户同时访问时带来的冲突。为此 ADO.NET 系统集中主要精力用于解决在断开与数据源连接的条件下数据处理的问题。

ADO.NET 提供了面向对象的数据库视图，并且在 ADO.NET 对象中封装了许多数据库属性和关系。最重要的是，ADO.NET 通过多种方式封装和隐藏了很多数据库访问的细节。可以完全不知道对象在与 ADO.NET 对象交互，也不用担心数据移动到另外一个数据库或者从另一个数据库获得数据的细节问题。如图 6.1 所示为通过 ADO.NET 访问数据库的接口模型。

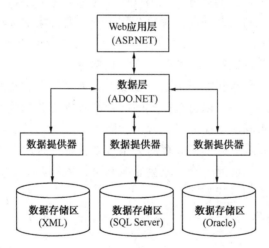

图 6.1　通过 ADO.NET 访问数据库的接口模型

数据集是实现 ADO.NET 断开式连接的核心，从数据源读取的数据先缓存到数据集中，然后被程序或控件调用。数据源可以是数据库或者 XML 数据。

数据提供器用于建立数据源与数据集之间的联系，它能连接各种类型的数据，并能按要求将数据源中的数据提供给数据集，或者从数据集向数据源返回编辑后的数据。

## 6.4 ADO.NET 的核心组件

在 ADO.NET 中数据集与数据提供器是两个非常重要而又相互关联的核心组件：数据集（DataSet）与数据提供器（Provider）。它们之间的关系如图 6.2 所示。

图的右边代表数据集（DataSet），左边代表数据提供器（Provider）。下面将对两者分别做详细讲解。

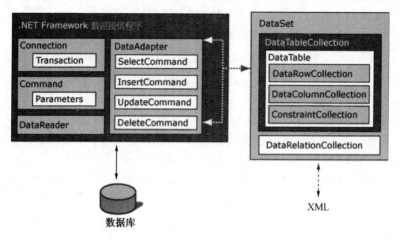

图 6.2　数据集与数据提供器的关系

## 6.4.1　数据集（DataSet）

数据集相当于内存中暂存的数据库，不仅可以包括多张数据表，还可以包括数据表之间的关系和约束。允许将不同类型的数据表复制到同一个数据集中（其中某些数据表的数据类型可能需要做一些调整），甚至还允许将数据表与 XML 文档组合到一起协同操作。

数据集从数据源中获取数据以后就断开了与数据源之间的连接，允许在数据集中定义数据约束和表关系，增添、删除和编辑记录，还可以对数据集中的数据进行查询、统计等。当完成了各项数据操作以后，还可以将数据集中的最新数据更新到数据源。

数据集的这些特点为满足多层分布式应用的需要跨进了一大步。编辑和检索数据都是一些比较繁重的工作，需要跟踪列模式，存储关系数据模型等。如果在连接数据源的条件下完成这些工作，不仅会使总体性能下降，还会影响到可扩展性。

创建数据集对象的语句格式如下：

```
DataSet ds = new DataSet ();
```

或者：

```
DataSet ds = new DataSet ("数据集名");
```

语句中，ds 代表数据集对象。可以通过调用 DataSet 的两个重载构造函数来创建 DataSet 的实例，并且可以选择指定一个名称参数。如果没有为 DataSet 指定名称，则该名称会设置为"NewDataSet"。

DataSet 对象的常用属性列于表 6.3 中。

表 6.3　DataSet 对象的常用属性

| 属　　性 | 说　　明 |
| --- | --- |
| CaseSensitive | 获取或设置在 DataTable 对象中字符串比较时是否区分字母的大小写。默认为 False |

| 属　　性 | 说　　明 |
|---|---|
| DataSetName | 获取或设置 DataSet 对象的名称 |
| EnforceConstraints | 获取或设置执行数据更新操作时是否遵循约束。默认为 True |
| HasErrors | DataSet 对象内的数据表是否存在错误行 |
| Tables | 获取数据集的数据表集合（DataTableCollection），DataSet 对象的所有 DataTable 对象都属于 DataTableCollection，参见图 6.2 |

DataSet 对象最常用的属性是 .Tables，通过该属性，可以获得或设置数据表行、列的值。例如，表达式：DS.Tables["students"].Rows[i][j]表示访问 students 表的第 i 行第 j 列。

DataSet 对象的常用方法有 Clear()和 Copy()，Clear()方法清除 DataSet 对象的数据，删除所有 DataTable 对象；Copy()方法复制 DataSet 对象的结构和数据，返回值是与本 DataSet 对象具有同样结构和数据的 DataSet 对象。

在数据集中包括以下几种子类。

## 1. 数据表集合（DataTableCollection）和数据表（DataTable）

DataSet 的所有数据表包含于数据表集合 DataTableCollection 中，通过 DataSet 的 Tables 属性访问 DataTableCollection。

（1）DataTableCollection 有以下两个属性。

① Count：DataSet 对象所包含的 DataTable 个数。

② Tables[index,name]：获取 DataTableCollection 中下标为 index 或名称为 name 的数据表。如 DS.Tables[0]表示数据集对象 DS 中的第一个数据表，DS.Tables[1]表示第二个数据表，……，依次类推。DS.Tables["students"]表示数据集对象 DS 中名称为"students"的数据表。

（2）DataTableCollection 有以下常用方法。

① Add({table,name})：向 DataTableCollection 中添加数据表。

② Clear()：清除 DataTableCollection 中的所有数据表。

③ CanRemove(table)：判断参数 table 指定的数据表能否从 DataTableCollection 中删除。

④ Contains(name)：判断名为 name 的数据表是否被包含在 DataTableCollection 中。

⑤ IndexOf({table,name})：获取数据表的序号。

⑥ Remove({table,name})：删除指定的数据表。

⑦ RemoveAt(index)：删除下标为 index 的数据表。

DataTableCollection 中每个数据表都是一个 DataTable 对象。

DataTable 表示内存中关系数据的表，可以独立创建和使用，也可以由其他.NETFramework 对象使用，最常见的情况是作为 DataSet 的成员使用。

可以使用相应的 DataTable 构造函数创建 DataTable 对象。可以通过使用 Add 方法将其添加到 DataTable 对象的 Tables 集合中，将其添加到 DataSet 中。

创建 DataTable 时，不需要为 TableName 属性提供值，可以在其他时间指定该属性，或者将其保留为空。但是，在将一个没有 TableName 值的表添加到 DataSet 中时，该表会得到一个从"Table"（表示 Table0）开始递增的默认名称 TableN。

例如，以下示例创建 DataTable 对象的实例，并为其指定名称"Customers"。

```
DataTable workTable = new DataTable("Customers");
```

以下示例创建 DataTable 实例，方法是直接将其添加到 DataSet 的 Tables 集合中。

```
DataSet customers = new DataSet();
DataTable customersTable = customers.Tables.Add("CustomersTable");
```

表 6.4、表 6.5 和表 6.6 分别列出了 DataTable 对象的常用属性、常用方法和事件。

表 6.4　DataTable 对象的常用属性

| 属　性 | 说　　明 |
| --- | --- |
| Columns | 获取数据表的所有字段，即 DataColumnCollection 集合 |
| DataSet | 获取 DataTable 对象所属的 DataSet 对象 |
| DefaultView | 获取与数据表相关的 DataView 对象。DataView 对象可用来显示 DataTable 对象的部分数据。可通过对数据表选择、排序等操作获得 DataView（相当于数据库中的视图） |
| PrimaryKey | 获取或设置数据表的主键 |
| Rows | 获取数据表的所有行，即 DataRowCollection 集合 |
| TableName | 获取或设置数据表名 |

表 6.5　DataTable 对象的常用方法

| 方　法 | 说　　明 |
| --- | --- |
| Copy() | 复制 DataTable 对象的结构和数据，返回与本 DataTable 对象具有同样结构和数据的 DataTable 对象 |
| NewRow() | 创建一个与当前数据表有相同字段结构的数据行 |
| GetErrors() | 获取包含错误的 DataRow 对象数组 |

表 6.6　DataTable 对象的事件

| 事　件 | 说　　明 |
| --- | --- |
| ColumnChanged | 当数据行中某字段值发生变化时将触发该事件。该事件参数为 DataColumnChangeEventArgs，可以取的值：Column（值被改变的字段）；Row（字段值被改变的数据行） |
| RowChanged | 当数据行更新成功时将触发该事件。该事件参数为 DataRowChangeEventArgs，可以取的值：Action（对数据行进行的更新操作名，包括：Add—加入数据表；Change—修改数据行内容；Commit—数据行的修改已提交；Delete—数据行已被删除；RollBack—数据行的更改被取消）；Row（发生更新操作的数据行） |
| RowDeleted | 数据行被成功删除后将触发该事件。该事件参数为 DataRowDeleteEventArgs，可以取的值与 RowChanged 事件的 DataRowChangeEventArgs 参数相同 |

### 2. 数据列集合（DataColumnCollection）和数据列（DataColumn）

数据表中的所有字段都被存放于数据列集合（DataColumnColection）中，通过 DataTable 的 Columns 属性访问 DataColumnCollection。例如，stuTable.Columns[i].Caption 代

表 stuTable 数据表的第 i 个字段的标题。DataColumnColection 有以下两个属性。

（1）Count：数据表所包含的字段个数。

（2）Columns[index,name]：获取下标为 index 或名称为 name 的字段。例如，DS.Tables[0].Columns[0]表示数据表 DS.Tables[0]中的第一个字段；DS.Tables[0].Columns["studentid"]表示数据表 DS.Tables[0]的字段名为 studentid 的字段。

DataColumnColection 的方法与 DataTableCollection 类似。

数据表中的每个字段都是一个 DataColumn 对象。

DataColumn 对象定义了表的数据结构。例如，可以用它确定列中的数据类型和大小，还可以对其他属性进行设置。例如，确定列中的数据是否是只读的、是否是主键、是否允许空值等，还可以让列在一个初始值的基础上自动增值，增值的步长也可以自行定义。

获取某列的值需要在数据行的基础上进行。语句如下：

```
string dc = dr.Columns["字段名"].ToString();
```

或者：

```
string dc = dr.Column[index].ToString();
```

两条语句具有同样的作用。其中 dr 代表引用的数据行，dc 是该行某列的值(用字符串表示)，index 代表列(字段)对应的索引值(列的索引值从 0 开始)。

综合前面的语句，要取出数据表(dt)中第 3 条记录中的"姓名"字段，并将该字段的值放入一文本框(textBox1)中，语句可以写为

```
DataTable dt = ds.Tables["Customers"]           // 从数据集中提取数据表 Customers
DataRow dRow = dt.Rows[2 ];                      // 从数据表提取第 3 行记录
string textBox1.Text=dRow["CompanyName"].ToString();  // 从行中取出名为 CompanyName 字段的值
```

语句执行的结果：从 Customers 数据表的第 3 条记录中，取出字段名为 CompanyName 的值，并赋给 textBox1.Text。

表 6.7 列出了 DataColumn 对象的常用属性。

表 6.7　DataColumn 对象的常用属性

| 属　　性 | 说　　明 |
| --- | --- |
| AllowDBNull | 设置该字段可否为空值。默认值为 True |
| Caption | 获取或设置字段标题。若未指定字段标题，则字段标题即为字段名。该属性常与 DataGrid 配合使用 |
| ColumnName | 获取或设置字段名 |
| DataType | 获取或设置字段的数据类型 |
| DefaultValue | 获取或设置新增数据行时，字段的默认值 |
| ReadOnly | 获取或设置新增数据行时，字段的值是否可修改。默认值为 False |
| Table | 获取包含该字段的 DataTable 对象 |

通过 DataColumn 对象的 DataType 属性设置字段数据类型时，不可直接设置数据类型，而要按照以下语法格式：

```
DataColumn 对象名.DataType = typeof (数据类型)
```

其中的"数据类型"取值为.NET Framework 数据类型，常用的值如下：

System.Boolean——布尔型；

System.DateTime——日期型；

System.Double——双精度数据类型；

System.Int32——整数类型；

System.Single——单精度数据类型；

System.Char——字符型；

System.Decimal——数值型；

System.Int16——短整数类型；

System.Int64——长整数类型；

System.String——字符串类型。

### 3. 数据行集合（DataRowCollection）和数据行（DataRow）

数据表的所有行都被存放于数据行集合 DataRowColection 中，通过 DataTable 的 Rows 属性访问 DataRowCollection。如 stuTable.Rows[i][j]表示访问 stuTable 表的第 i＋1 行、第 j＋1 列数据。DataRowCollection 的属性和方法与 DataColumnCollection 对象类似，不再赘述。

数据表中的每个数据行都是一个 DataRow 对象。

DataRow 对象是给定数据表中的一行数据，或者说是数据表中的一条记录。DataRow 对象的方法提供了对表中数据的插入、删除、更新和查询等功能。提取数据表中的行的语句如下：

```
DataRow dr = dt.Rows[n];
```

其中：DataRow 代表数据行类；dr 是数据行对象；dt 代表数据表对象；n 代表行的序号（序号从 0 开始）。

DataRow 对象的属性主要有以下两种。

（1）Rows[index,columnName]：获取或设置指定字段的值。

（2）Table：获取包含该数据行的 DataTable 对象。

DataRow 对象的方法主要有以下 3 种。

（1）AcceptChanges()：将所有变动过的数据行更新到 DataRowCollection。

（2）Delete()：删除数据行。

（3）IsNull({colName,index,Column 对象名})：判断指定列或 Column 对象是否为空值。

【例 6-3】 利用 DataSet 在内存中创建数据表 Person，给表定义 4 个字段：姓名、出生日期、密码、E-mail 地址，数据类型分别为字符串、日期、字符串、字符串类型。向表内插入一条记录并输出到屏幕上。

（1）运行 Visual Studio 2005，新建一个网站，并将其命名为"ado.net"。

（2）通过添加新项，加入一个页面"DataSet.aspx"，在页面内拖放一个 GridView 控件。

**注意**：GridView 是一个以表格的形式自动显示记录集中数据的数据绑定控件，具体的使用方法将会在下一章讲解，这里只是使用其显示内存中记录集的数据。

（3）在 Page_Load 事件内加入如下的代码：

```
protected void Page_Load(object sender, EventArgs e)
```

```
{
    DataTable PSTab = new DataTable();
    DataColumn PSCol = null;
    string[] arrColName = new string[4];
    int i;
    PSTab.TableName = "Person";
    arrColName[0] = "姓名";
    arrColName[1] = "出生日期";
    arrColName[2] = "密码";
    arrColName[3] = "Email 地址";
    for (i = 0; i < arrColName.Length; i++)
    {
        PSCol = new DataColumn();
        PSCol.ColumnName = arrColName[i];
        if ((i != 1))
            PSCol.DataType = typeof(System.String);
        else
            PSCol.DataType = typeof(System.DateTime);
        PSTab.Columns.Add(PSCol);
    }
    DataRow row = PSTab.NewRow();
    row["姓名"] = "王五";
    row["出生日期"] = "1983-01-10";
    row["密码"] = "123456";
    row["Email 地址"] = "wangwu@126.com";
    PSTab.Rows.Add(row);
    GridView1.DataSource = PSTab;
    GridView1.DataBind();
}
```

（4）在浏览器中查看本页，运行结果如图 6.3 所示。

图 6.3　运行结果

## 6.4.2 数据提供器

.NET Framework 数据提供程序用于连接到数据库、执行命令和检索结果，可以使用它直接处理检索到的结果，或将其放入 ADO.NET DataSet 对象。.NET Framework 数据提供程序是轻量的，它在数据源和代码之间创建了一个最小层，在不牺牲功能为代价的前提下提高性能。

表 6.8 列出了 .NET Framework 中包含的 .NET Framework 数据提供程序。

表 6.8　.NET Framework 数据提供程序

| .NET Framework 数据提供程序 | 说　　明 |
| --- | --- |
| SQL Server 数据提供程序 | 提供对 Microsoft SQL Server 7.0 版或更高版本的数据访问。使用 System.Data.SqlClient 命名空间 |
| OLE DB 数据提供程序 | 适合于使用 OLE DB 公开的数据源。使用 System.Data.OleDb 命名空间 |
| ODBC 数据提供程序 | 适合于使用 ODBC 公开的数据源。使用 System.Data.Odbc 命名空间 |
| Oracle 数据提供程序 | 适用于 Oracle 数据源。Oracle 数据提供程序支持 Oracle 客户端软件 8.1.7 版和更高版本，使用 System.Data.OracleClient 命名空间 |

.NET Framework 数据提供程序包含 4 种核心对象，其名称及其作用如下。

### 1. Connection

建立与特定数据源的连接。在进行数据库操作之前，首先要建立对数据库的连接。所有 Connection 对象的基类均为 DbConnection 类。Connection 类中最重要的属性是 ConnectionString，该属性用来指定建立数据库连接所需要的连接字符串，其中包括如下几项：服务器名称、数据源信息以及其他登录信息。ConnectionString 的主要参数有如下几种。

（1）Data Source：设置需连接的数据库服务器名。

（2）Initial Catalog：设置连接的数据库名称。

（3）Integrated Security：服务器的安全性设置，是否使用信任连接。值有 True、False 和 SSPI 3 种，True 和 SSPI 都表示使用信任连接。

（4）Workstation Id：数据库客户端标记。默认为客户端计算机名。

（5）Packet Size：获取与 SQL Server 通信的网络数据包的大小，单位为 B，有效值为 512～32 767，默认值为 8192。

（6）User ID：登录 SQL Server 的账号。

（7）Password(Pwd)：登录 SQL Server 的密码。

（8）Connection Timeout：设置 SqlConnection 对象连接 SQL 数据库服务器的超时时间，单位为 s，若在所设置的时间内无法连接数据库，则返回失败。默认为 15s。

以 SQL Server 数据库的连接对象为例，类名为 SqlConnection，其创建的语句：

```
SqlConnection conn = new SqlConnection();
```

设置 ConnectionString 属性的语句：

```
conn.ConnectionString =
```

```
" Data Source=MySQLServer;                          // 服务器名
user id=sa;password=123456;                         // 安全信息
Initial catalog=Northwind; Integrated Security=False";   // 数据库名以及其他参数
```

如上例，存储连接字符串的详细信息（如用户名和密码）可能会影响应用程序的安全性。若要控制对数据库的访问，一种较为安全的方法是使用 Windows 集成安全性，此时连接字符串可以修改为

```
conn.ConnectionString =
" Data Source=MySQLServer;           // 服务器名
Initial catalog=Northwind;           // 数据库名
Integrated Security=SSPI";           // 采用 Windows 集成安全性
```

表 6.9 列出了 Connection 对象的常用方法。

表 6.9　Connection 对象的常用方法

| 方　　法 | 说　　明 |
| --- | --- |
| Open() | 打开与数据库的连接。注意 ConnectionString 属性只对连接属性进行了设置，并不打开与数据库的连接，必须使用 Open()方法打开连接 |
| Close() | 关闭数据库连接 |
| ChangeDatabase() | 在打开连接的状态下，更改当前数据库 |
| CreateCommand() | 创建并返回与 Connection 对象有关的 Command 对象 |
| Dispose() | 调用 Close()方法关闭与数据库的连接，并释放所占用的系统资源 |

请注意，在完成连接后，及时关闭连接是必要的，因为大多数数据源只支持有限数目的打开的连接，何况打开的连接占用宝贵的系统资源。

### 2．Command

Command 是对数据源操作命令的封装。对于数据库来说，这些命令既可以是内连的 SQL 语句，也可以是数据库的存储过程。由 Command 生成的对象建立在连接的基础上，对连接的数据源指定相应的操作。所有 Command 对象的基类均为 DbCommand 类。

每个.NET Framework 数据提供程序包括一个 Command 对象：OLEDB .NET Framework 数据提供程序包括一个 OleDbCommand 对象；SQL Server .NET Framework 数据提供程序包括一个 SqlCommand 对象；ODBC .NET Framework 数据提供程序包括一个 OdbcCommand 对象；Oracle .NET Framework 数据提供程序包括一个 OracleCommand 对象。

以下代码示例演示如何创建 SqlCommand 对象，以便从 SQL Server 中的 Northwind 示例数据库返回类别列表。

```
string sql = "SELECT CategoryID, CategoryName FROM Categories";
SqlCommand command1 = new SqlCommand(sql, sqlConnection1);
```

参数 sql 为需执行的 SQL 命令，上述语句将生成一个命令对象 command1，对由 sqlConnection1 连接的数据源指定检索（SELECT）操作。这两个参数在创建 Command 对象时也可以省略不写，而在创建了 Command 对象后，再通过设置 Command 对象的

CommandText 属性和 CommandType 等属性来指定。

Command 对象的常用属性和方法分别列于表 6.10 和表 6.11 中。

表 6.10　Command 对象的常用属性

| 属　性 | 说　明 |
| --- | --- |
| CommandText | 取得或设置要对数据源执行的 SQL 命令、存储过程或数据表名 |
| CommandTimeout | 获取或设置 Command 对象的超时时间，单位为 s，为 0 表示不限制。默认为 30s，即若在这个时间之内 Command 对象无法执行 SQL 命令，则返回失败 |
| CommandType | 获取或设置命令类别，可取的值：StoredProcedure，TableDirect，Text，代表的含义分别为存储过程、数据表名和 SQL 语句，默认为 Text。属性的值为 CommandType.StoredProcedure、CommandType.Text 等 |
| Connection | 获取或设置 Command 对象所使用的数据连接属性 |
| Parameters | SQL 命令参数集合 |

表 6.11　Command 对象的常用方法

| 方　法 | 说　明 |
| --- | --- |
| Cancel() | 取消 Comand 对象的执行 |
| CreateParameter | 创建 Parameter 对象 |
| ExecuteNonQuery() | 执行 CommandText 属性指定的内容，返回数据表被影响行数。只有 Update、Insert 和 Delete 命令会影响的行数。该方法用于执行对数据库的更新操作 |
| ExecuteReader() | 执行 CommandText 属性指定的内容，返回 DataReader 对象 |
| ExecuteScalar() | 执行 CommandText 属性指定的内容，返回结果表第一行第一列的值。该方法只能执行 Select 命令 |
| ExecuteXmlReader() | 执行 CommandText 属性指定的内容，返回 XmlReader 对象。只有 SQL Server 才能用此方法 |

Command 对象的 CommandType 属性用于设置命令的类别：可以是存储过程、表名或 SQL 语句。当将该属性值设为 CommandType.TableDirect 时，要求 CommandText 的值必须是表名而不能是 SQL 语句。例如：

```
OleDbCommand cmd = new OleDbCommand();
cmd.CommandText = "students";
cmd.CommandType = CommandType.TableDirect;
cmd.Connection = conn;
```

这段代码执行以后，将返回 students 表中的所有记录。它等价于以下代码：

```
OleDbCommand cmd = new OleDbCommand();
cmd.CommandText = "Select * from students";
cmd.CommandType = CommandType.Text;
cmd.Connection = conn;
```

可见，要实现同样功能，可选的办法有多种。

Command 对象提供了 4 个执行 SQL 命令的方法：ExecuteNonQuery()、ExecuteReader()、ExecuteScalar()和 ExecuteXmlReader()，要注意每个方法的特点。常用的是 ExecuteNonQuery()和 ExecuteReader()方法，它们分别用于数据库的更新和查询操作。注意

ExecuteNonQuery()不返回结果集而仅仅返回受影响的行数，ExecuteReader() 返回 DataReader 对象，下面的篇幅将讲解如何通过 DataReader 对象访问数据库。

### 3．DataReader

使用 DataReader 可以实现对特定数据源中的数据进行高速、只读、只向前的数据访问。与数据集（DataSet）不同，DataReader 是一个依赖于连接的对象。就是说，它只能在与数据源保持连接的状态下工作。所有 DataReader 对象的基类均为 DbDataReader 类。

与 Command 类似，每个.NET Framework 数据提供程序包括一个 DataReader 对象：OLE DB .NET Framework 数据提供程序包括一个 OleDbDataReader 对象；SQL Server .NET Framework 数据提供程序包括一个 SqlDataReader 对象；ODBC .NET Framework 数据提供程序包括一个 OdbcDataReader 对象；Oracle .NET Framework 数据提供程序包括一个 OracleDataReader 对象。

使用 DataReader 检索数据首先必须创建 Command 对象的实例，然后通过调用 Command 的 ExecuteReader 方法创建一个 DataReader，以便从数据源检索行。

以下示例说明如何使用 SqlDataReader，其中 command 代表有效的 SqlCommand 对象。

```
SqlDataReader reader = command.ExecuteReader();
```

在创建了 DataReader 对象后，就可以使用 Read 方法从查询结果中获取行。通过传递列的名称或序号引用，可以访问返回行的每一列。为了实现最佳性能，DataReader 也提供了一系列方法，使得能够访问其本机数据类型（GetDateTime、GetDouble、GetGuid、GetInt32等）的列值。

以下代码示例循环访问一个 DataReader 对象，并从每个行中返回两个列。

```
if (reader.HasRows)                    //判断是否有结果返回
    while (reader.Read())              //依次读取行
        Console.WriteLine("\t{0}\t{1}", reader.GetInt32(0), reader.GetString(1));
else
    Console.WriteLine("No rows returned.");
reader.Close();
```

每次使用完 DataReader 对象后都应调用 Close 方法显式关闭。

DataReader 对象的常用属性和方法分别列于表 6.12 和表 6.13 中。

表 6.12　DataReader 对象的常用属性

| 属　　性 | 说　　明 |
| --- | --- |
| FieldCount | 获取 DataReader 对象包含的记录行数 |
| IsClosed | 获取 DataReader 对象的状态，为 True 表示关闭 |
| Item({name,col}) | 获取或设置表字段值，name 为字段名，col 为列序号，序号从 0 开始。例如，objReader.Item(0)、objReader.Item("name") |
| ReacordsAffected | 获取在执行 Insert、Update 或 Delete 命令后受影响的行数。该属性只有在读取完所有行且 DataReader 对象关闭后才会被指定 |

表 6.13　DataReader 对象的常用方法

| 方　　法 | 说　　明 |
|---|---|
| Close() | 关闭 DataReader 对象 |
| GetBoolean(Col) | 获取序号为 Col 的列的值，所获取列的数据类型必须为 Boolean 类型；其他类似的方法：GetByte、GetChar、GetDateTime、GetDecimal、GetDouble、GetFloat、GetInt16、GetInt32、GetInt64、GetString 等 |
| GetDataTypeName(Col) | 获取序号为 Col 的列的来源数据类型名 |
| GetFieldType(Col) | 获取序号为 Col 的列数据类型 |
| GetName(Col) | 获取序号为 Col 的列的字段名 |
| GetOrdinal(Name) | 获取字段名为 Name 的列的序号 |
| GetValue(Col) | 获取序号为 Col 的列的值 |
| GetValues(values) | 获取所有字段的值，并将字段值存放在 values 数组中 |
| IsDBNull(Col) | 若序号为 Col 的列为空值，则返回 True，否则返回 False |
| Read() | 读取下一条记录，返回布尔值。返回 True 表示有下一条记录，返回 False 表示没有下一条记录 |

### 4．DataAdapter

数据适配器（DataAdapter）利用连接对象（Connection）连接数据源，使用命令对象（Command）规定的操作从数据源中检索出数据送往数据集，或者将数据集中经过编辑后的数据送回数据源。所有 DataAdapter 对象的基类均为 DbDataAdapter 类。

如果所连接的是 SQL Server 数据库，则可以通过将 SqlDataAdapter 与关联的 SqlCommand 对象和 SqlConnection 对象一起使用，从而提高总体性能。对于支持 OLEDB 的数据源，可以使用 OleDbDataAdapter 及其关联的 OleDbCommand 对象和 OleDbConnection 对象。对于支持 ODBC 的数据源，使用 OdbcDataAdapter 及其关联的 OdbcCommand 对象和 OdbcConnection 对象。对于 Oracle 数据库，使用 OracleDataAdapter 及其关联的 OracleCommand 对象和 OracleConnection 对象。

定义 DataAdapter 对象的语法格式有 4 种：

```
OleDbDataAdapter 对象名 = new OleDbDataAdapter();
OleDbDataAdapter 对象名 = new OleDbDataAdapter(OleDbCommand 对象);
OleDbDataAdapter 对象名 = new OleDbDataAdapter (SQL 命令,OleDbConnection 对象);
OleDbDataAdapter 对象名 = new OleDbDataAdapter (SQL 命令,OleDbConnection 对象)
```

创建 SqlDataAdapter 对象语法格式与之类似，只要将所有的"OleDb"改为"SQL"即可。创建 DataAdapter 对象的这几种格式，读者可根据需要自行选择使用。

DataAdapter 有一个重要的 Fill 方法，此方法将数据填入数据集，语句如下：

```
dataAdapter1.Fill (dataSet1, "Products");
```

其中，dataAdapter1 代表数据适配器名；dataSet1 代表数据集名；Products 代表数据表名。

当 dataAdapter1 调用 Fill()方法时将使用与之相关联的命令组件所指定的 SELECT 语句从数据源中检索行。然后将行中的数据添加到 DataSet 的 DataTable 对象中，如果 DataTable

对象不存在，则自动创建该对象。

当执行上述 SELECT 语句时，与数据库的连接必须有效，但不需要用语句将连接对象打开。如果调用 Fill()方法之前与数据库的连接已经关闭，则将自动打开它以检索数据，执行完毕后再自动将其关闭。如果调用 Fill()方法之前连接对象已经打开，则检索后继续保持打开状态。

一个数据集中可以放置多张数据表。但是每个数据适配器只能够对应于一张数据表。

## 6.4.3　ADO.NET 示例程序

【例 6-4】　下面是一个简单的 ADO.NET 应用程序，实现从数据源中检索数据并显示到网页中。

（1）运行 Visual Studio 2005，打开上例所创建的网站"ado.net"。

（2）运行 SQL Server 2005 把数据库 XSCJ 附加到 SQL Server 2005 中。

**注意：** XSCJ 数据库可以在网站（网址见前言）上下载，具体的表结构在附录 C 内有具体的描述。

（3）打开"Default.aspx"文件，切换到"设计"视图，打开"工具栏"，在"数据"选项卡中拖放一个 GridView 控件到 Default.aspx 页面中，如图 6.4 所示。

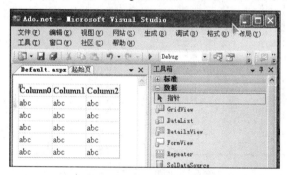

图 6.4　GridView 控件

（4）双击"Default.aspx"页面，切换到"代码"视图，在顶部加入如下的代码：

```
using System.Data.SqlClient;
```

（5）在 Page_Load()事件中加入如下的代码：

```
//创建连接对象
SqlConnection conn = new SqlConnection();
//设置连接串
conn.ConnectionString = "Data Source=(local);Initial Catalog=XSCJ;Integrated Security=SSPI";
conn.Open();
//定义 SQL 语句
 string sql = " SELECT XH as 学号, XM as 姓名, ZYM as 专业名, XB as 性别, CSSJ as 出生日期,
        ZXF as 总学分  FROM XS";
//定义命令对象
 SqlCommand comm = new SqlCommand(sql, conn);
```

```
//执行命令对象
SqlDataReader reader = comm.ExecuteReader();
//把返回的结果集通过数据绑定控件显示出来，详细内容在下一章会讲解
GridView1.DataSource = reader;
GridView1.DataBind();
//关闭连接
conn.Close();
```

（6）在浏览器中查看本页，出现如图 6.5 所示的页面。

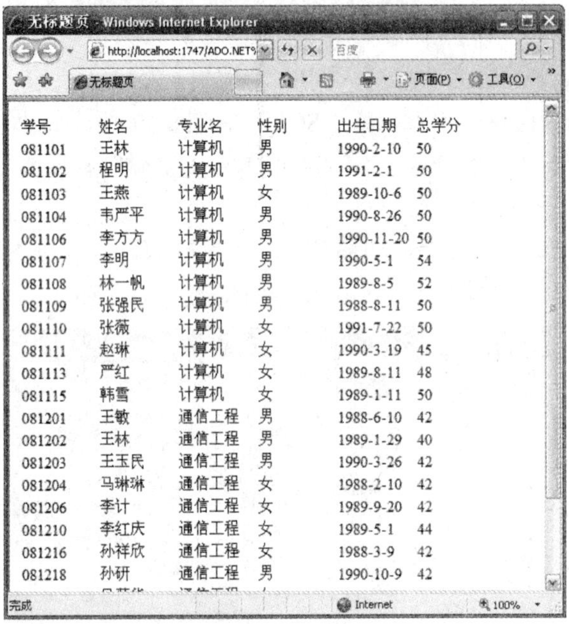

| 学号 | 姓名 | 专业名 | 性别 | 出生日期 | 总学分 |
|---|---|---|---|---|---|
| 081101 | 王林 | 计算机 | 男 | 1990-2-10 | 50 |
| 081102 | 程明 | 计算机 | 男 | 1991-2-1 | 50 |
| 081103 | 王燕 | 计算机 | 女 | 1989-10-6 | 50 |
| 081104 | 韦严平 | 计算机 | 男 | 1990-8-26 | 50 |
| 081106 | 李方方 | 计算机 | 男 | 1990-11-20 | 50 |
| 081107 | 李明 | 计算机 | 男 | 1990-5-1 | 54 |
| 081108 | 林一帆 | 计算机 | 男 | 1989-8-5 | 52 |
| 081109 | 张强民 | 计算机 | 男 | 1988-8-11 | 50 |
| 081110 | 张薇 | 计算机 | 女 | 1991-7-22 | 50 |
| 081111 | 赵琳 | 计算机 | 女 | 1990-3-19 | 45 |
| 081113 | 严红 | 计算机 | 女 | 1989-8-11 | 48 |
| 081115 | 韩雪 | 计算机 | 女 | 1989-1-11 | 50 |
| 081201 | 王敏 | 通信工程 | 男 | 1988-6-10 | 42 |
| 081202 | 王林 | 通信工程 | 男 | 1989-1-29 | 40 |
| 081203 | 王玉民 | 通信工程 | 男 | 1990-3-26 | 42 |
| 081204 | 马琳琳 | 通信工程 | 女 | 1988-2-10 | 42 |
| 081206 | 李计 | 通信工程 | 女 | 1989-9-20 | 42 |
| 081210 | 李红庆 | 通信工程 | 女 | 1989-5-1 | 44 |
| 081216 | 孙祥欣 | 通信工程 | 女 | 1988-3-9 | 42 |
| 081218 | 孙研 | 通信工程 | 男 | 1990-10-9 | 42 |

图 6.5　ADO.NET 示例程序

## 本章小结

开发产品级 Web 应用时，对数据库的访问和操作总是程序的关键环节。在做与数据库相关的 Web 应用前必须对数据库的体系结构有一定的了解，包括 DBMS 的操作、如何建立表和视图，怎样使用 SQL 语言等，这些内容在本章都进行了具体的介绍。

为了简化对网络数据库的访问，系统提供了通用接口。应用程序只需要用通用的方法连接到这些通用接口，再由通用接口分别连接到不同的数据源。这样，应用程序的设计者并不必知道数据源属于什么类型，使用什么样的代码格式。微软公司提供的通用接口经历了几个重要的发展阶段，从 ODBC 发展到 OLE、ADO 再到 ADO.NET。

ADO.NET 与.NET 框架紧密结合，用类的封装取代了函数和过程，对 ADO 技术进行了全面的优化。数据集与数据提供器是 ADO.NET 技术的核心。利用数据集可以实现在 Web 应用程序中创建离线的内存数据库，通过数据提供器可以实现在 Web 应用程序中检索、修改数据库内的数据。

# 第 7 章   ASP.NET 2.0 数据源与数据绑定控件

数据绑定技术是 ASP.NET 2.0 中一项非常重要，也很常见的技术，它使得应用程序能够轻松地与数据库进行交互。它将页面中的控件和数据源中的数据进行绑定，用来显示数据。也可以使用数据绑定技术设置控件的属性，使之具有某种性质或处于某种状态。本章将介绍连接数据的数据源控件、显示和操作数据的数据绑定控件，并举例实现主/从报表。

## 7.1   数据源控件

ASP.NET 应用程序可以通过 ADO.NET 访问和操作数据库。但是 ADO.NET 对于程序员的要求门槛比较高，需要了解和熟悉 ADO.NET 的对象模型才可以方便地操作数据，而且使用起来也比较烦琐。为此，在 ASP.NET 2.0 中，微软提供了数据源控件。通过数据源控件，程序员只需编写很少的代码就可以很方便地操作数据库。

数据源控件对操作数据库方面的改观在于以下几点。

（1）无须了解 ADO.NET 的细节，只要知道 Select、Insert、Update、Delete 语法即可。

（2）避免了一些人为撰写的性能差的 ADO.NET 语法，提高了数据访问的性能。

（3）与数据绑定控件结合，不需要代码或极少代码即可使用内置的分页、排序、编辑、更新和删除等功能。

（4）对不同的数据源提供了一致的程序访问模型，简化了开发和学习不同技术的负担。

（5）内置缓存机制，可以加快数据访问。

### 7.1.1   数据源控件的分类

数据源控件可以连接不同类型的数据源：如数据库、XML 文档、其他对象等，但它留给设计者的接口却非常相似。设计人员只需采用相同或相似的方法处理数据，而不必关心数据源属于什么类型。.NET Framework 包含支持不同数据绑定方案的数据源控件。表 7.1 描述了内置的数据源控件。

表 7.1　.NET Framework 包含的数据源控件

| 数据源控件 | 说　　明 |
| --- | --- |
| SqlDataSource | 允许使用 Microsoft SQL Server、OLE DB、ODBC 或 Oracle 数据库。与 SQL Server 一起使用时支持高级缓存功能 |
| ObjectDataSource | 允许使用业务对象或其他类，以及创建依赖中间层对象管理数据的 Web 应用程序。支持对其他数据源控件不可用的高级排序和分页方案 |
| AccessDataSource | 允许使用 Microsoft Access 数据库。当数据作为 DataSet 对象返回时，支持排序、筛选和分页 |

| 数据源控件 | 说　明 |
|---|---|
| XmlDataSource | 允许使用 XML 文件，特别适用于分层的 ASP.NET 服务器控件，如 TreeView 或 Menu 控件 |
| SiteMapDataSource | 结合 ASP.NET 站点导航使用 |

下面分别介绍这些数据源控件。

### 1．SqlDataSource 数据源控件

通过 SqlDataSource 控件，可以使用 Web 控件访问位于某个关系数据库中的数据，该数据库包括 Microsoft SQL Server、Oracle 数据库，以及 OLE DB、ODBC 数据源。将 SqlDataSource 控件和数据绑定控件结合使用，使用很少的代码或不使用代码就可以在 ASP.NET 网页中显示和操作数据。

### 2．ObjectDataSource 数据源控件

ObjectDataSource 数据源控件用于向数据绑定控件表示识别数据的中间层对象或数据接口对象。结合使用 ObjectDataSource 控件与数据绑定控件，只用少量代码或不用代码就可以在网页上显示、编辑和排序数据。

### 3．AccessDataSource 数据源控件

AccessDataSource 是使用 Microsoft Access 数据库的数据源控件。与 SqlDataSource 一样，AccessDataSource 控件使用 SQL 查询执行数据检索。

AccessDataSource 控件的一个独特之处是不用设置 ConnectionString 属性。需要做的就是使用 DataFile 属性设置 Access 数据库的 mdb 文件位置，AccessDataSource 数据源控件将负责维护数据库的基础连接。

### 4．XmlDataSource 数据源控件

XmlDataSource 数据源控件使得 XML 数据可用于数据绑定控件。XmlDataSource 数据源控件从使用 DataFile 属性指定的 XML 文件加载 XML 数据。另外，还可以从使用 Data 属性的字符串加载 XML 数据。

### 5．SiteMapDataSource 数据源控件

SiteMapDataSource 数据源控件是站点地图数据的数据源，站点数据则由为站点配置的站点地图提供程序进行存储。SiteMapDataSource 数据源控件使那些并非专门作为站点导航控件的 Web 服务器控件（如 TreeView、Menu、DropDownList 控件）能够绑定到分层的站点地图数据。可以使用这些 Web 服务器控件将站点地图显示一个为目录，或者对站点进行主动式导航。

## 7.1.2　SqlDataSource 数据源控件

SqlDataSource 数据源控件用于访问 SQL 关系数据库中的数据。SqlDataSource 控件可以

与其他数据绑定控件一起使用，开发人员用极少代码甚至不用代码，就可以在 ASP.NET 网页上显示和操作数据库。

（1）SqlDataSource 数据源控件主要提供了如下的功能。

① 只需少量代码即可实现数据库操作：查询、插入、更新、删除。

② 以 DataReader 方式和 DataSet 方式返回查询结果集。

③ 提供缓存功能。

④ 提供冲突检测功能。

SqlDataSource 数据源控件的主要属性见表 7.2。

表 7.2　SqlDataSource 数据源控件的主要属性

| 名　称 | 说　明 |
| --- | --- |
| ConnectionString | 获取或设数据源控件的数据源连接字符串 |
| ProviderName | 获取或设置.NET FrameWork 数据提供程序的名称 |
| SelectCommand | 获取或设置数据源控件从数据源中检索数据所使用的 SQL 字符串 |
| SelectCommandType | 获取或设置一个值指示 SelectCommand 属性中的文本是 SQL 语句还是存储过程名称 |
| SelectParameters | 获取或设置 SelectCommand 属性中 SQL 字符串所使用的参数集合 |
| UpdateCommand | 获取或设置数据源控件向数据源中更新数据所使用的 SQL 字符串 |
| UpdateCommandType | 获取或设置一个值指示 UpdateCommand 属性中的文本是 SQL 语句还是存储过程名称 |
| UpdateParameters | 获取或设置 UpdateCommand 属性中 SQL 字符串所使用的参数集合 |
| InsertCommand | 获取或设置数据源控件向数据源中插入数据所使用的 SQL 字符串 |
| InsertCommandType | 获取或设置一个值指示 InsertCommand 属性中的文本是 SQL 语句还是存储过程名称 |
| InsertParameters | 获取或设置 InsertCommand 属性中 SQL 字符串所使用的参数集合 |
| DeleteCommand | 获取或设置数据源控件从数据源中删除数据所使用的 SQL 字符串 |
| DeleteCommandType | 获取或设置一个值指示 DeleteCommand 属性中的文本是 SQL 语句还是存储过程名称 |
| DeleteParameters | 获取或设置 InsertCommand 属性中 SQL 字符串所使用的参数集合 |
| EnableCaching | 获取或设置一个值，该值指示 SqlDataSource 控件是否启用数据缓存 |

（2）使用 SqlDataSource 数据源控件的方法有以下两种。

① 通过图形化的方式设置数据源控件的连接字符串和数据提供程序，以及所使用的 SQL 语句和参数。

② 通过编程的方式设置数据源控件的连接字符串和数据提供程序，以及所使用的 SQL 语句和参数。

【例 7-1】　图形化使用 SqlDataSource 控件。

（1）运行 Visual Studio 2005，新建站点，并命名为"数据源控件"，把实例数据库"XSCJ"附加到 SQL Server 2005 中。

（2）新建 Web 页面"图形化使用 SqlDataSource 控件.aspx"，切换到"设计"视图。

（3）在页面上拖放一个 SqlDataSource 控件，单击"SqlDataSource 任务"中的"配置数据源"，在打开的窗口中单击"新建连接"，出现"添加连接"对话框，在"服务器名"中输入所要连接的数据库名称，"登录到服务器"中选择登录服务器的方式，"连接到一个数据库"中选择所要连接的数据库，如图 7.1 所示。

（4）确定后，单击"下一步"按钮，会提示是否把此连接保存到 Web.config 中，以便以后使用，单击"下一步"按钮，出现"配置 Select 语句"页面，如图 7.2 所示。

（5）此页面提供两种设置 SQL 语句的选项：一种是"指定自定义 SQL 语句或存储过程"，此选项可以为数据源控件自定义 SQL 语句或存储过程；另一种是"指定来自表或视图的列"。选择第一种，会出现如图 7.3 所示的页面。

（6）此页面包括 4 个选项卡，可以分别为数据源控件指定 SELECT、UPDATE、INSERT、DELETE 语句，或指定存储过程。SQL 语句中可以包含参数。

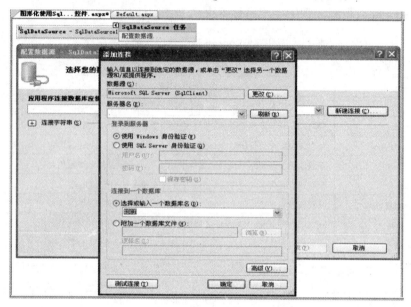

图 7.1　配置数据库连接

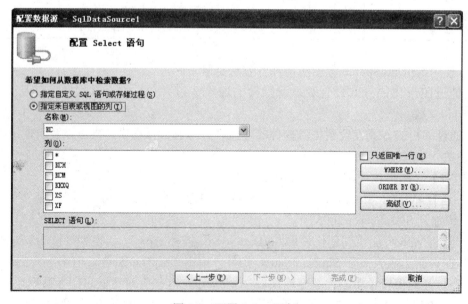

图 7.2　配置 Select 语句

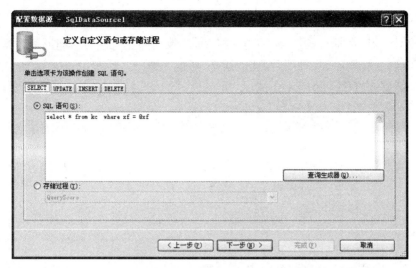

图 7.3　自定义语句或存储过程

（7）单击"下一步"按钮，如果 SQL 语句或存储过程中需要参数，则会出现"定义参数"页面，为参数指定参数值的来源，如图 7.4 所示，设置完毕后单击"下一步"按钮完成对数据源控件的设置。

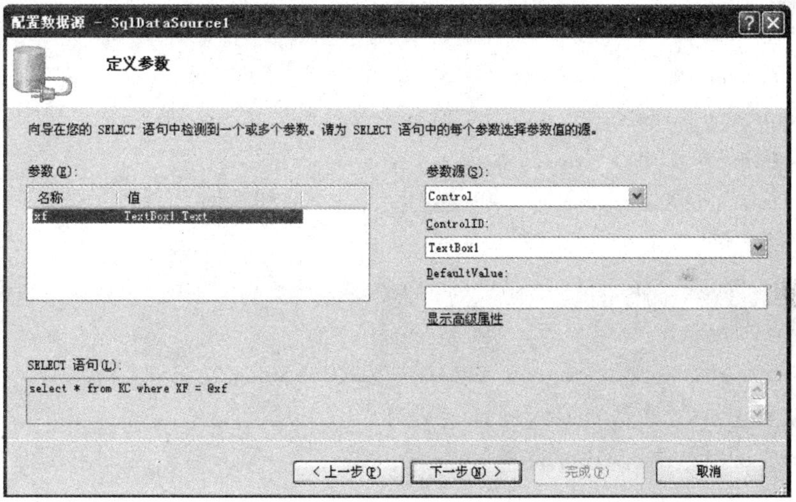

图 7.4　定义参数

SqlDataSource 参数源支持如下几种。

Cookie：把 Cookie 中的变量的值作为参数的值。

Control：把服务器控件的属性值作为参数的值。

Form：把 Form 表单内的元素的值作为参数的值。

Profile：把 Profile 文件中的属性值作为参数的值。

QueryString：把 QueryString 查询字符串中的变量值作为参数的值。

Session：把 Session 对象中的变量的值作为参数的值。

（8）在页面内拖放一个 GridView 控件和 Button 控件，设置 GridView 的数据源为 SqlDataSource1，在浏览器中查看本页，在文本框内输入对应的学分，并单击 Button 控件，则 GridView 控件中就会显示对应的课程，运行结果如图 7.5 所示。

注意：数据源控件绑定到数据绑定控件以后，数据绑定控件会自动调用数据源控件内的 SELECT 语句，无须手动调用，但是对于别的数据修改语句 UPDATE、DELETE、INSERT，则需要通过手动调用才会执行。

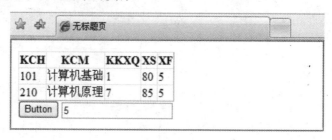

图 7.5　运行结果

【例 7-2】　编程方式使用 SqlDataSource 控件。

（1）运行 Visual Studio 2005，打开例 7-1 所创建的站点，新建页面"编程方式使用 SqlDataSource 控件.aspx"，在页面内拖放一个 SqlDataSource 控件、一个 GridView 控件、一个 TextBox 控件和一个 Button 控件。

（2）在页面的 Page_Load() 事件中加入如下的代码：

```
//设置连接字符串
SqlDataSource1.ConnectionString =
ConfigurationManager.ConnectionStrings["XSCJConnectionString"].ConnectionString;
//设置操作 SQL 语句
SqlDataSource1.SelectCommand = "select * from KC where XF = @xf";
//消除参数，放置多次操作
SqlDataSource1.SelectParameters.Clear();
//给参数赋值
SqlDataSource1.SelectParameters.Add("xf", TypeCode.String, TextBox1.Text);
//把 GridView 绑定到 SqlDataSource 控件
GridView1.DataSourceID = SqlDataSource1.ID;
```

（3）在浏览器内查看，效果同例 7-1。

### 7.1.3　ObjectDataSource 数据源控件

在实际的信息系统开发过程中，有些业务逻辑很复杂，不是简单的几条 SQL 语句就可以解决的问题，这时就需要采用功能灵活的 ObjectDataSource 数据源控件来构建多层的系统开发。

在复杂的多层系统中，数据库的操作通常被封装为一个业务逻辑类，处于业务逻辑层的位置，这个类中包括对数据库的查询、插入、更新、删除等操作，完全能够实现数据库的操作。但通过数据源控件能够和数据绑定控件很好地结合，不需要代码就可以实现排序、分页等复杂的功能。在此种情况下通过把业务逻辑类和 ObjectDataSource 进行管理，ObjectDataSource 不直接去操作数据库，而是通过调用业务逻辑类的方法来实现数据的查询操作和更新操作。

【例7-3】 利用 ObjectDataSource 操作数据库。

（1）运行 Visual Studio 2005，打开例 7-1 所创建的站点，并添加页面"ObjectData Source.aspx"。

（2）通过添加新项，选择"类"，命名为"DataManager.cs"，单击"添加"按钮，会提示是否把类存放到 App_Code 文件夹中，单击"是"按钮。

（3）修改 DataManager.cs 代码如下，修改结束后，单击"生成"→"生成网站"，确保生成成功。

```
public class DataManager
{
    public DataManager()
    {
    // TODO: 在此处添加构造函数逻辑
    }
    public DataSet getData(string value)
    {
    if (value != null)
    {
            SqlConnection conn = new SqlConnection();
            conn.ConnectionString =
ConfigurationManager.ConnectionStrings["XSCJConnectionString"].ConnectionString;
            conn.Open();
            string sql = "select * from KC where XF = @xf";
            SqlCommand comm = new SqlCommand(sql, conn);
            comm.Parameters.AddWithValue("xf", value);
            DataSet dataset = new DataSet();
            SqlDataAdapter adapter = new SqlDataAdapter(comm);
            adapter.Fill(dataset);
            return dataset;
            comm.Dispose();
            conn.Close();
        }
        return null;
    }
}
```

（4）在页面内拖放一个 ObjectDataSource 控件、一个 GridView 控件、一个 TextBox 控件和一个 Button 控件。

（5）单击 ObjectDataSource 任务，配置数据源，显示"选择业务对象"页面，如图 7.6 所示，选择已经创建的"DataManager 类"，单击"下一步"按钮。

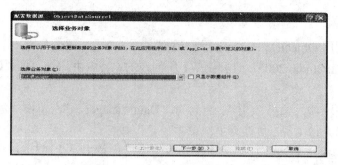

图 7.6  "选择业务对象"页面

（6）显示"定义数据方法"页面，如图 7.7 所示，此页面与 SqlDataSource 的"自定义语句或存储过程"相似，为数据源所对应的操作指定业务对象内相应的方法。当调用数据源控件内对应的语句时，数据源控件会自动调用对应的方法，单击"下一步"按钮。

图 7.7  "定义数据方法"页面

（7）如果方法需要输入参数，则会出现"定义参数"页面，等同于 SqlDataSource 控件，把 TextBox1 的 Text 属性作为参数的值，单击"完成"按钮。

（8）把 GridView1 绑定到 OjbectDataSource1 控件上，在浏览器内查看本页，结果如图 7.5 所示。

## 7.2  数据绑定控件

### 7.2.1  数据绑定的概念

数据绑定（Data Binding）是一项非常简单而有效的技术。ASP.NET 2.0 采用数据绑定技术将显示控件的某个属性与数据源绑定在一起。当数据源中的数据发生变化且重新请求网页时，被绑定对象中的属性将随数据源而改变。

数据绑定应用的范围非常广泛。数据集、数组、集合或者 XML 文档甚至一般的变量都可以作为数据源。大多数控件的属性都可以成为被绑定的对象。在 ASP.NET 2.0 的类库中，所有的绑定控件都从 BaseDataBoundControl 基类继承，都具有很多相似的功能。不同类型的绑定控件继承于不同的子类。数据绑定控件的类层次关系如图 7.8 所示。

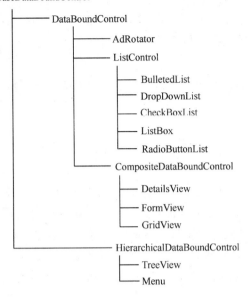

图 7.8  数据绑定控件的类层次关系

（1）几个基类如下。

① BaseDataBoundControl 类：所有绑定控件的基类。

② DataBoundControl 类：所有常用控件的基类。

③ ListControl 类：所有列表控件的基类。

④ CompositeDataBoundControl 类：比较复杂的表格控件的基类。

⑤ HierarchicalDataBoundControl 类：所有层次控件的基类。

（2）根据绑定控件的功能特性可以把绑定控件分为列表绑定控件、复杂绑定控件和层次绑定控件。

本章中将要介绍的 GridView 控件、FormView 控件和 DetailsView 控件都是从 Composite Data Bound Control 类继承的，它们的属性和操作方法具有很多共同点。

## 7.2.2  数据绑定控件的分类

数据绑定控件是指可绑定到数据源的，以实现在 Web 应用程序中轻松显示和修改数据的控件。这些控件应用于数据应用开发过程中，为数据的记录集建立显示和编辑界面。数据绑定控件能够自动绑定到从数据源公开的数据，并在页请求生命周期中的适当时候获取数据。

可通过将一个数据绑定控件绑定到诸多数据源控件上来使用它。数据绑定控件绑定到数据源控件，应将数据绑定控件的 DataSourceID 属性设置为指向数据源控件的 ID。当数据绑定控件绑定到数据源控件时，无须编写代码或只需很少的额外代码即可执行数据操作，因为数据绑定控件可自动利用数据源控件所提供的数据服务。

ASP.NET 2.0 提供了各种各样的数据绑定控件，以满足用户对数据显示的多样性要求。主要有以下几种数据绑定控件。

（1）GridView 控件。GridView 控件以表格的形式显示数据，并提供排序、分页以及编辑或删除单个记录的功能。GridView 控件是 ASP.NET 的早期版本中提供的 DataGrid 控件的升级版控件。除了可以添加利用数据源控件的新功能以外，GridView 控件还实现了如定义多个主键字段、使用绑定字段和模板、允许自定义用户页面以及用于处理或取消事件的新功能。

（2）DetailsView 控件。DetailsView 控件一次呈现一条表格形式的记录，并提供分页以及插入、更新和删除记录的功能。DetailsView 控件通常用在主/从报表中，在这种模式下，主控件（如 GridView 控件）中所选记录的详细信息将在 DetailsView 控件中显示出来。

（3）FormView 控件。FormView 控件与 DetailsView 控件类似，它一次呈现数据源中的一条记录，并提供分页以及插入、更新和删除记录的功能。不过，FormView 控件与 DetailsView 控件之间的差别在于：DetailsView 控件使用基于表的布局，在这种布局中，数据记录的每个字段都显示为控件中的一行。而 FormView 控件则不指定用于显示记录的预定义布局。可以创建包含控件的模板，以显示记录中的各个字段，即自定义布局。

（4）Repeater 控件。Repeater 控件使用数据源返回的一组记录呈现只读列表。与 FormView 控件类似，Repeater 控件不指定内置布局。可以使用模板创建 Repeater 控件的布局。

（5）DataList 控件。DataList 控件以表的形式呈现数据，通过该控件可以使用不同的布局来显示数据记录，例如，将数据记录排成列或行的形式。也可以对 DataList 控件进行配置，使用户能够编辑或删除表中的记录。但是，DataList 控件不使用数据源控件的数据修改功能，必须自己提供代码实现。

GridView 控件、DetailsView 控件和 FormView 控件是 ASP.NET 2.0 新增的功能强大的数据绑定 Web 服务器控件，与数据源控件有着良好的交互且配置简单，能够节省大量的代码量。本章将重点讲解这 3 种数据绑定控件。

## 7.3  GridView 控件

显示表格数据是软件开发中的一个常见任务。ASP.NET 2.0 中提供了许多工具用于在网格中显示表格数据，如 GridView 控件。通过使用 GridView 控件，可以显示、编辑和删除多种不同的数据源（如数据库、XML 文件和业务对象）中的数据。

（1）可以使用 GridView 来完成以下的操作。

① 通过数据源控件自动绑定和显示数据。

② 通过数据源控件对数据进行选择、排序、分页、编辑和删除。

（2）通过以下方式自定义 GridView 控件的外观和行为。

① 指定自定义列和样式。

② 利用模板创建自定义用户页面（UI）元素。

③ 通过处理事件将自己的代码添加到 GridView 控件的功能中。

### 7.3.1  显示数据表

GridView 控件提供了两个用于绑定到数据的选项。

（1）使用 DataSourceID 属性进行数据绑定，此选项能够将 GridView 控件绑定到数据源控件。建议使用此方法，因为它允许 GridView 控件利用数据源控件的功能并提供了内置的排序、分页和更新功能。

（2）使用 DataSource 属性进行数据绑定，此选项能够绑定到包括 ADO.NET 数据集和数据读取器在内的各种对象。此方法需要为所有附加功能（如排序、分页和更新）编写代码。

在下面的过程中，将通过 GridView 控件显示数据库中的数据。GridView 控件将通过 SqlDataSource 控件获取数据。

【例7-4】 通过数据源控件和数据绑定控件显示数据表内容。

（1）运行 Visual Studio 2005，新建站点，命名为"数据绑定控件"，并新建 Web 页面中的"显示数据表.aspx"，切换到"设计"视图。

（2）在"工具箱"中，从"数据"组中将 GridView 控件拖到页面上，在"GridView 任务"菜单上的"选择数据源"列表框中，单击"新建数据源"，如图 7.9 所示。

图 7.9　新建数据源

（3）在打开的"数据源配置向导"对话框中选择"数据库"，然后单击"确定"按钮，指定要从 SQL Server 数据库获取数据，在"为数据源指定 ID"文本框中，将显示默认的数据源控件名称 SqlDataSource1，保留此名称，如图 7.10 所示。

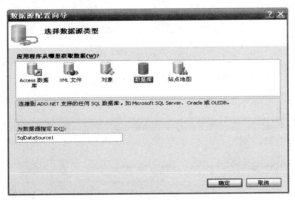

图 7.10　选择数据源类型

（4）"配置数据源 SqlDataSource1"向导显示一个可在其中选择连接的页。在打开的对话框中选择连接对象。选择的方法既可以在下拉列表中选择已经设置的连接对象（连接对象可以在多个网页中共享），也可以单击"新建连接"按钮创建新的连接对象。如图 7.11 所示是创建一个新连接时的情况。选择好连接后，单击"确定"按钮。

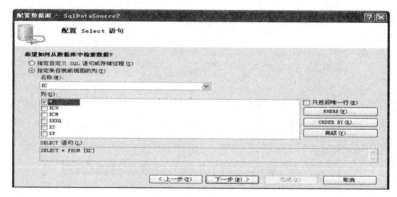

图 7.11　新建连接

（5）该向导显示一页，从该页中可以选择将连接字符串存储在配置文件中。将连接字符串存储在配置文件中有两个优点：一是比存储在页中更安全，二是可以在多个页中使用同一连接字符串。选择"是，将此连接另存为"复选框，然后单击"下一步"按钮。

（6）该向导显示一页，从该页中可以指定要从数据库中检索的数据，从"名称"下拉列表中选择"KC"，勾选"*"列，表示选择全部字段，单击"下一步"按钮，如图 7.12 所示。

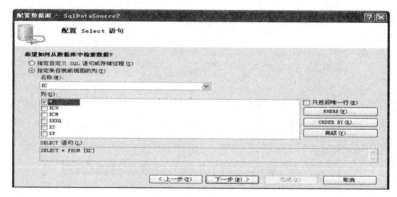

图 7.12　配置 Select 语句

（7）在"测试查询"的向导页中单击"测试查询"，可以预览数据，然后单击"完成"按钮，如图 7.13 所示。

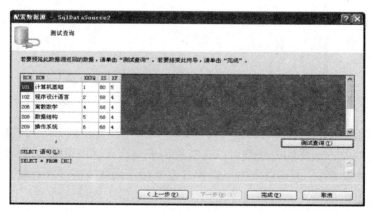

图 7.13　测试查询

（8）完成全部的数据源配置向导后将回到设计页面，此时 GridView 中不会显示真正的数据，而是用代表数据类型的格式字符串作为占位符。按 Ctrl+F5 组合键运行网页，可以看到运行结果，如图 7.14 所示。

（9）为了方便客户查看数据，需要修改表头描述，可通过在 GridView 控件的智能标签中选择"编辑列"，如图 7.15 所示。

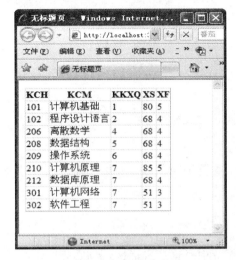

图 7.14　运行结果

图 7.15　编辑列

（10）单击"选定的字段"内的一个字段，修改其 HeaderText 属性，如图 7.16 所示，依次将所有字段的名字修改为方便理解的名字。在浏览器中查看，最终的运行结果如图7.17 所示。

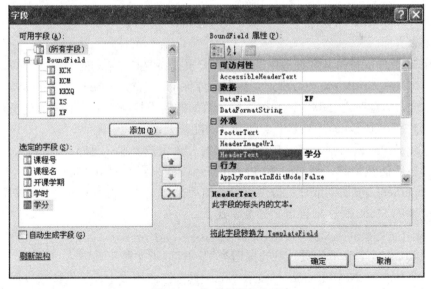

图 7.16　修改字段的名字

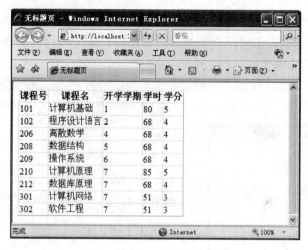

图 7.17 运行结果

从以上的操作步骤可以发现，在 ASP.NET 中显示数据记录是非常简单和轻松的，甚至不需要手写一行代码。

### 7.3.2 分页、排序和选择

虽然 GridView 配合数据源控件能正确地显示数据，但是这还远远达不到实际应用的需要。例如，当数据记录较多时，用户可能需要分页浏览，而当显示商品列表时，用户又可能需要按照价格排序浏览。另外，单纯的显示记录还不够，很多场合需要用户编辑和删除这些记录等。这些功能在 GridView 中都得到较好的支持，下面的篇幅会详细讲解这些内容。

#### 1. 分页

ASP.NET 2.0 GridView 控件有内置的分页功能，可以使用默认分页用户界面或者创建自定义的分页界面。

GridView 控件支持对其数据源中的项进行分页。将 AllowPaging 属性设置为 True 可以启用分页。如果将 GridView 控件绑定到数据源控件上，则 GridView 控件将直接在界面级别进行分页处理。这意味着 GridView 控件仅从数据源请求呈现当前页所需的记录数。如果将 GridView 控件绑定到 Dataset 对象上，则分页功能需要编写代码完成。

可以通过多种方式自定义 GridView 控件的分页用户界面。通过使用 PageSize 属性来设置每一页显示的记录数，通过设置 PageIndex 属性来设置 GridView 控件的当前页。还可以使用 PagerSettings 属性或通过提供页导航模板来指定更多的自定义行为，例如通过设置 GridView 控件的 Mode 属性来自定义分页模式。

```
GridView1.PagerSettings.Mode = PagerButtons.NextPreviousFirstLast
```

PagerButtons 枚举表示分页导航的按钮类型。有以下 4 种可选项。

（1）PagerButtons.NextPrevious：显示"下一页"按钮和"上一页"按钮以便访问分页控件的上一页和下一页。

（2）PagerButtons.NextPreviousFirstLast：显示"下一页"按钮和"上一页"按钮，并显示"第一页"按钮和"最后一页"按钮以直接访问分页控件的第一页和最后一页。

（3）PagerButtons.Numeric：显示对应于分页控件的各个页的数值链接按钮。

（4）PagerButtons.NumericFirstLast：显示对应于分页控件的各个页的数值链接按钮，并显示"第一页"按钮和"最后一页"按钮以直接访问分页控件的第一页和最后一页。

为例 7-4 中的 GridView 控件启用分页，设置 PageSize 为 5，再次运行结果如图 7.18 所示。

图 7.18　运行结果

## 2．排序

GridView 控件提供了内置的排序功能且无须任何编码。通过为列设置 SortExpression 属性值并结合使用 Sorting 事件和 Sorted 事件自定义 GridView 控件的排序功能。

在例 7-4 中将 GridView 控件的 AllowSorting 属性设置为 True，即可启用该控件中的默认排序行为。将此属性设置为 True 会使 GridView 控件将 LinkButtons 控件呈现在列标题中，如图 7.19 所示。

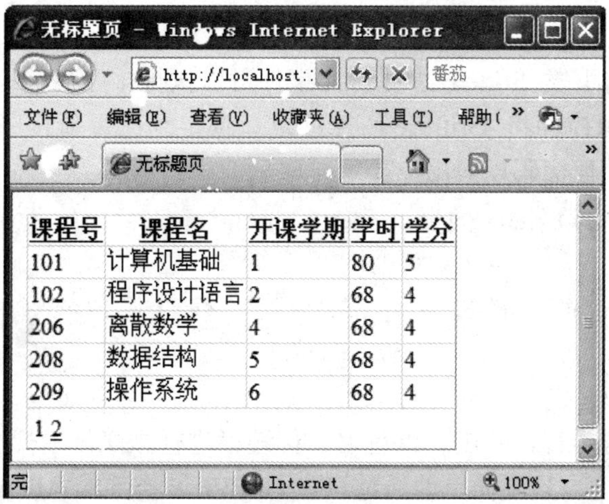

图 7.19　为 GridView 启用内置排序

在运行时，用户可以单击某列标题中的 LinkButton 控件按该列排序。单击该链接会使页面执行回发并引发 GridView 控件的 Sorting 事件。排序表达式（默认情况下是数据列的名称）作为事件参数的一部分传递。Sorting 事件的默认行为是 GridView 控件将排序表达式传递给数据源控件，数据源控件执行其选择查询或方法，其中包括传递的排序参数。可为 Sorting 事件添加如下处理代码以观察默认的排序行为：

```
protected void GridView1_Sorting(object sender, GridViewSortEventArgs e)
{
    Response.Write("从 GridView 传递过来的排序表达式为： " + e.SortExpression + "<br/>");
    Response.Write("排序方向为：" + e.SortDirection.ToString()+ "<br/>");
    Response.Write("是否取消了排序事件：" + e.Cancel.ToString()+ "<br/>");
}
```

按 Ctrl + F5 组合键运行，单击"开课学期"标题栏进行排序，运行结果如图 7.20 所示。

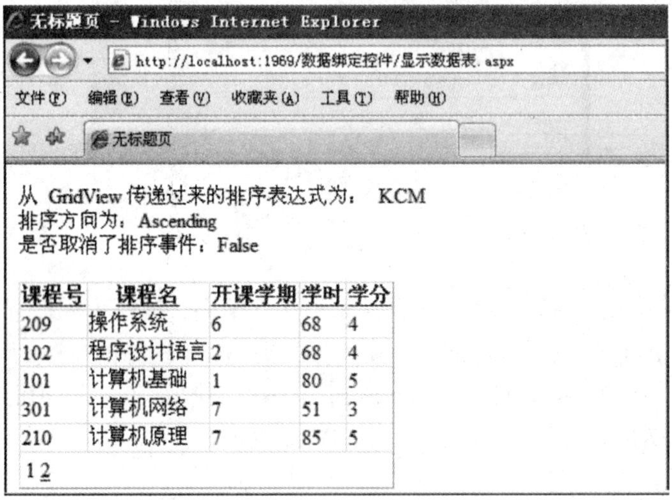

图 7.20　开学日期排序运行结果

执行完排序后，将引发 Sorted 事件。此事件可以执行排序后的逻辑，如显示一条状态消息等。最后，数据源控件将 GridView 控件重新绑定到已重新排序的数据源上。可以为 Sorted 事件添加如下处理代码以向用户显示排序后的状态消息。

```
protected void GridView1_Sorted(object sender, EventArgs e)
{
    Response.Write("排序已完成！ GridView 控件当前的已排序列为： " + GridView1.SortExpression);
}
```

按 Ctrl + F5 组合键运行，单击"课程名"标题栏进行排序，运行结果如图 7.21 所示。

可见在 ASP.NET 中，只要简单地通过设置 GridView 控件的 AllowSorting 属性，就可以按默认方式对列进行排序，和分页一样，无须手写一行代码。

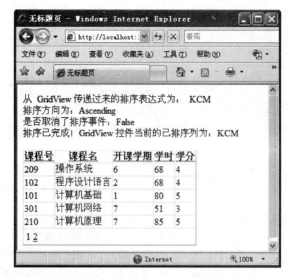

图 7.21　课程名排序运行结果

当然，除了默认的排序功能之外，如果需要禁用对个别字段的排序，如在上例中需要禁用对"KCH（课程号）"字段的排序，只需将列的 SortExpression 属性设置为空字符串（""）。由于 GridView 控件在结合数据源控件进行绑定后，默认显示的是数据源中所有的字段，而这些字段在运行时都是自动生成的，如果需要对某个字段的某些属性做修改，如需要修改某列的 SortExpression 属性，则必须将数据源中的可用字段手工添加到选定字段中进行进一步的配置，其操作步骤如下。

（1）在 GridView 控件的智能标签中选择"编辑列"，如图 7.22 所示。

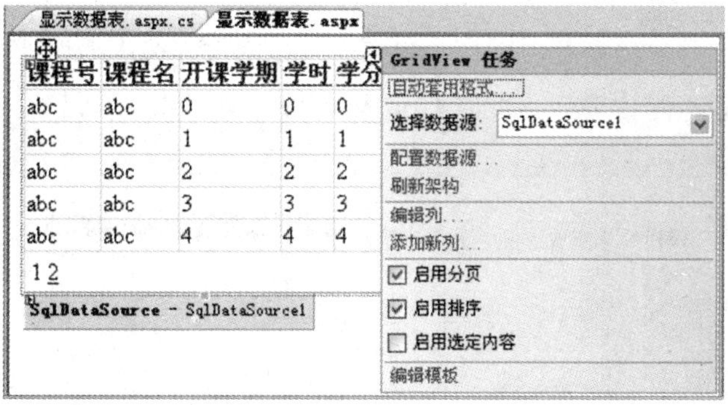

图 7.22　为 GridView 编辑列

（2）在弹出的"字段"对话框中，将"可用字段"中的"（所有字段）"单击"添加"按钮添加到选定字段中，称为绑定字段，可以根据需要删除不用显示的字段。

（3）去掉"自动生成字段"前面的复选框，这一步不能忘记，否则在运行时 GridView 控件仍然会将所有字段自动添加到界面上，这样便会与"选定字段"里面的列产生重复。

（4）在"选定字段"列表中选中"课程号"，右边的绑定列属性中会显示关于其所有可配置属性，将"SortExpression"属性设置为空字符串（""）即可。以上 3 个步骤如图 7.23 所示。

图 7.23  禁用列的排序功能

单击"确定"按钮回到设计视图，可以发现此时 GridView 控件中的"KCH"标题已不再具有链接样式而改为普通的文本，这样就禁用对"课程号"列进行排序的功能，如图 7.24 所示。

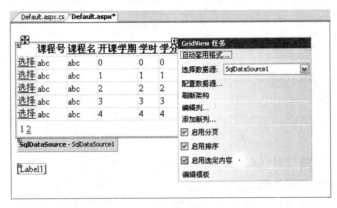

图 7.24  LastName 列排序被禁用

### 3．选择

GridView 控件还有一个内置的选定内容功能，允许用户在网格中选择一行。在 GridView 控件中选择一行实际上不执行任何任务。但是，通过添加选定内容功能，可以向网格添加一些功能，在用户指向特定行时进行某种操作。例如，当用户选择某一行时，该行会以不同的外观重新显示；再如，可以使用行选定内容来创建主/从报表方案，用户选择网格中显示的主行，使详细信息记录显示在网页上其他位置。

要启用选定内容的功能很简单：在设计视图中，单击 GridView 控件的智能标签，在智能标记面板中选择"启用选定内容"，此时 GridView 控件会多出一个选择列，如图 7.25 所示。

图 7.25  为 GridView 启用选定内容

当启用了"选定内容"功能后，可以通过设置 GridView 控件的一些属性来自定义外观样式，GridView 中提供了以下两种可以自定义选定行外观的功能。

（1）SelectedRowStyle 的属性：例如，可以将 SelectedRowStyle 的 BackColor 子属性设置为灰色，选定的行则显示为具有灰色背景。

（2）按照排序中介绍的方法，打开"字段"对话框，可以看到在启用了选定内容功能后，"选定的字段"中将多出一个"选择"列，选中它，可通过右边的 ButtonType 属性来更改按钮的样式，通过 SelectText 属性来更改按钮文本，还可以通过 SelectImageUrl 属性将选择按钮替换为一幅图片，如图 7.26 所示。

图 7.26　修改选择列的样式

在自定义了选择行的样式后，运行网页，其结果如图 7.27 所示。

图 7.27　运行结果

### 7.3.3　使用样式模板

模板（Template）是一组样板，它将 HTML 元素与 ASP.NET 的控件结合在一起用来定义数据的显示格式，并且由这些格式形成最终的布局。模板相当于框架，在框架中可以放入控件，通过控件与数据绑定，使得这些绑定的数据按照模板规定的格式显示。

模板与样式表（CSS）有联系但也有区别。样式表定义的是某个特定元素的属性（如该元素字体的类型、大小、颜色等）。而模板能够更加深刻地改变控件的整体外观，还能给控件增添新的功能。通常将模板与样式表结合起来，以便全面改善界面的显示，增强控件的功能。

控件中的模板由头、尾、体三部分组成，分别用"头模板（HeaderTemplate）"、"尾模板（FooterTemplate）"和"体模板（ItemTemplate）"表示。三部分的关系如图 7.28 所示。

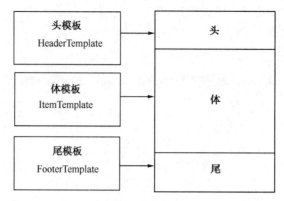

图 7.28  控件的模板结构

其中，头模板和尾模板用来设置数据标题和尾部显示的内容和格式，这两种模板是选用部分，而体模板则是必须选用的，它用来显示数据的主体。当绑定有多条记录时，在体模板中将自动扫描数据源的各条记录，并且按照模板的要求逐条显示出来。体模板有时又可细分为选择模板、编辑模板等，用来定义被选中记录或编辑记录的显示样式。还可以用交替模板来设置交替记录的不同的样式（如不同的底色）。

控件通常具有固定的功能和显示页面。可一旦控件拥有模板功能，就能在不同的情况下自动转换成不同的页面并执行不同的任务，控件的功能从而得到了大大的加强，一个控件可以当做多种控件来使用。

下面来介绍在 GridView 控件中对模板的设置方法， GridView 控件中对模板的设置有两种方法。

### 1. 自动套用格式

自动套用格式设置起来最简单，但灵活性不够，功能也不够强。使用方法：用鼠标右键单击窗体页内的 GridView 控件，在弹出的菜单中选择"自动套用格式"命令，将打开如图7.29 所示的"自动套用格式"对话框。

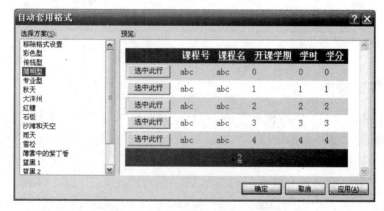

图 7.29  "自动套用格式"对话框

用鼠标单击对话框左边"选择方案"中的各项，对话框右边的"预览"窗口中将显示出该方案所对应的显示页面。逐个单击左边的各项方案，直到选择一个合适的方案为止。最后单击"确定"按钮，即完成了模板的设置工作。

**2. 设置模板样式**

打开 GridView 控件的属性窗口，可以看见 6 个模板样式的选项。

（1）HeaderStyle：头模板样式。

（2）ItemStyle：体模板样式。

（3）FooterStyle：尾模板样式。

（4）AlternatingItemStyle：交替模板样式。

（5）SelectedItemStyle：选择项模板样式。

（6）EditItemStyle：编辑项模板样式。

每种样式都包括：底色（BackColor）、边界颜色（BorderColor）、边界样式（BorderStyle）、边界宽度（BorderWidth）、其他样式（CssClass）等，利用这些属性可以定义模板的显示特征。

程序运行时，前 4 种模板的样式即可显示出来。而 SelectedItemStyle 和 EditItemStyle 两种模板只有当用鼠标选中某条记录或者对某条记录进行编辑时，才会显示出来。

例如，将隔行样式（AlternatingRowStyle）的背景设置成浅绿色时相应的代码如下：

```
<asp:GridView ID="GridView1" DataSourceID="SqlDataSource1" DataKeyNames="ProductID"
AutoGenerateColumns="False" Runat="server">
<AlternatingRowStyle BackColor="#C0FFFF"></AlternatingRowStyle>…</asp:GridView>
```

在设计视图中的隔行样式效果如图 7.30 所示。

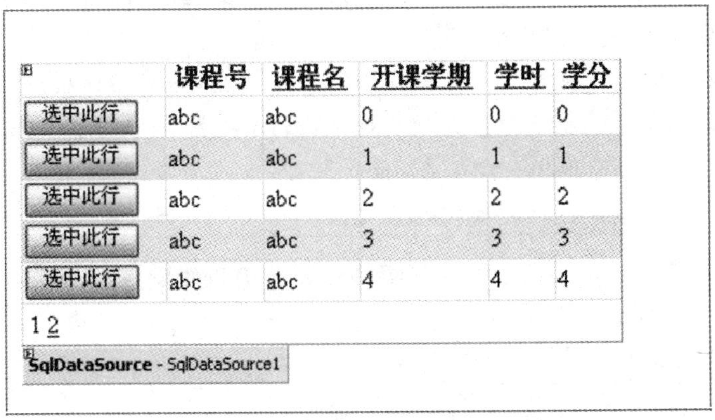

| | 课程号 | 课程名 | 开课学期 | 学时 | 学分 |
|---|---|---|---|---|---|
| 选中此行 | abc | abc | 0 | 0 | 0 |
| 选中此行 | abc | abc | 1 | 1 | 1 |
| 选中此行 | abc | abc | 2 | 2 | 2 |
| 选中此行 | abc | abc | 3 | 3 | 3 |
| 选中此行 | abc | abc | 4 | 4 | 4 |

1 2

SqlDataSource - SqlDataSource1

图 7.30　设计视图中的隔行样式效果

### 7.3.4　更新数据表

GridView 控件具有一些内置功能，允许用户在不需要编程的情况下编辑或删除记录。可以使用事件和模板来自定义 GridView 控件的编辑或删除功能。

在网页中，能否允许对数据表进行编辑，取决于以下几方面的条件。

（1）是否允许访问包括数据表的网页。

（2）数据库和表是否给操作者赋予了编辑的权限。

（3）在被编辑的数据表中是否确定了关键字。

只有上述条件全部满足时，才能对数据表进行编辑。启用更新数据表功能的具体步骤如下。

（1）通过数据源控件将 GridView 控件与数据库连接。

（2）配置数据源，当选择好数据表以及相关字段以后，单击"高级"按钮，页面如图 7.31 所示。

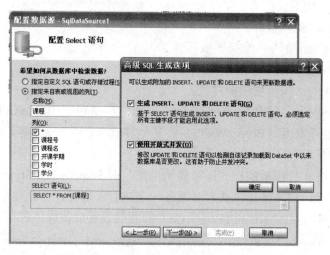

图 7.31　配置数据源的高级选项页面

这里提供了两个复选框。选中第一个复选框时，系统将自动产生增加（Insert）、更新（Update）和删除（Delete）的 SQL 语句；选择第二个复选框时，有助于防止由于同时对数据表进行更新和删除而并发的冲突。

（3）回到 GridView 控件并打开数据源控件，在智能标签页面中将看到启用编辑与启用删除等选项，如果选中这些复选框，系统将在 GridView 控件中显示出相应的按钮（如"编辑"、"删除"按钮等）。页面的显示情况如图 7.32 所示。

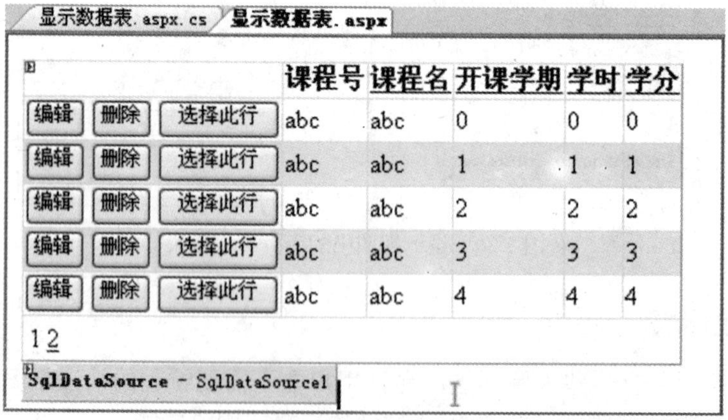

| | | | 课程号 | 课程名 | 开课学期 | 学时 | 学分 |
|---|---|---|---|---|---|---|---|
| 编辑 | 删除 | 选择此行 | abc | abc | 0 | 0 | 0 |
| 编辑 | 删除 | 选择此行 | abc | abc | 1 | 1 | 1 |
| 编辑 | 删除 | 选择此行 | abc | abc | 2 | 2 | 2 |
| 编辑 | 删除 | 选择此行 | abc | abc | 3 | 3 | 3 |
| 编辑 | 删除 | 选择此行 | abc | abc | 4 | 4 | 4 |

1 2

SqlDataSource - SqlDataSource1

图 7.32　为 GridView 启用编辑和删除功能

现在打开"源"视图，可以看到系统不仅生成了添加、删除、更新数据表的 SQL 语句，同时还生成了参数赋值的语句，完整的代码如下：

```
<asp:SqlDataSource ID="SqlDataSource1" runat="server"
ConnectionString="<%$ ConnectionStrings:XSCJConnectionString %>"
        SelectCommand="SELECT    *    FROM    [KC]"    ConflictDetection="CompareAllValues"
DeleteCommand="DELETE  FROM  [KC]  WHERE  [KCH]  =  @original_KCH  AND  [KCM]  =
@original_KCM  AND  [KKXQ]  =  @original_KKXQ  AND  [XS]  =  @original_XS  AND  [XF]  =
@original_XF" InsertCommand="INSERT INTO [KC]（[KCH], [KCM], [KKXQ], [XS], [XF]）VALUES
(@KCH, @KCM, @KKXQ, @XS, @XF)" OldValuesParameterFormatString="original_{0}" UpdateCommand
="UPDATE [KC] SET [KCM] = @KCM, [KKXQ] = @KKXQ, [XS] = @XS, [XF] = @XF WHERE [KCH]
= @original_KCH AND [KCM] = @original_KCM  AND  [KKXQ] = @original_KKXQ  AND  [XS] =
@original_XS AND [XF] = @original_XF">
        <DeleteParameters>
            <asp:Parameter Name="original_KCH" Type="String" />
            <asp:Parameter Name="original_KCM" Type="String" />
            <asp:Parameter Name="original_KKXQ" Type="Int32" />
            <asp:Parameter Name="original_XS" Type="Int32" />
            <asp:Parameter Name="original_XF" Type="Int32" />
        </DeleteParameters>
        <UpdateParameters>
            <asp:Parameter Name="KCM" Type="String" />
            <asp:Parameter Name="KKXQ" Type="Int32" />
            <asp:Parameter Name="XS" Type="Int32" />
            <asp:Parameter Name="XF" Type="Int32" />
            <asp:Parameter Name="original_KCH" Type="String" />
            <asp:Parameter Name="original_KCM" Type="String" />
            <asp:Parameter Name="original_KKXQ" Type="Int32" />
            <asp:Parameter Name="original_XS" Type="Int32" />
            <asp:Parameter Name="original_XF" Type="Int32" />
        </UpdateParameters>
        <InsertParameters>
            <asp:Parameter Name="KCH" Type="String" />
            <asp:Parameter Name="KCM" Type="String" />
            <asp:Parameter Name="KKXQ" Type="Int32" />
            <asp:Parameter Name="XS" Type="Int32" />
            <asp:Parameter Name="XF" Type="Int32" />
        </InsertParameters>
    </asp:SqlDataSource>
```

（4）运行程序，单击数据表格中的"编辑"按钮，各个字段的值出现在 TextBox 文本框中，以方便用户更新数据，而原来的"编辑"也替换为"更新"、"取消"两个新按钮，如图 7.33 所示。

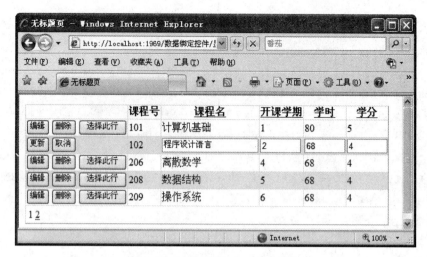

图 7.33    编辑 GridView 中的数据

单击"更新"按钮，数据源控件将自动获取修改后的数据，并执行 UpdateCommand 中生成的 SQL 命令，以更新数据库中的记录。单击"取消"按钮将放弃此次更改，返回开始的显示页面。同样，也可以通过单击"删除"按钮直接删除记录。注意，当提供删除功能时，需要确保执行的 SQL 语句满足 DBMS 的相关约束条件。例如，直接删除 SQL Server 示例数据库 Northwind 的 Employees 表中记录违反表间约束条件，如图 7.34 所示，此时应该为"删除"按钮单独编写代码来实现删除操作。

图 7.34    删除记录违反表间约束条件

此外，为了防止删除误操作，在删除操作前应总是向用户请求确认。可以为"删除"按钮添加客户端的脚本验证功能以实现删除前确认。其操作步骤如下。

（1）打开 GridView 控件的智能标签页面，选择"编辑列"，打开"字段"对话框，在"选定的字段"中选中 CommandField，单击右下角的"将此字段转换为 TemplateField"，转换后如图 7.35 所示。

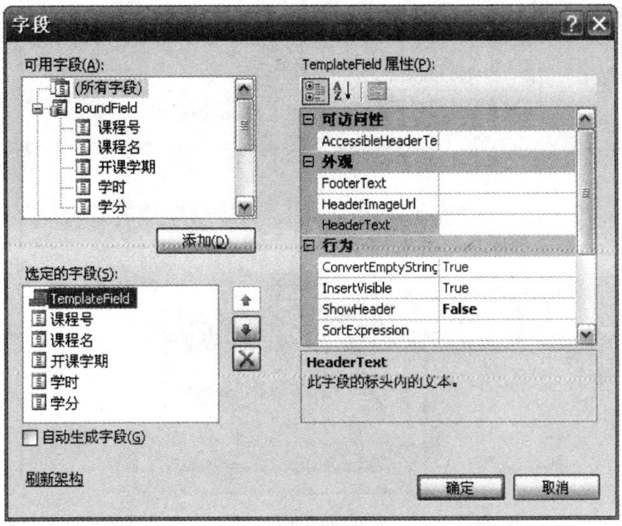

图 7.35 将 CommandField 转换为 TemplateField

转到"源"视图，对比转换前、后的标记代码。转换前为

```
<asp:CommandField ShowEditButton="True" />
```

转换后为

```
<asp:TemplateField ShowHeader="False">

    <ItemTemplate>

        <asp:LinkButton ID="LinkButton1" runat="server" CausesValidation="False"

            CommandName="Delete"  Text="删除"></asp:LinkButton>

    </ItemTemplate>

</asp:TemplateField>
```

可以看到，模板列具有更加复杂的结构和属性，毫无疑问，它也将拥有更多的可定制功能，在后续节中将会更加详细地讲解模板列的使用。

（2）为数据行中的每一个"删除"按钮添加脚本 OnClientClick 属性，代码如下：

```
<asp:TemplateField ShowHeader="False">

    <ItemTemplate>

    <asp:LinkButton ID="LinkButton1" OnClientClick="return confirm（'确认删除此记录吗？'）;"

        runat="server" CausesValidation="False" CommandName="Delete" Text="删除">

    </asp:LinkButton>

    </ItemTemplate>

</asp:TemplateField>
```

（3）运行程序，单击任意数据行的"删除"按钮，打开确认删除的消息框，单击"确定"按钮将执行正常的删除操作，单击"取消"按钮则不会执行任何操作，直接返回，如图 7.36 所示。

图 7.36　删除前请求确认

## 7.3.5　使用模板列

GridView 是由一组字段组成的，它们都指定了来自 DataSource 中的哪些属性需要怎样显示。最简单的字段类型是 BoundField，它仅将数据简单地显示为文本。其他的字段类型使用交互 HTML 元素来显示数据。例如，CheckBoxField 将被显示为一个 CheckBox，其选中状态由某特定数据字段的值来决定；ImageField 则将某特定数据字段显示为一个图片，当然，这个数据字段中应该放的是图片类型的数据。超链接和按钮的状态取决于使用 HyperLinkField 或 ButtonField 字段类型的数据字段的值。

虽然 CheckBoxField、ImageField、HyperLinkField 和 ButtonField 考虑到了数据的交互视图，但它们仍然有一些相关的格式化的限制。为了适应用户对字段的个性化需求，GridView 提供了使用模板来进行显示的 TemplateField。模板可以包括静态的 HTML、Web 控件以及数据绑定的代码。此外，TemplateField 还拥有各种可以用于不同情况的页面显示的模板。例如，ItemTemplate 是默认的用于显示每行中的单元格，而 EditItemTemplate 则用于编辑数据时的自定义页面。

在本节中，仍然使用 XSCJ 数据库的学生表，但与前面不同的是，将使用一些 Template Field 来显示自定义学生信息。特别的，将列出所有的学生，但将会把学号和姓名放在一列中，把他们的出生日期放在一个 Calendar 控件中，还将用一个附加列来显示他们的年龄。使用 TemplateField 来实现上述效果的具体步骤如下。

（1）将数据绑定到 GridView。从工具箱中拖动一个 GridView 到设计器上，为其创建一个新的数据源控件 SqlDataSource1，配置数据源。其具体过程在前文已经介绍过，其中配置 Select 语句的向导如图 7.37 所示。

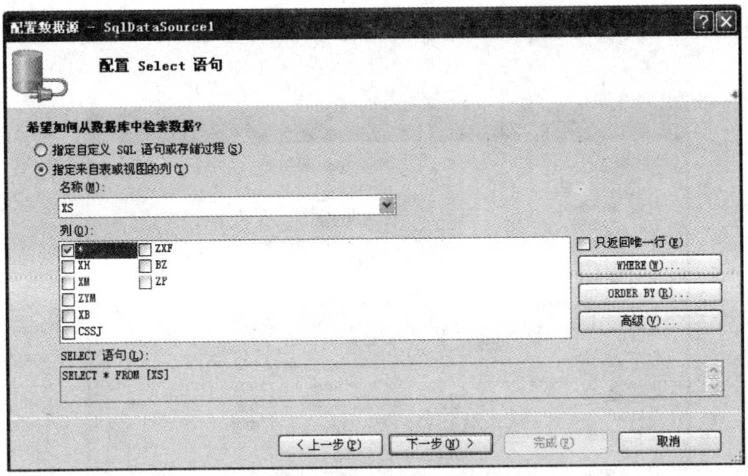

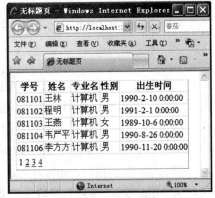

图 7.37　配置 Select 语句

在"XS"表中仅选取了[XH], [XM], [ZYM], [XB]和[CSSJ] 这五个字段。数据源配置完成后，转到"源"视图，可以看到 GridView 的标记代码如下所示：

```
<asp:GridView ID="GridView1" runat="server" AutoGenerateColumns="False" DataKeyNames="XH"
    DataSourceID="SqlDataSource1">
<Columns>
    <asp:BoundField DataField="XH" HeaderText="XH" ReadOnly="True" Sort Expression ="XH" />
    <asp:BoundField DataField="XM" HeaderText="XM" SortExpression="XM" />
    <asp:BoundField DataField="ZYM" HeaderText="ZYM" SortExpression="ZYM" />
    <asp:BoundField DataField="XB" HeaderText="XB" SortExpression="XB" />
    <asp:BoundField DataField="CSSJ" HeaderText="CSSJ" SortExpression="CSSJ" />
</Columns>
</asp:GridView>
```

在进行下一步之前，通过编辑列，修改列名为[学号], [姓名], [专业名], [性别]和[出生时间]，启用分页，每页 5 条。先浏览目前的结果，如图 7.38 所示，看到一个表格，表格中每一个记录都是一个学生的信息，一共有 5 列，分别是学号、姓名、专业名、性别和出生日期。

（2）将学号和姓名显示在一列中。现在的效果是学号和姓名分开在两列中显示，而想要的效果是把它们放到一个列中按照"学号：姓名"的格式显示。要做到这一点，需要用到 TemplateField。有两种方法实现：一种方法是添加一个新的 TemplateField，给它加上一些必需的标记语言和数据绑定代码，然后删除原来的学号和姓名这两个 BoundField；第二种方法是将学号 BoundField 直接转换成一个 TemplateField，编辑它以加上姓名的值，然后再删除姓名 BoundField。这里采用第二种方法，直接转换可以节省很多

图 7.38　运行结果

工作。将 BoundField 转换成 TemplateField 的方法在前文也已经介绍过了，转换后的效果如图 7.39 所示。

图 7.39　将 BoundField 转换成 TemplateField

更改之后，设计器中并没有什么明显的不同，这是因为将 BoundField 转换成 TemplateField 时，实际上是创建了一个维持之前的 BoundField 的外观和感觉的 TemplateField。尽管在设计器中没有视觉上的变化，但是这个转换的过程已经将 BoundField 的声明代码：

```
<asp:BoundField DataField="学号" HeaderText="学号" SortExpression="学号" />
```

改成了如下所示的 TemplateField 的声明代码：

```
<asp:TemplateField HeaderText="学号" SortExpression="学号">
<EditItemTemplate>
<asp:TextBox ID="TextBox1" runat="server" Text='<%# Bind("学号")%>'></asp:TextBox>
</EditItemTemplate>
<ItemTemplate>
<asp:Label ID="Label1" runat="server" Text='<%# Bind("学号")%>'></asp:Label>
</ItemTemplate>
</asp:TemplateField>
```

可以看到，TemplateField 由两个模板组成：一个是 ItemTemplate，它有一个 Label 控件，其 Text 属性被设置为"学号"数据字段的值；还有一个是 EditItemTemplate，它有一个 TextBox 控件，其 Text 属性也被设置为"学号"数据字段的值。数据绑定语法<%# Bind("学号")%>说明数据字段 FirstName 被绑定到了这个特定的 Web 控件的属性 Text 上。

要将姓名添加到 TemplateField 中，需要为 ItemTemplate 添加一个 Label 控件并将其 Text 属性绑定到"姓名"字段上。通过设计器或是手工编写代码都可以做到这一点。单击"GridView 任务"中的"编辑列"，出现"模板编辑模式"窗口，如图 7.40 所示，从"显示"下拉列表中选中"学号"，编辑后会出现如图 7.41 所示的编辑模板。

图 7.40　选择模板列　　　　　　　　图 7.41　编辑模板

在 ItemTemplate 模板内进行修改，改成如图 7.42 所示的编辑模板，单击 Label 任务，选中"编辑 DataBindings"会出现如图 7.43 所示的页面，并把属性绑定到 XM 字段，单击"确定"按钮，结束模板编辑。

图 7.42　编辑模板

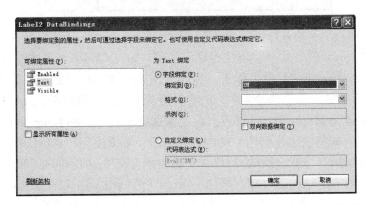

图 7.43　设定 Label 的绑定

接着通过编辑字段，删除"姓名"这个绑定列，并将"学号"这个模板列的列头文本（HeaderText）改成"学号及姓名"。修改字段后的效果如图 7.44 所示。

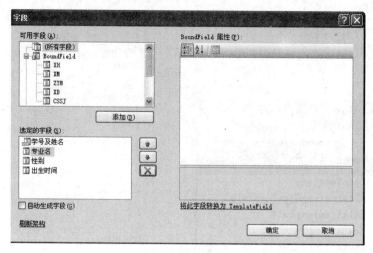

图 7.44 修改字段后的效果

运行程序，结果如图 7.45 所示，此时每个学生的学号和姓名都显示在同一列中了。

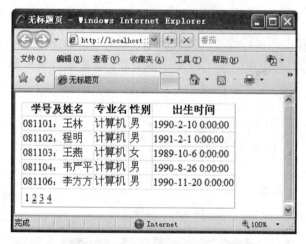

图 7.45 运行结果

（3）使用 Calendar 控件显示"出生日期"字段。如在 GridView 中将数据显示为文本，只需要简单地使用 BoundField 就可以了。然而，在某些特定的场合，数据需要展示为一个特殊的 Web 控件而不是一个简单的文本。例如，将学生的出生日期高亮显示在一个 Calendar 控件中将会使页面显得更有特色。这样的自定义数据显示就可以用 TemplateField 来做。

要做到这一点，先将"出生日期"绑定列转换成一个模板列，具体操作不再赘述。正如第（2）步中看到的那样，这个操作会将绑定列替换成含有 ItemTemplate 和 EditItemTemplate 的模板列，他们各带有一个 Label 和一个 TextBox，而这个 Label 和 TextBox 的 Text 属性都使用了数据绑定语句<%# Bind("HiredDate")%>来将"出生日期"字段绑定到自身。在设计器中，从 GridView 的智能标签的打开菜单中选择"编辑模板"（Edit Templates），并在下拉列表中选择"出生日期"模板列的 ItemTemplate。删除 Label 控件并从工具箱中拖动一个 Calendar 控件到模板编辑页面中，如图 7.46 所示。

图 7.46　编辑模板列的 ItemTemplate

此时，GridView 中每一行的"出生日期"模板列都会包含一个 Calendar 控件，Calendar 控件默认显示当前日期。下面将学生的出生日期赋值给 Calendar 控件的 SelectedDate 属性和 VisibleDate 属性。从 Calendar 控件的智能标签中选择"编辑 DataBindings"，然后，把 SelectedDate 和 VisibleDate 这两个属性都绑定到"出生日期"字段上，如图 7.47 所示。

图 7.47　编辑 DataBindings

运行程序，可以看到 Calendar 控件高亮显示的正是当前行的学生的出生日期。其结果如图 7.48 所示。

图 7.48　运行结果

（4）根据学生的出生日期显示学生年龄。到目前为止已经看到了 TemplateField 的两个应用：

① 将两个数据合并到一个列中。

② 用 Web 控件来展示数据，而非简单的文本。

第三种 TemplateField 的用法是，在 GridView 中显示定制的数据。例如，除了显示学生的出生日期，还希望用一列来显示这个学生的年龄，而这一列是根据某些规则计算得来的。与此类似的是，某学生表中有一个性别字段，其中存储了 M 或是 F 这样的字符用于表示此学生的性别，而希望在页面上将其显示为"男"或"女"。

这两种用法都可以采用在 ASP.NET 页面的后置代码类中创建一个供模板调用的格式化方法来做到。这样的格式化方法将在模板中调用，其语法跟前面的数据绑定语法是一样的。格式化方法可以接受若干个参数，但是必须返回一个字符串。这个返回的字符串是一个用于插入到模板中的 HTML。另外，注意必须将此格式化方法标记为 protected 或 public，否则模板无法访问到它。格式化方法 DisplayAge 的代码如下，将其加入到页面的代码中。

```
protected string DisplayAge(object birthDate)
{
    if(birthDate == null)
    {
        return "UnKnown";
    }
    else
    {
        TimeSpan ts = DateTime.Now.Subtract(DateTime.Parse(birthDate.ToString()));
        return Convert.ToString(ts.Days / 365)+ "岁" ;
    }
}
```

由于 birthDay 可能会含有空值，所以必须在进行计算之前首先保证其值不为空。如果 birthDay 值为空的话，直接返回"Unknown"；如果不为空则计算当前时间与 birthDay 之间所隔的年数，并把它作为一个字符串返回即可。

要使用这个方法，需要在 GridView 的 TemplateField 中使用数据绑定语法来调用它，首先通过编辑列为 GridView 添加一个新的模板列，如图 7.49 所示。

要调用 DisplayAge 方法，需要在源代码视图给这个模板列添加一个 ItemTemplate 并加上如下的数据绑定代码：

```
<ItemTemplate><%#DisplayAge(Eval("CSSJ"))%></ItemTemplate>
```

修改后的代码如下：

```
<asp:TemplateField HeaderText="年龄">
  <ItemTemplate><%#DisplayAge(Eval("CSSJ"))%></ItemTemplate>
  </asp:TemplateField>
```

Eval("CSSJ")是普通的绑定表达式，用于获取"CSSJ"字段的值，作为 DisplayAge 方法的参数传递。运行程序，结果如图 7.50 所示。

图 7.49　添加模板列

图 7.50　运行结果

## 7.4　DetailsView 控件

使用 DetailsView 控件可以从它的关联数据源中一次显示、编辑、插入或删除一条记录。默认情况下，DetailsView 控件将记录的每个字段显示在一行内。DetailsView 控件通常用于更新和插入新记录，并且通常在主/详方案中使用。在这些方案中，主控件的选中记录决定在 DetailsView 控件中显示的记录。即使 DetailsView 控件的数据源公开了多条记录，该控件一次也仅显示一条数据记录。

DetailsView 控件依赖于数据源控件的功能执行诸如更新、插入和删除记录等任务，但是它不支持排序。

### 7.4.1　显示记录

和 GridView 控件一样，DetailsView 控件也提供了两种类似的方法用于绑定到数据源。

（1）使用 DataSourceID 属性进行数据绑定，此选项能够将 DetailsView 控件绑定到数据源控件。建议使用此选项，因为它允许 DetailsView 控件利用数据源控件的功能并提供了内置的更新和分页功能。

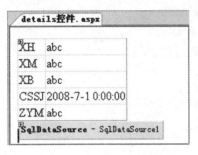

图 7.51　DetailsView 控件

（2）使用 DataSource 属性进行数据绑定，此选项能够绑定到包括 ADO.NET 数据集和数据读取器在内的各种对象。但是需要为任何附加功能（如更新和分页等）编写代码。

用鼠标从"工具箱"的"数据"组中将 DetailsView 控件拖到页面上，在"DetailsView 任务"菜单上的"新建数据源"，为其配置到 XSCJ 库的连接，并在"XS"表内选择[XH]，[XM]，[ZYM]，[XB]，[CSSJ]，配置后的结果如图 7.51 所示。

由于 DetailsView 控件每次仅显示一条记录，因此如果需要逐条浏览记录的话就需要为其启用内置的分页功能。

完成上述配置操作之后，切换到"源"视图，可以看到 DetailsView 控件对应的标记代码如下：

```
<asp:DetailsView ID="DetailsView1" runat="server" AllowPaging="True" AutoGenerateRows="False"
    DataKeyNames="XH" DataSourceID="SqlDataSource1" Height="50px">
    <Fields>
        <asp:BoundField          DataField="XH"          HeaderText="XH"          ReadOnly="True"
SortExpression="XH" />
        <asp:BoundField DataField="XM" HeaderText="XM" SortExpression="XM" />
        <asp:BoundField DataField="XB" HeaderText="XB" SortExpression="XB" />
        <asp:BoundField DataField="CSSJ" HeaderText="CSSJ" SortExpression="CSSJ" />
        <asp:BoundField DataField="ZYM" HeaderText="ZYM" SortExpression="ZYM" />
    </Fields>
</asp:DetailsView>
```

默认情况下，DetailsViews 中显示的各字段均由绑定列构成，每一个绑定列对应于数据表中的一个字段。与 GridView 控件一样，为了适应复杂的显示需要，DetailsView 控件也提供功能强大的模板列，这将在后续篇幅中详细介绍。

按 Ctrl + F5 组合键运行网页，可以看到最终结果，如图 7.52 所示。

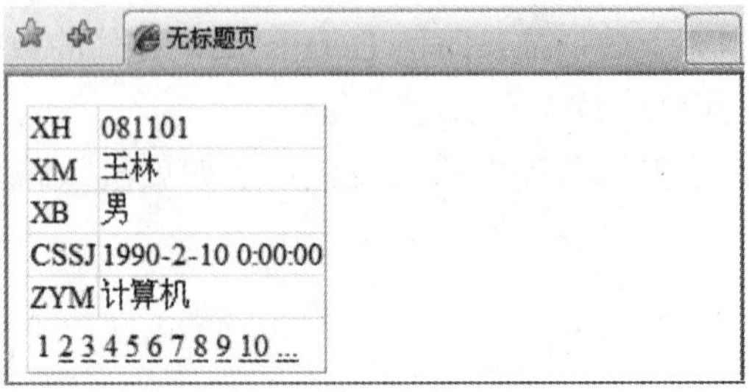

图 7.52　运行结果

### 7.4.2 数据操作

DetailsView 控件提供许多内置功能，这些功能使用户可以对控件中的项进行更新、删除及插入操作。当 DetailsView 控件绑定到数据源控件时，可以利用该数据源控件的功能并提供自动更新、删除和插入功能，前提是在配置数据源控件时选择了"生成相应的 Insert、Update 和 Delete 语句"。

（1）更新记录。打开 DetailsView 控件的智能标签，在页面中选中"启用编辑"即可开启内置的更新功能，如图 7.53 所示。

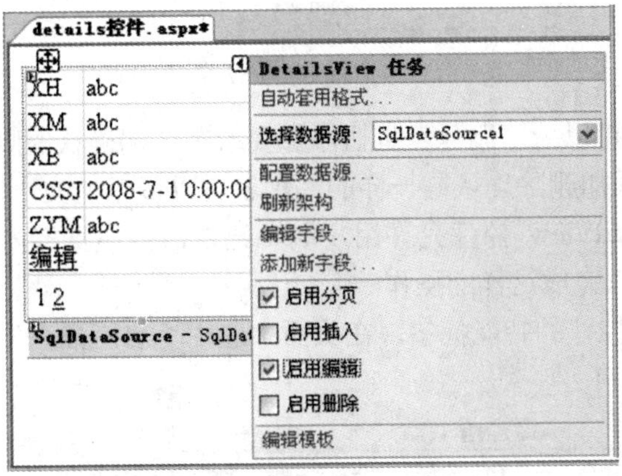

图 7.53　为 DetailsView 启用编辑

需要说明的是，如果当前 DetailsView 控件的绑定列中不包含数据表的主键，在上例中即"学号"字段，则即使开启内置的更新和删除操作，它们也不会起任何作用，因为更新和删除记录的操作是需要获取记录主键的。

设置好后按 Ctrl + F5 组合键运行网页，浏览到某条记录时，单击"编辑"链接，可更新字段将以文本输入框的形式出现，不可更新字段仍然保持只读文本标签样式（通常是主键字段或者显式标记为 ReadOnly 的绑定列），而"编辑"按钮也替换为"更新"按钮和"取消"按钮，此时即可执行记录的更新操作，如图 7.54 所示。

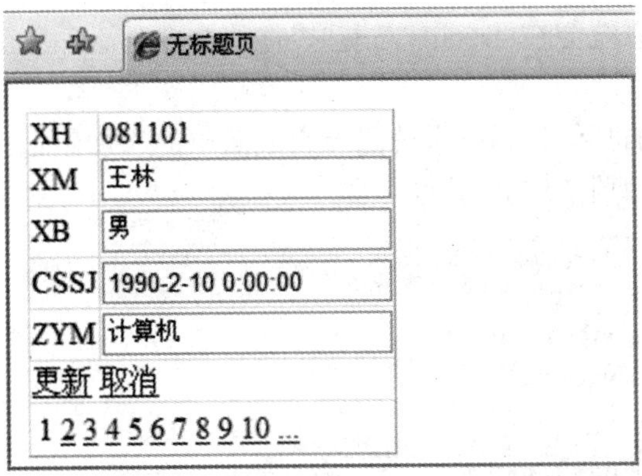

图 7.54　在 DetailsView 中编辑记录

（2）删除记录。打开 DetailsView 控件的智能标签，在页面中选中"启用删除"开启内置的删除功能，如图 7.55 所示。

图 7.55　为 DetailsView 启用删除

　　为了防止误删除，可以为"删除"按钮添加要求客户端确认的脚本功能，具体的实现步骤和为 GridView 控件添加删除确认是一样的，读者可以参考前文，这里不再赘述。

　　（3）插入记录。GridView 控件允许用户编辑记录，但不支持内置的插入新数据功能，而 DetailsView 控件可以完成这样的操作。

　　打开 DetailsView 控件的智能标签，在页面中选中"启用插入"开启内置的插入功能，如图 7.56 所示。

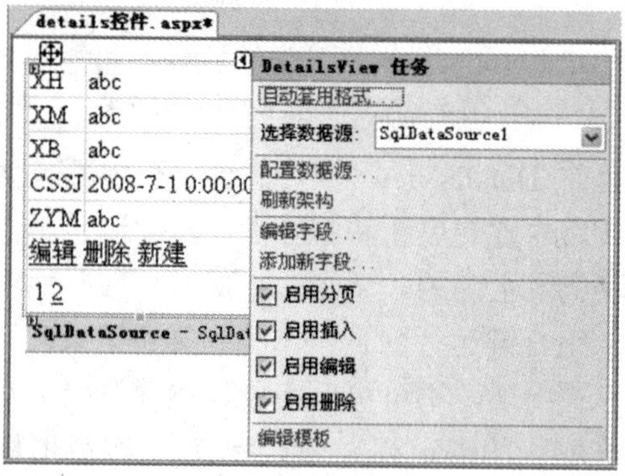

图 7.56　为 DetailsView 启用插入

　　启用插入功能后，系统会在 DetailsView 控件的命令列添加"新建"按钮，可以根据需要改变按钮文本的内容。

　　设置之后，无须添加其他代码，系统已经完成简单的添加新记录的功能，运行程序，单击"新建"按钮，出现如图 7.57 所示的页面。

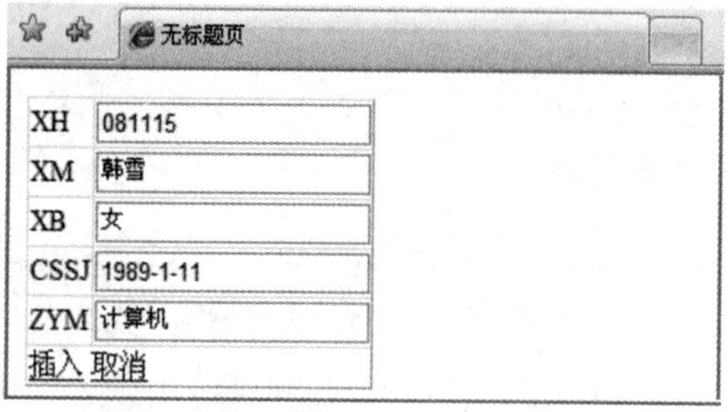

| XH | 081115 |
| XM | 韩雪 |
| XB | 女 |
| CSSJ | 1989-1-11 |
| ZYM | 计算机 |
| 插入 取消 | |

图 7.57　使用 DetailsView 插入新记录

其中可输入的文本框对应的均为可更新的字段。输入相应的信息，单击"插入"按钮，便可以将一条新记录插入到数据库中，如图 7.58 所示。

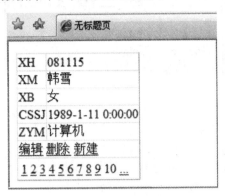

图 7.58　成功插入一条新记录

上例中，在"学生"表中插入新记录不会生成任何错误。但处理其他某些表的数据时，表格可能有约束（如外键约束），配置 DetailsView 控件时必须注意这一点。

### 7.4.3　使用模板列

就像在 GridView 中那样，DetailsView 控件也同样可以使用模板列。本节将使用 Northwind 示例数据库 Products 表中的数据。通过一个包含两个模板列的 DetailsView 来一次一个地显示产品信息。第一个模板列将整合 UnitPrice、UnitsInStock 和 UnitsOnOrder 等数据并显示在一个 DetailsView 行上。第二个模板列则将显示 Discontinued 的数据，不过将使用格式化方法，在有折扣的时候就显示"YES"，否则就显示"NO"。

（1）将数据绑定到 DetailsView。正如在使用 GridView 控件的模板列中所讨论的那样，要使用模板列最简单的办法就是先创建一个仅包含绑定列的 DetailsView 控件，然后添加新的模板列或是将某些绑定列转换成模板列。为此，先通过设计器向页面上添加一个 DetailsView 控件，并为其配置一个检索产品列表的 SqlDataSource。这些操作将创建一个带有 BoundField 和 CheckBoxField 的 DetailsView，BoundField 用于非布尔值，而 Check Box Field 用于布尔值。

从工具箱中拖动一个 DetailsView 到设计器上。为其新建数据源 SqlDataSource1，具体配置过程可参考前文，这里不再赘述。数据源配置完成后，在 DetailsView 控件的智能标签页面中选择"编辑字段"，打开"字段"对话框。在"选定的字段"列表中删除 ProductID、SupplierID、CategoryID 以及 ReorderLevel 等绑定列，这样做的目的是让显示页面看起来更简洁一些。最后，清空 DetailsView 的 Height 属性和 Width 属性，以便使其根据需要显示的数据来自动扩展，另外，再在智能标签中选中"启用分页"复选框。完成后，设计视图如图 7.59 所示。

运行网页，结果如图 7.60 所示。

（2）将单价、库存量和订货量合并在一列中。DetailsView 中 UnitPrice、UnitsInStock 和 UnitsOnOrder 字段分别为一个绑定列。通过模板列可以将这 3 个数据合并到一行中，可以添加一个新的模板列，也可以将 UnitPrice、UnitsInStock 或 UnitsOnOrder 任何一个绑定列直接转换成模板列，在这里采取添加新模板列的方法来实现这个例子。

图 7.59　DetailsView 的设计视图

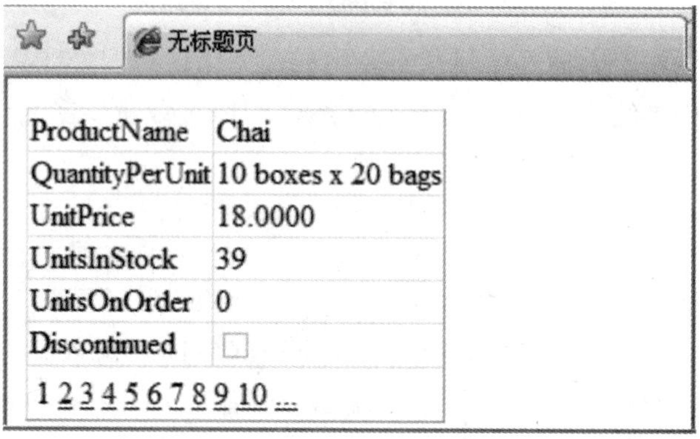

图 7.60　运行结果

在 DetailsView 的智能标签的弹出菜单中单击"编辑字段"。在打开的"字段"对话框中，添加一个新的 TemplateField 并将其 HeaderText 属性设置为"Price and Inventory"，然后将这个新的 TemplateField 移动到 UnitPrice 的上面，如图 7.61 所示。

图 7.61　编辑 DetailsView 中的字段

由于新添加的模板列将要显示 UnitPrice、UnitsInStock 及 UnitsOnOrder 等绑定列中的数据，所以把这几个绑定列删除。

这一步骤的最后一个任务是定义"Price and Inventory"模板列的 ItemTemplate，可以通过设计器中 DetailsView 的模板编辑页面以手工编写声明代码来完成。在智能标签的打开菜单中单击"编辑模板",就可以使用模板编辑页面了。首先给"Price and Inventory"模板列的 ItemTemplate 添加一个 Label。然后,在 Label 控件的智能标签上单击"编辑数据绑定"并将其 Text 属性绑定到 UnitPrice 字段上。此时产品的单价还没有格式化为货币格式,在模板列中,任何格式化说明都必须在数据绑定语法中指定或是通过使用一个在应用程序的某个地方(如在 ASP.NET 页面的后置代码类中)编写的格式化方法。要指定 Label 的数据绑定代码中的格式化,可以在 Label 的智能标签中单击"编辑数据绑定",然后在打开的数据绑定对话框中的格式下拉框直接输入格式化说明或选择一个预定义的格式化字符串。为了使 UnitPrice 字段使用货币格式,可以在下拉框中选择"货币-{0:C}",如图 7.62 所示。

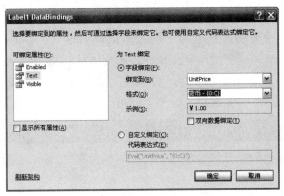

图 7.62　格式化 UnitPrice 字段

接下来还需要将 UnitsInStock 和 UnitsOnOrder 显示出来,例如,希望把它们显示在单价下面一行的圆括号中,结果如图 7.63 所示。

图 7.63　编辑模板的结果

做了这些修改之后,已经把单价和总量信息统一地显示在一个单独的 DetailsView 行中了。按 Ctrl +F5 组合键运行网页,结果如图 7.64 所示。

(3)自定义折扣字段的信息。Products 表的 Discontinued 是一个布尔型字段,它指明一个产品是否打折。当把一个 DetailsView(或者 GridView)绑定到一个数据源控件时,布尔型的字段会显示为 CheckBoxField,而非布尔型的字段将实现为 BoundField。CheckBoxField 显示为一个禁用的 CheckBox,如果数据的值为 True 则 CheckBox 为选中状态,否则就是未选中状态。

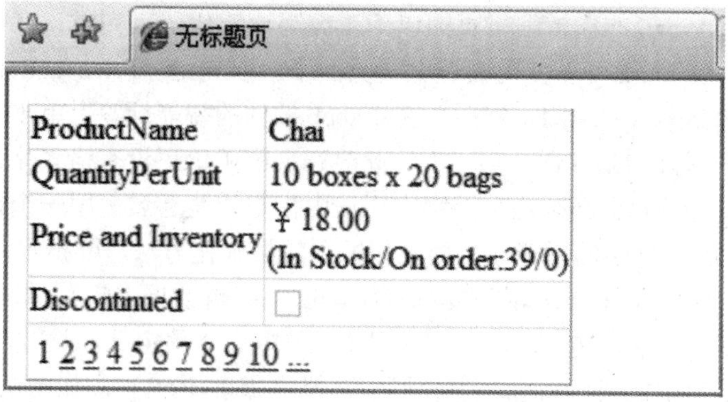

图 7.64　运行结果

　　然而在某些时候更希望将其显示为一个文本以说明这个产品是不是打折。要实现这一点，可以从 DetailsView 中删掉这个 CheckBoxField，再添加一个 BoundField，并将其 DataField 属性设置到 Discontinued 上。设置完成后，DetailsView 对打折的产品就显示"True"，而对其他的就显示 "False"，如图 7.65 所示。

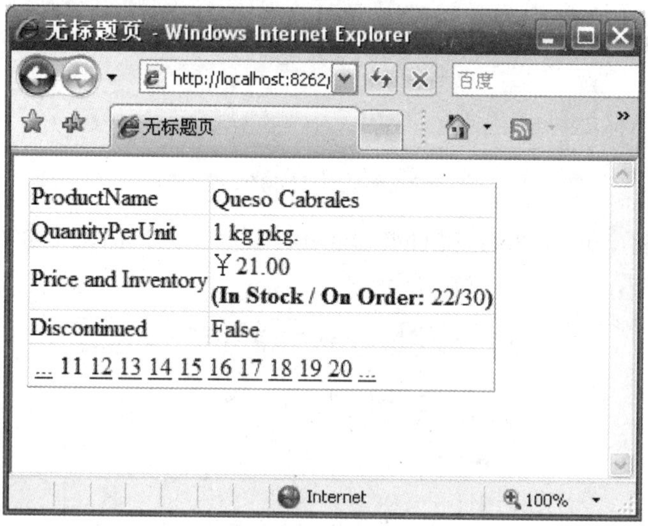

图 7.65　运行结果

　　如果 Discontinued 字段不想用"True"或者"False"显示，而是需要显示为"YES"和"NO"或者其他的文本信息，那么这样的自定义可以由一个模板列和一个格式化方法来实现。格式化方法可以接受若干个输入参数，返回一个用于插入到模板中的 HTML 字符串。

　　在页面的后置代码类中添加一个名为 DisplayDiscontinuedAsYESorNO 的格式化方法，它接受一个布尔型的值作为参数并返回一个字符串。此外，必须将这个方法标记为 protected 或是 public，否则不能从模板中访问到它。

```
protected string DisplayDiscontinuedAsYESorNO(bool discontinued)
{
    if (discontinued)
        return "YES";
```

```
        else
            return "NO";
    }
```

完成了这个格式化方法之后，剩下的就只是在模板列的 ItemTemplate 中调用它了。要创建这个模板列，可以先删除 Discontinued 绑定列再添加一个新的 TemplateField，也可以将 Discontinued 绑定列直接转换成模板列。在"源"视图中编辑模板列以使其包含一个调用 DisplayDiscontinuedAsYESorNO 方法的 ItemTemplate，传过去的参数是通过 Eval 方法获取的 Discontinued 字段的值，其标记代码如下：

```
<%# DisplayDiscontinuedAsYESorNO((bool)Eval("Discontinued"))%>
```

这样，DisplayDiscontinuedAsYESorNO 方法就会在显示 DetailsView 时被调用。由于 Eval 方法返回的是一个 obejct 类型的值，而 DisplayDiscontinuedAsYESorNO 方法仅接受布尔型的参数，所以将 Eval 方法的返回值强制转换成布尔型的。根据接收到的值，Display Discontinued AsYESorNO 方法将会返回"YES"或"NO"，这个返回值就是要在 DetailsView 行中显示的文本。运行网页，其结果如图 7.66 所示。

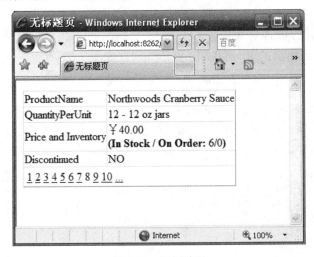

图 7.66　运行结果

# 7.5　FormView 控件

FormView 控件可以呈现数据源中的单个记录，该控件与 DetailsView 控件相似，FormView 控件和 DetailsView 控件之间的差别在于 DetailsView 控件使用表格布局，在该布局中，记录的每个字段都各自显示为一行。而 FormView 控件不指定用于显示记录的预定义布局。实际上，可以创建一个包含控件的模板，以显示记录中的各个字段。该模板中包含用于创建窗体的格式、控件和绑定表达式。由于 FormView 不是由绑定列所组成的，因此也就不能给一个 FormView 添加 BoundField 或是 TemplateField。可以这样来理解 FormView，即把它当做只含有一个 TemplateField 的 DetailsView 控件。

FormView 控件依赖于数据源控件的功能执行诸如更新、插入和删除记录的任务。即使 FormView 控件的数据源公开了多条记录，该控件一次也只显示一条数据记录。

（1）FormView 支持以下这些模板。

① ItemTemplate ：用于在 FormView 中显示一个特殊的记录。

② HeaderTemplate ：用于指定一个可选的页眉行。

③ FooterTemplate ：用于指定一个可选的页脚行。

④ EmptyDataTemplate：当绑定到 FormView 的数据源缺少记录的时候，EmptyData Template 将会代替 ItemTemplate 来生成控件的标记语言。

⑤ PagerTemplate ：如果 FormView 启用了分页的话，这个模板可以用于自定义分页的界面。

⑥ EditItemTemplate / InsertItemTemplate ：如果 FormView 支持编辑或插入功能，那么这两种模板可以用于自定义相关的界面。

（2）在本节中，将学习如何使用 FormView 控件来为产品呈现一个不规则的外观。FormView 的 ItemTemplate 将会使用一个页眉元素和<table>的结合体来显示名称、分类、供应商等的值，而不是使用各种各样的列。

① 将数据绑定到 FormView。打开 Formview.aspx 页面，从工具箱中拖动一个 FormView 到设计器中。与 GridView 和 DetailsView 不同的是，FormView 刚刚添加到页面上时，并没有一个预置的可视化页面，仅仅是一个灰色的方块，这就告诉我们它需要一个 ItemTemplate 而不是用简单的 BoundField 显示外观，如图 7.67 所示。

图 7.67　FormView 的设计视图

可以手工编写代码（在源视图中）来为 FormView1 添加 ItemTemplate，也可以通过在设计器中将 FormView1 绑定到一个数据源控件上来实现自动添加，这里，将 FormView1 绑定到 SqlDataSource1（按照上例进行设置）上。绑定数据源的操作将为 FormView1 自动生成一个 ItemTemplate，在这个 ItemTemplate 中包含了用于显示各字段的名称的 HTML 代码，还有用于显示各字段的值的 Label 控件。当然，这些 Label 控件的 Text 属性都已经绑定到了各相应的字段上。这个操作也同时生成了 InsertItemTemplate 和 EditItemTemplate，它们为数据源控件的每一个字段都呈现了一个输入控件。

转到"源"视图，在标记代码中可以看到系统为已经绑定到数据源的 FormView1 自动生成了 EditItemTemplate、InsertItemTemplate 和 ItemTemplate 这三个模板。由于暂时不需要使用

FormView1 来编辑和删除记录，所以可以删除 EditItemTemplate 和 InsertItemTemplate。然后，清空 ItemTemplate 中的标记语言代码。修改之后的 FormView1 的声明标记代码如下所示：

```
<asp:FormView ID="FormView1" runat="server" DataKeyNames="ProductID"
    DataSourceID="SqlDataSource1">
<ItemTemplate>
…
</ItemTemplate>
</asp:FormView>
```

接下来在 FormView1 的智能标签中"启用分页"复选框打勾，这样可以在 FormView 的声明标记代码中加上 AllowPaging="True"这个属性。

② 定义 ItemTemplate 的标记代码。在将 FormView 绑定到 SqlDataSource 控件并且将其配置为支持分页之后，就可以指定 ItemTemplate 的内容了。我们希望将产品名称显示在一个 <h3>中。紧接着使用<table>将余下的产品属性显示在一个四列的表中，其中第一列和第三列用于显示产品属性的名称，第二列和第四列用于显示产品属性的值。

在设计器中通过 FormView 的模板编辑页面或是在源视图中手工输入代码都可以添加上面所说的这些标记代码。不论采用哪种方法，在定义好 ItemTemplate 的内容后，FormView 的 ItemTemplate 模板外观如图 7.68 所示。 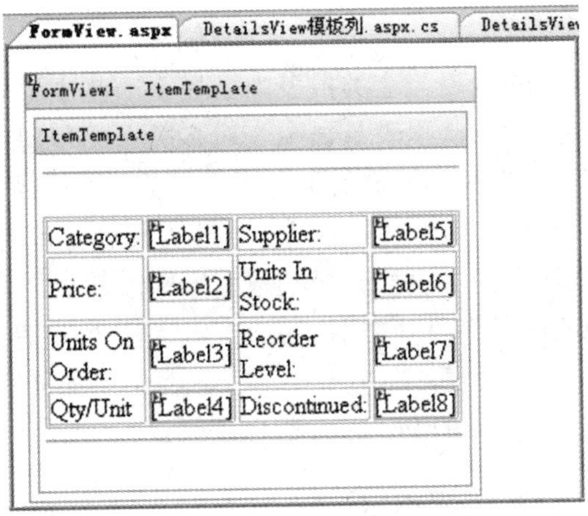

图 7.68　模板外观

注意标记代码中所用到的数据绑定语法，以 <%# Eval("ProductName")%> 为例，它们可以直接插入到模板的输出中，这是因为没有必要把字段值绑定到一个 Label 控件的 Text 属性上。例如，要将 ProductName 的值使用<h3><%# Eval("ProductName")%></h3>显示在一个 <h3>元素中，那么产品"Chai"将被输出为<h3>Chai</h3>。

FormView 没有 CheckBoxField，如要将 Discontinued 的值显示为一个 CheckBox，就必须手工添加一个 CheckBox 控件，将这个 CheckBox 控件的 Enabled 属性设置为 False 以使其只读，并将其 Checked 属性绑定到 Discontinued 字段上去。

完成了 ItemTemplate 之后，产品信息就以一种更加不规则的方式来显示了。运行网页，其结果如图 7.69 所示。

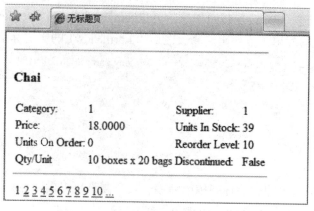

图 7.69    运行结果

通过对 FormView 的学习，可以看到，虽然 GridView 控件和 DetailsView 控件可以使用 TemplateField 来自定义它们的输出，不过它们都显示为方方正正的表格形式。在那些需要使用一种不规则的外观来显示一个单独的记录的时候，FormView 就是一个理想的选择。就像在本节中看到的那样，在显示一个单独的记录的时候，FormView 提供了一种更加复杂的显示方式。

## 7.6    主/从报表

主/从报表是一种很常见的报表，这类报表中会显示一些主记录，用户可以选择某条主记录来查看该各记录的详情。主/从报表是显示一对多关系的理想选择，如一个报表显示所有的产品类别，然后根据用户选择的特定类别显示与之关联的产品。另外，如果遇到需要显示的数据表格有很多列，在一个网格中全部显示不够美观、方便时，可以采用主/从报表的形式。例如，可以用主/从报表的主表部分显示数据库中产品表的产品名称和单价，具体到某一个产品时再显示其他的产品字段（类别、供应商、单位数量等）。

有很多方法可以实现主/从报表。在本节中，读者将学习如何实现各类主/从报表。本节内容将采用 Northwind 示例数据库的 Products 数据表来进行主/从报表的讲解。

### 7.6.1    使用 DropDownList 过滤报表

使用 DropDownList 过滤报表可以让用户选择感兴趣的内容查看，在这种主/从报表中，从 DropDownList 的输入作为过滤条件，最后将过滤结果在 GridView 中显示出来。

主/从报表将会在 DropDownList 中列出类别，根据选择的列表项在页面上的 GridView 显示相关的产品。

（1）在 DropDownList 中显示类别。在一个 ASP.NET 网站项目中新建窗体页 FilterBy DropDownList.aspx，从工具箱中将一个 DorpDownList 控件拖放在该页上，设置它的 ID 属性为 Categories，然后，单击"DropDownList 任务"上的"选择数据源"链接，"选择数据源"向导启动，如图 7.70 所示。

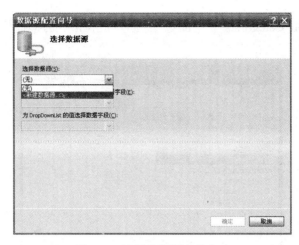

图 7.70　选择数据源向导启动

选择新建数据源，为 DropDownList 控件新建名为 SqlDataSource1 的数据源，该数据源检索来自表 Categories 的所有数据，如图 7.71 所示。

图 7.71　配置数据源-SqlDataSource1

配置完 SqlDataSource 后需要指定在 DropDownList 中显示的数据字段及作为数据项值的数据字段。指定 CategoryName 为要显示的列，指定 CategoryID 为数据项的值字段，如图 7.72 所示。

图 7.72　配置 DropDownList 的数据绑定

这样就完成了使用 Categories 表中的记录填充 DropDownList 控件，运行结果如图 7.73 所示。

图 7.73 运行结果

（2）添加产品表格。添加产品表格需要列出与选定的类别相关联的产品。要实现该功能，在页面上增加一个 GridView 控件，然后创建一个数据源控件并命名为 products Data Source。productsDataSource 控件从 Northwind 数据库的 Products 表中获取分类等于 DropDownList 中所选项的产品数据。可以在为 productsDataSource 数据源配置 Select 语句时，为其添加 where 子句。

在"配置 Select 语句"的向导页上单击右边的"where…"按钮，出现如图 7.74 所示的"添加 WHERE 子句"向导窗口，在"列"中选择"CategoryID"，运算符为"="，"源"列表框表示输入参数的来源类型，由于希望通过页面上的 DropDownList 控件获取参数，所以在"源"中需要选择"Control"，表明从控件获取输入，同时在右边的"控件 ID"列表中选择"Categories"，这是先前创建的 DropDownList 的 ID，最后单击"添加"按钮完成 WHERE 子句的配置。

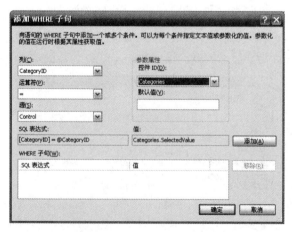

图 7.74 添加 WHERE 子句

配置好数据源后，可以根据需要继续编辑需要在 GridView 中显示的字段，在这里仅显示了 Products 表的 ProductName、QuantityPerUnit、UnitPrice 和 Discontinued 这 4 个字段。现在在浏览器中查看前面所做的工作，第一次访问页面时，那些属于已选择类别（Beverages）的产品已经显示出来了，如图 7.75 所示，但是当改变 DropDownList 时并没有更新产品数据。这是由于必须引发一次回发 GridView 才会更新。通过设置 Categories 的 AutoPostBack 属性为 True，只要用户改变一次 DropDownList 的选择项就会引起一次回发。GridView 也会随着新选择的类别更新产品数据。

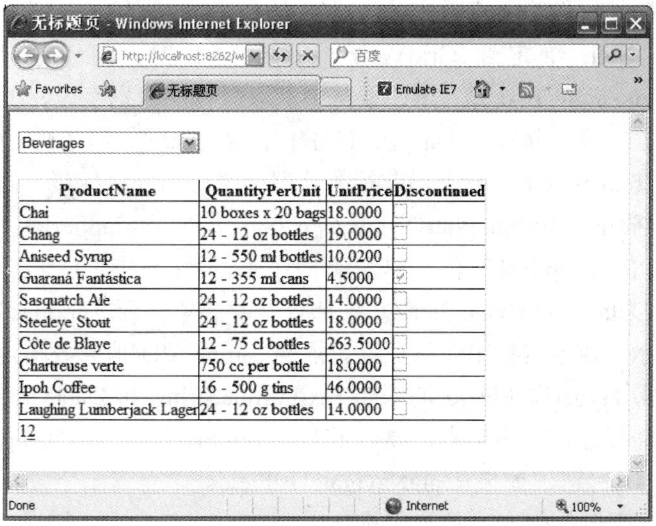

图 7.75　运行结果

至此，使用 DropDownList 过滤报表就基本上实现了。读者可以看到，在显示分层次的关系数据时，使用主/从报表是一个常规方法，通过它用户可以先看到最上层的数据，然后再深入到详细信息。在本节中分析了构建一个简单的主/从报表来显示选定类别的产品，通过使用 DropDownList 控件列出类别以及 GridView 显示选定类别的产品完成了这个主/从报表，在后面将会继续学习其他类型的主/从报表。

## 7.6.2　使用 GridView 实现跨页面的报表

在本节中，将通过在两个页面中使用 GridView 列出供应商及对应产品来实现该跨页面的报表，主页面中 GridView 的每行（一行便是一个供应商）包含一个"查看产品"的链接，该链接在单击时会转到另外一个页面，这个明细页显示选中供应商的所有产品。

（1）显示供应商列表。首先，在 ASP.NET 网站项目中增加两个新页面：Supplier List Master.aspx 和 ProductsForSupplierDetails.aspx。SupplierListMaster.aspx 将会列出所有供应商记录，ProductsForSupplierDetails.aspx 将会显示选中供应商的产品。

接下来，在 SupplierListMaster.aspx 页面上创建一个显示供应商的 GridView，为其新建数据源 SqlDataSource1，该数据源检索 Northwind 示例数据库的 Suppliers 表中的数据，有关数据源的配置过程在前面的章节中已详细讲解过，这里不再赘述。

为了页面显示简洁，使用 GridView 的"编辑列"功能删除一些无须显示的列，这里仅留 CompanyName、City 和 Country 字段。在 GridView 中添加一个"查看产品"的链接列，单击该链接时会转到 ProductsForSupplierDetails.aspx 页面，并在查询字符串中传递选定行的 SupplierID 值。例如，用户单击了供应商 Tokyo Traders（SupplierID 值为 4）的"查看产品"链接，就会转到"ProductsForSupplierDetails.aspx?SupplierID=4"的链接。如图 7.76 所示为 GridView 添加一个 HyperLinkField 列，它会为每个 GridView 行增加一个链接。

HyperLinkField 可以被配置为在 GridView 每行中使用相同的文本或 URL 值，或是让这些值基于绑定到特定行的数据值。要指定一个所有行都一样的静态值可以使用 HyperLinkField 的 Text 或 NavigateUrl 属性。为了让每一行的链接文本一致，设置 HyperLinkField 的 Text 属性为"查看产品"。

要让 Text 或 URL 绑定到 GridView 行的底层数据，可以通过 DataTextField 或 DataNavigateUrlFields 指定 Text 或 URL 要从中获取数据的数据字段。DataTextField 只能设置为一个单一的数据字段，而 DataNavigateUrlFields 可以设置为一个以逗号分隔的数据字段列表。我们需要让 Text 或 URL 基于当前行的数据字段值和一些标记。例如，在本节的示例中，链接 URL 是 ProductsForSupplierDetails.aspx?SupplierID=supplierID。其中 supplierID 是 GridView 的每个行的 supplierID 值。这里有两个不同类型的值：静态值和数据驱动值。ProductsForSupplierDetails.aspx?SupplierID=这部分是静态值，而 supplierID 部分便是数据驱动的，它的值是显示在数据网格中的每一行记录的 SupplierID 值。要指定静态值和数据驱动值的混合，可以使用 HyperLinkField 的 DataTextFormatString 和 DataNavigateUrlFormatString 属性。在属性中按需要输入静态文本，要显示 DataTextField 或 DataNavigateUrlFields 属性中特定的字段时使用{0}标记，如果 DataNavigateUrlFields 中有多个字段，在需要第一个字段时使用{0}，第二个字段使用{1}，依次类推。

对于本节示例来说，设置 DataNavigateUrlFields 为 SupplierID，需要使用该数据字段自定义每行的链接。在添加了 HyperLinkField 后就可以自定义及重新排列 GridView 的字段。如图 7.77 所示为修改后的 HyperLinkField。

图 7.76　添加 HyperLinkField 列

图 7.77　修改后的 HyperLinkField

在浏览器中访问 SupplierListMaster.aspx，如图 7.78 所示，页面列出了所有的供应商，每个供应商包含一个"查看产品"的链接。单击"查看产品"链接会转到 Products For Supplier Details.aspx，并在查询字符串中传递供应商的 SupplierID 值。

图 7.78　运行结果

（2）在 ProductsForSupplierDetails.aspx 上列出供应商的产品。SupplierListMaster.aspx 页面使用户转到 ProductsForSupplierDetails.aspx，并在查询字符串中传递选择的供应商的 SupplierID 值。接下来需要在 ProductsForSupplierDetails.aspx 页面上的 GridView 中显示相应供应商的产品。

首先添加 GridView 到 ProductsForSupplierDetails.aspx 上，为其创建一个新的数据源控件 SqlDataSource2。SqlDataSource2 从 Northwind 数据库的 Products 表中获取 SupplierID 等于传入参数的产品记录，这需要为 SqlDataSource2 的 Select 语句添加 WHERE 子句。在"配置 Select 语句"的向导页上单击右边的"where…"按钮，出现"添加 WHERE 子句"的向导窗口，在"列"中选择"SupplierID"，运算符为"="，"源"列表框中选择"QueryString"，表明从 URL 参数获取输入，在右边的"QueryString 字段"中填入"SupplierID"，最后单击"添加"按钮完成 WHERE 子句的配置。

至此已经完成了全部的配置，运行网页，图 7.79 显示了当我们在 Supplier List Master.aspx 页面中单击 Tokyo Traders 供应商的"查看产品"链接时所看到的页面。

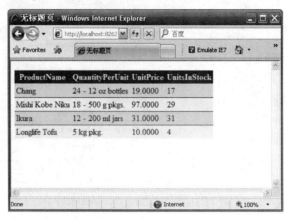

图 7.79　运行结果

通过本节的学习可以看到，主/从报表不仅可以在一个页面上同时显示主记录和明细记录，而且也可以分开显示在两个页面上。本节演示了如何实现这种报表，该报表在主页面上用 GridView 显示供应商列表，在明细页显示关联的产品列表。主页面上的每个供应商都包含一个指定明细页面的链接，并传递 SupplierID 值，以特定行的链接使用 GridView 的 HyperLinkField 可以很容易地实现这种传递。

### 7.6.3　使用 GridView 和 DetailsView 实现报表

在上一节中学习了如何使用两个页面（一个主页，用于列出供应商；一个明细页，用于显示选定供应商提供的产品）创建主/从报表。这种两个页面的报表格式也可以集中在一个页面上。在本节中将会使用一个 GridView，它的每一行都包含产品的名称和单价以及一个选择按钮。单击一个产品的选择按钮会在同一页的 DetailsView 控件上显示该产品的全部详细信息。

下面讲解具体实现这样的报表的过程。

（1）创建一个可选择行的 GridView。在上一节中讲解的跨页面的主/从报表，它的每个主记录包含了一个超链接，当单击该链接时转到详细信息页，并在查询字符串中传递所单击行的 SupplierID 值。这个链接是通过在 GridView 上使用 HyperLinkField 实现的，而对于单页的主/从报表，每个 GridView 行就需要一个按钮，单击该按钮时显示详细信息。GridView 控件可以在每行包含一个选择按钮，单击该按钮时会引起一次回发并把该行作为 GridView 的 SelectedRow 值。

在 ASP.NET 网站中添加新窗体页 DetailsBySelecting.aspx，为该页添加一个 GridView 控件，再继续为 GridView 控件新建数据源 SqlDataSource3，配置数据源，使其检索 Northwind 示例数据库中 Products 表的数据。

编辑 GridView 的字段，移除 ProductName 和 UnitPrice 以外的字段。也可以根据需要自定义绑定字段，例如格式化 UnitPrice 字段为货币，修改绑定字段的 HeaderText 属性等。这些操作可以在设计视图中完成，单击 GridView 智能标记上的"编辑列"即可，当然也可以手工配置声明的语法。配置完成后的 GridView 标记代码如下：

```
<asp:GridView ID="GridView1" runat="server" AutoGenerateColumns="False"
  DataKeyNames="ProductID"DataSourceID="SqlDataSource3">
<Columns>
<asp:BoundField DataField="ProductName" HeaderText="ProductName"
  SortExpression="ProductName" />
<asp:BoundField DataField="UnitPrice" DataFormatString="{0:c}" HeaderText="UnitPrice"
  SortExpression="UnitPrice" HtmlEncode="False" />
</Columns>
</asp:GridView>
```

接下来，需要设置为 GridView 的每一行增加一个选择按钮。要实现该功能，只要选中 GridView 智能标记上的"启用选定内容"的复选框就可以了。

选中"启用选定内容"项会给 GridView 增加一个命令字段并设置 ShowSelectButton 属性为 True。这样 GridView 的每一行都会有一个选择按钮，如图 7.80 所示。默认情况下，选择按钮以链接的形式显示，也可以使用按钮或图片按钮，修改 CommandField 的 ButtonType 属性来显示。

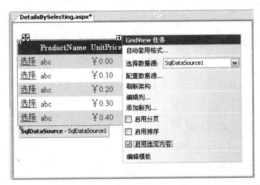

图 7.80　为 GridView 启用选定内容

单击 GridView 的选择按钮时会引起一次回发，GridView 的 SelectedRow 属性也会更新。除了 SelectedRow 属性，GridView 还提供了 SelectedIndex、SelectedValue、SelectedDataKey 属性。SelectedIndex 属性返回选中行的索引，SelectedValue 属性和 SelectedDataKey 属性返回基于 GridView 的 DataKeyNames 属性的值。DataKeyNames 属性让每一行关联一个或多个数据字段，用于唯一标记 GridView 行。SelectedValue 属性返回选中行的 DataKeyNames 中的第一个数据字段的值，SelectedDataKey 返回选中行的 DataKey 对象，它包含了该行的所有指定数据主键字段的值。

在设计视图上绑定数据源到 GridView、DetailsView 或 FormView 时 DataKeyNames 属性被自动设置为数据源中唯一标记的数据字段。尽管在前面章节的示例中这个属性都是自动设置的，完全可以不需要专门指定 DataKeyNames 属性就可以运行，但对于本示例中可选择行的 GridView 而言，DataKeyNames 属性必须合理地设置。确保 GridView 的 DataKeyNames 属性已经设置为 ProductID。

在浏览器中浏览目前已完成的工作。GridView 列出了所有产品的名称和单价以及一个选择按钮，单击选择按钮将触发一次回发，如图 7.81 所示。在第二步中将会看到如何让一个 DetailsView 响应该回发事件并显示选中产品的详细信息。

图 7.81　运行结果

（2）在 DetailsView 中显示选中产品的详细信息。完成 GridView 后，剩下的任务就是增加一个 DetailsView，让它显示选中的产品的详细信息。在 GridView 的上方添加一个 DetailsView 控件并创建一个新的数据源，命名为 SqlDataSource4。要让这个 DetailsView 显示选中产品的详细信息，配置 SqlDataSource4 使其能够接收一个输入参数来检索具有指定 ProductID 的产品的全部信息。正如同在前面讨论过的一样，可以为数据源的 Select 语句添加 WHERE 子句，输入参数的来源就是页面上 GridView 控件的 SelectedValue 属性值。由于 GridView 的 SelectedValue 属性返回选中行的第一个数据键值，因此必须把 GridView 的 DataKeyNames 属性设置为 ProductID，这样选中行的 ProductID 就可以通过 SelectedValue 属性返回了。

配置好 SqlDataSource4 并把它绑定到 DetailsView 后，本节的示例就完成了。运行网页，第一次访问时由于没有行被选中，所以 GridView 的 SelectedValue 属性返回 Null。由于没有 ProductID 值为 Null 的产品，SqlDataSource4 也不会返回任何记录，所以 DetailsView 也就无法显示，如图 7.82 所示。单击 GridView 的选择按钮后会引起一次回发并更新 DetailsView。GridView 的 SelectedValue 属性返回选中行的 ProductID，SqlDataSource4 获取输入参数后将返回特定产品的信息，DetailsView 就会显示这些详细信息，如图 7.83 所示。

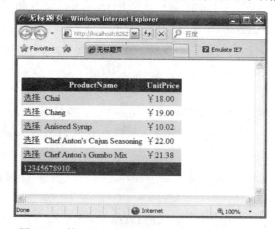

图 7.82　第一次访问时 DetailsView 无记录显示

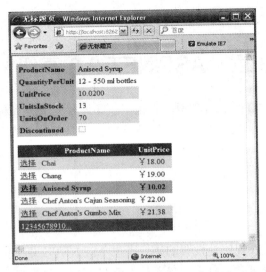

图 7.83　选中记录后 DetailsView 显示详细信息

## 本章小结

ASP.NET 2.0 新增的 GridView、DetailsView 和 FormView 等数据绑定 Web 服务器控件均具有非常强大的功能，不仅能用于显示数据表中的数据和图像，还能够编辑数据表中的数据。

通常情况下，数据绑定 Web 服务器控件可以通过数据源控件 SqlDataSource 与大型数据库（SQL Sever、Oracle 等）连接，并且可以选择显示的数据表以及字段等。其中 GridView 通过相关属性的设置还可以实现直接给数据表分页、排序和执行选择的功能。由于在数据源控件中隐含有大量常用的代码，所以这些设置都变得非常简单，几乎不需要增加任何手写的代码。除此之外，上述 3 个数据绑定 Web 服务器控件均提供了模板，通过编辑模板可以定制许多复杂的功能。

主/从报表是 Web 应用中较常见的数据显示形式。同一窗体中的报表同步与查询操作非常相似，而与不同窗体之间的报表同步却有较大区别：父窗体在打开子窗体的同时还要将同步的参数传出去；子窗体则需要利用 Request.QueryString 方法从传来的 URL 中获取参数，并且根据这些参数进行查询以达到同步的目的。

# 第 8 章 ASP.NET 2.0 高级特性

本章介绍 ASP.NET 2.0 的高级应用，包括主题和外观、母版页和内容页以及站点导航。本章所涉及的这些应用都是 ASP.NET 2.0 作为 Web 应用程序开发框架中的特色之处，恰当地应用这些高级特性可以利用 ASP.NET 2.0 轻松开发出传统 Web 应用中难以实现的功能和效果。

## 8.1 主题和外观

主题是指页面和控件外观属性设置的集合，由 ASP.NET 2.0 支持的具有特殊含义的文件夹构成。在主题中，可以包含各种页面外观控制文件和资源文件，主要有：外观文件（扩展名为.skin）、级联样式表文件（扩展名为.css）、脚本文件（扩展名为.js）、资源文件（扩展名为.resx）、图像文件、声音文件等。

利用主题可以很方便地控制页面外观，把所有与页面外观有关的控制文件和资源文件放在主题目录中，页面只需切换主题，则主题目录下所有的控制文件和资源文件就会自动切换。一个站点内创建多套主题，则可以在网站运行的时候动态地切换网站主题，方便地实现网站外观主题的更换。

有两种类型的主题，一种是应用程序主题，另一种是全局主题。

应用程序主题是指在 Web 应用程序的 App_Themes 文件夹下的一个或多个特殊文件夹，主题的名称是文件夹的名称。本章所提到的主题都是应用程序主题。

如果一个服务器中有多个 Web 应用程序，也可以定义全局主题。全局主题是指保存在服务器特定文件夹下的一个或多个特殊文件夹，具体保存到哪个文件夹由不同的服务器决定。

每个主题文件夹下都可以包含一个或多个外观文件。因为 CSS 不能对服务器控件的样式进行设置，因此 ASP.NET 2.0 中提出了外观文件的概念。外观文件是一个用来描述 Web 服务器控件外观属性的设置集合。一个外观文件可以包含某一个控件的外观，也可以包含多个控件的外观。

外观文件中服务器控件的外观设置如下：

```
<asp:Button runat="server" BackColor="SlateGray"/>
```

### 8.1.1 创建和应用主题和外观

#### 1．创建和应用主题的基本步骤

创建和应用主题的基本步骤如下。

（1）在"解决方案资源管理器"中，用鼠标右键单击项目名，选择"添加"→"添加 ASP.NET 文件夹"→"主题"，系统就会自动判断是否已经存在 App_Themes 文件夹，如果不存在该文件夹，就自动创建它，并在该文件夹下添加一个主题；如果已经存在该文件夹，就直接在该文件夹下添加新的主题。

（2）在主题目录下添加外观控制文件和资源文件。

（3）打开.aspx 文件，切换到"设计"视图，用鼠标右键单击选择"属性"，在"属性"窗口顶部下拉列表中，选中"Document"，在列表中定位到"StyleSheetTheme"，设置其值为某个主题名称，本页面就会自动套用主题内的外观控制文件和资源文件。

### 2．给网站应用主题

每个应用程序中都包括多个页面，并且为了保证和谐统一的用户界面，可以让所有页面使用同一主题。如果为在每个页头都设置相同的 StyleSheetTheme 属性值，那么非常麻烦。为了快速地为整个应用程序中所有页面设置相同的主题，可以设置 Web.Config 文件的<pages>配置节内容，如下所示：

```
<configuration><system.web><page theme="sampleTheme" /> </system.web></configuration>
```

### 3．创建外观文件的基本步骤

在外观文件（.skin）中，由于系统没有提供控件属性设置的智能化提示功能，所以一般不在外观文件中直接编写代码定义控件的外观，而是先在 Web 窗体文件中拖放控件并设置控件的属性，然后将自动生成的代码复制到外观文件中，再进行修改，其步骤如下。

（1）在主题目录下，通过添加新项，添加一个皮肤文件"SkinFile.skin"。

（2）在网站内添加一个临时的 Web 窗体文件 Temp.aspx，在"设计"视图下，将需要设置外观的控件拖放到页面中，最好一行放置一个控件，方便代码查看。

（3）将相应控件的源代码复制到外观文件"SkinFile.skin"中，并去掉控件的 ID 属性和其他个性化描述属性。

（4）如果源代码中同种控件出现多个，则需给控件添加不同的 SkinId 属性。当 Web 窗体页面内的控件的 SkinID 属性值和某 SkinID 属性值相同时，就会采用此外观效果。

## 8.1.2　创建主题和皮肤举例

【例 8-1】　举例说明创建和应用主题和皮肤的过程。

（1）运行 Visual Studio 2005，新建站点 Theme。

（2）在"解决方案资源管理器"中，用鼠标右键单击项目名，选择"添加"→"添加 ASP.NET 文件夹"→"主题"，系统会自动创建 App_Themes 目录，并在该目录下创建"主题 1"目录。

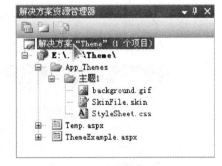

（3）用鼠标右键单击"主题 1"，选择"添加新项"，在出现的窗口中选择"外观文件"，以同样的方法在主题内添加一个样式表文件，并把一个图片复制到"主题 1"目录下。目录结构如图 8.1 所示。

图 8.1　主题目录和皮肤文件

（4）在"解决方案资源管理器"中，添加一个临时 Web 窗体文件"Temp.aspx"，切换到"设计"视图，在页面上拖放两个 Label 控件。按照如图 8.2 和图 8.3 所示分别设置两个控件的外观。

（5）切换到"Temp.aspx"的"源代码"视图，把控件的代码复制到"SkinFile.skin"文件中，并去掉相关控件的 ID 属性，修改成如下的代码：

| 外观 | | |
|---|---|---|
| BackColor | | #C0C0FF |
| BorderColor | | Silver |
| BorderStyle | Solid | |
| BorderWidth | 10px | |
| CssClass | | |
| Font | | |
| ForeColor | | OrangeRed |
| Text | | |

| 外观 | | |
|---|---|---|
| BackColor | | WhiteSmoke |
| BorderColor | | #FFC0FF |
| BorderStyle | Solid | |
| BorderWidth | 10px | |
| CssClass | | |
| Font | | |
| ForeColor | | |
| Text | | |

图 8.2　Label1 的外观属性　　　　　　图 8.3　Label2 的外观属性

```
<asp:Label runat="server" BackColor="#C0C0FF" BorderColor="Silver" BorderStyle="Solid"
        BorderWidth="10px" ForeColor="OrangeRed"></asp:Label>
<asp:Label SkinID="Blue" runat="server" BackColor="WhiteSmoke" BorderColor="#FFC0FF"
        BorderStyle="Solid" BorderWidth="10px" ForeColor="Blue"></asp:Label>
```

（6）在"StyleSheet.css"的文件中加入如下的样式规则：

```
body
{
    background-image: url(background.gif);
    text-align: center;
    background-repeat: no-repeat;
}
```

**说明：** 在应用主题时，当通过样式生成器设置样式规则时，如果使用了主题目录下的图片等资源文件，路径前会自动加入"App_Themes/主题 1/"，但是需要把自动加入的部分删除，否则无法正常显示图片等资源文件。

（7）在"解决方案资源管理器"中，添加一个 ThemeExample.aspx 的文件，切换到"设计"视图，用鼠标右键单击选择"属性"，在"属性"窗口顶部下拉列表中，选中"Document"，在列表中定位到"StyleSheetTheme"，设置其值为"主题 1"。

（8）向"ThemeExample.aspx"文件中拖放两个 Label 控件，会发现两个控件自动以如图 8.4 所示的方式显示。

（9）修改 Label2 的 SkinID 属性为"Blue"，则 Label2 会自动换成如图 8.5 所示的外观。

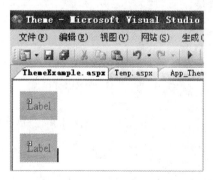

图 8.4　应用主题 1　　　　　　　　　　图 8.5　应用主题 2

本例只是以最简单的 Label 控件演示了主题和皮肤的使用。对于其他复杂的控件，其使用方式相同。如果主题内具有样式表定义文件，则网页内的元素会根据样式表文件内的样式规则来设置元素的样式。

## 8.2　母版页和内容页

在实际的 Web 项目开发中，大多页面都有部分是相同、重复的。如果按照传统的方式需要给每个页面进行重复设计，不仅浪费了时间，日后维护也比较麻烦，需要修改多个页面。

母版页能很好地解决如上问题。母版页是使用比较多的页面模板之一，也是进行专业级 Web 开发必须掌握的基本技术。

### 8.2.1　母版页和内容页的基本概念

母版页是指其他网页可以将其作为模板来引用的特殊页面。母版页的扩展名为.master。在母版页中，页面被分成公用区和可编辑区。公用区是多个内容页中共同的区域，可编辑区是内容页中可以编辑的区域，其设计方法与一般页面的设计方式相同。可编辑区通过 ContentPlaceHolder 控件为内容页预留出来，其内部不能进行设计。一个母版页中可以有一个可编辑区，也可以有多个可编辑区。

引用母版页的 Web 窗体页面称为内容页。在内容页中，母版页中 ContentPlaceHolder 控件预留的可编辑区会自动替换为 Content 控件，开发人员只需要在 Content 控件区域中填写内容页中不同的内容即可，在母版页中定义的其他内容将自动出现在引用了该母版页的.aspx 页面中，无须再重复设计。

母版页和内容页的结构关系如图 8.6 所示。

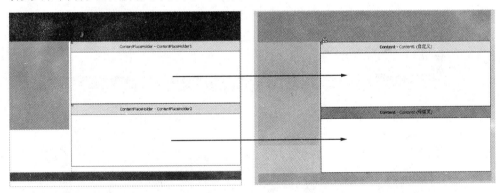

图 8.6　母版页和内容页的结构关系

为了建立起母版页内的 ContentPlaceHolder 控件和内容页中的 Content 控件之间的关系，Content 控件的 "ContentPlaceHolderID" 属性设置了本 Content 控件所对应的 ContentPlaceHolder 控件的 ID。代码结构如图 8.7 所示。

使用母版页的好处是，开发者可以统一管理和定义页面，使多个页面具有相同的布局风格，给网页的设计和修改带来了很大的方便。

在运行时，用户和浏览器将按照以下步骤使用内容页。

（1）用户输入内容页的 URL 请求某网页。

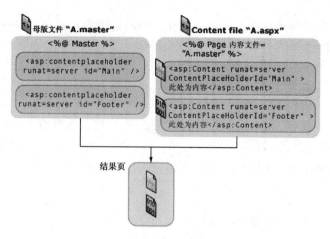

图 8.7　母版页和内容页的代码关系

（2）服务器获取该页后，读取页中的@Page 指令，若该指令引用一个母版页，则也读取母版页。如果用户第一次请求这两个页，那么两个页都要进行编译。

（3）服务器将包含的母版页合并到内容页的控件树中。

（4）服务器将页面中各个 Content 控件的内容合并到母版页中相应的 ContentPlaceHolder 控件中。

（5）服务器将合并后的内容发送给客户端，客户端在浏览器中呈现合并后的网页。

## 8.2.2　创建和使用母版页与内容页

【例 8-2】　下面进行一个简单的母版使用演示。

（1）打开 Visual Studio 2005，新建一个 ASP.NET 网站，网站名称为 Master。

（2）在"解决方案资源管理器"中，单击鼠标右键新建一个新项，选择母版页，命名为 MasterPage1.master，如图 8.8 所示。

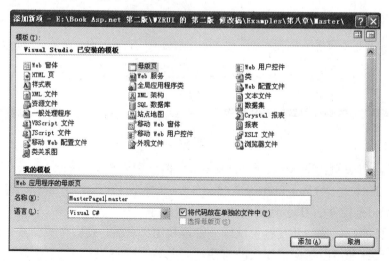

图 8.8　新建母版页

（3）打开 MasterPage1.master，里面有一个 contentplaceholder 控件，这里的 contentplaceholder 只是占位符，不能编辑。转到"设计"视图，在母板页的页头和页脚位置分别添加一行文本，如图 8.9 所示。

（4）保存 MasterPage1.master 后就可以用它来做其他页面了。有两种方法可以添加新网页。

① 直接从主控页中生成新网页。具体步骤：打开母版页，切换到"设计"视图；用鼠标右键单击 ContentPlaceholder 控件，在打开的菜单中选择"添加内容页"命令；此时新网页将被嵌入到模板中，与母版页形成一个网页文件，网页的名字即新网页的名字。

② 在"解决方案资源管理器"上新建新项，如图 8.10 所示，在生成 aspx 页面时勾选"选择母版页"，然后在如图 8.11 所示的对话框中选择相应的母版页即可。

创建新网页 Default2.aspx。

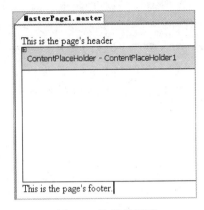

图 8.9　编辑母版页

图 8.10　为 Web 窗体页选择母版页

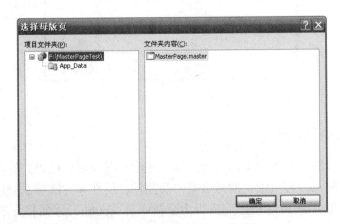

图 8.11　"选择母版页"对话框

（5）新生成的页面源代码只有以下几句：

```
<%@Page     Language="C#"     MasterPageFile="~/MasterPage.master"     AutoEventWireup="true"
CodeFile="Default2.aspx.cs" Inherits="Default2" Title="Untitled Page" %>
    <asp:Content ID="Content1" ContentPlaceHolderID="ContentPlaceHolder1" Runat="Server">
    </asp:Content>
```

可以看到一个 Content 控件，它对应母版页的 ContentPlaceHolder1 控件，转换到视图页面，如图 8.12 所示。

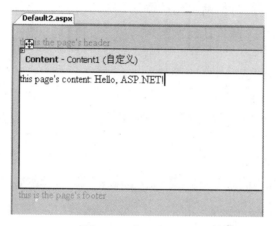

图 8.12　使用母版页

其中页头和页脚的文字都是灰色的，只能在 Content 中进行编辑。

（6）保存后访问 Default2.aspx 这个页面，可以看到最终的页面结果，如图 8.13 所示。

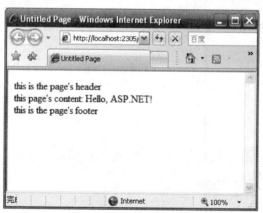

图 8.13　运行结果

### 8.2.3　从内容页中访问母版页

上一节只涉及母版页和内容页的页面部分，并没有涉及后台代码。但在实际应用中，可能需要通过后台代码从内容页中访问母版页中的控件、属性和方法等。要达到这个目的，必须在母版页中将被访问的属性和方法声明为公共成员（public），如将方法的访问修饰符设置为 public，否则无法从内容页中访问它。从内容页中访问母版页中的控件时，则没有这种限制。

### 1．访问母版页中的控件

由于在运行时，母版页与内容页将合并在一起，从而构成最终的页面，因此内容页的代码可以访问母版页中的控件。具体方法是在内容页后台代码中调用 FindControl 方法获取对母版页中控件的引用。FindControl 方法的原型为

public override Control FindControl(String id)，其中 id 表示母版页中控件的 ID 名称

### 2．访问母版页中的公共属性

为了提供对母版页中成员的访问，Page 类提供了一个 Master 属性。要从内容页中访问指定的母版页的成员，可以通过在内容页内创建@MasterType 指令来创建对此母版页的强类型引用，该指令的常用形式如下：

<%@ MasterType VirtualPath="" %>

假如有一个名为 MasterPage1.master 的母版页，其对应的类名为 MasterPage1。在 MasterPage1 类中，声明了一个 TrueName 属性，则可以在内容页代码视图的顶部添加如下代码：

<%@ MasterType VirtualPath="MasterPage1.master" %>

然后在内容页的后台代码中，通过 Master.TrueName 读取和设置母版页中 TrueName 属性的值。

**【例 8-3】** 设计一个母版页和一个内容页，演示如何从内容页中访问母版页中的属性和控件。

（1）运行 Visual Studio 2005，打开例 8-2 所创建的站点 Master。

（2）创建一个母版页"MasterPage.master"，设计如图 8.14 所示的母版页面。

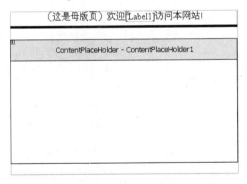

图 8.14　母版页 MasterPage.master

对应的源代码如下：

```
<body style="text-align: center">
    <form id="form1" runat="server">
        <div>
            <div style="width: 400px; height: 100px">
                <div style="border-bottom-color: black; width: 100%; height: 25px; border-bottom-
style: solid">
```

```
                （这是母版页）欢迎<asp:Label  ID="Label1"  runat="server"></asp:Label>访
问本网站!</div>
                <br />
                <asp:ContentPlaceHolder ID="ContentPlaceHolder1" runat="server">
                </asp:ContentPlaceHolder>
            </div>
        </div>
    </form>
 </body>
```

（3）在母版页"MasterPage.master"的后台代码中添加如下的内容：

```
    public string Name
    {
        //Name 的值为 Label 的值
        get { return Label1.Text; }
    }
```

（4）添加一个内容页"content.aspx"，设计如图 8.15 所示的内容页面。

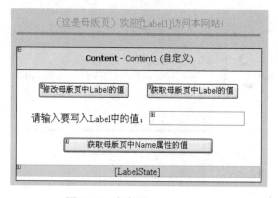

图 8.15  内容页 content.aspx

对应的源代码如下：

```
<asp:Content ID="Content1" ContentPlaceHolderID="ContentPlaceHolder1" Runat="Server">
    <br />
    <asp:Button ID="Button1" runat="server" Text="修改母版页中 Label 的值" Width="150px" />
         
    <asp:Button ID="Button2" runat="server" Text="获取母版页中 Label 的值" Width="150px" /><br />
    <br />
    请输入要写入 Label 中的值：<asp:TextBox ID="TextBox1" runat="server"></asp:TextBox><br />
    <br />
    <asp:Button ID="Button3" runat="server" Text="获取母版页中 Name 属性的值" /><br />
    <br />
    <asp:Label ID="LabelState" runat="server" BackColor="Gainsboro" Width="400px"></asp:Label>
```

```
        </asp:Content>
```

（5）在内容页的源代码的顶部加入如下的代码：

```
<%@ MasterType VirtualPath="~/MasterPage.master" %>
```

（6）分别单击内容页上的按钮，在后台代码中添加如下的代码：

```
protected void Button1_Click(object sender, EventArgs e)
{
    Label label1 = (Label)Master.FindControl("Label1");
    label1.Text = TextBox1.Text;
    LabelState.Text = "母版页中 Label1 的值被修改为：" + TextBox1.Text;
}
protected void Button2_Click(object sender, EventArgs e)
{
    Label label1 = (Label)Master.FindControl("Label1");
    LabelState.Text = "母版页中 Label1 的值为：    " + label1.Text;
}
protected void Button3_Click(object sender, EventArgs e)
{
    LabelState.Text = "母版页中 Name 属性的值为：    " + Master.Name;
}
```

（7）在浏览器中查看内容页，运行结果如图 8.16 所示。

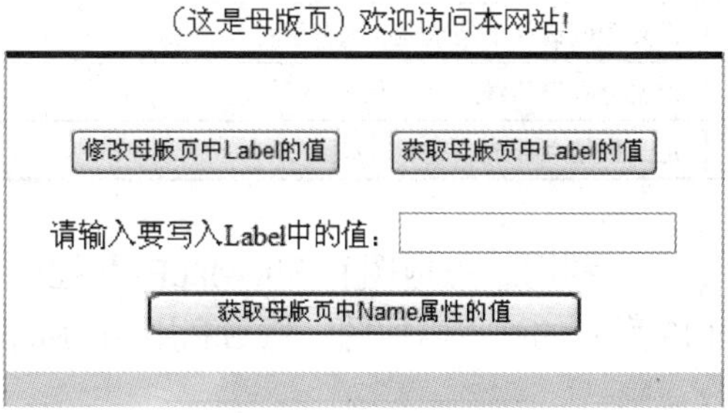

图 8.16　运行结果

首先在文本框内输入一个值，然后单击"修改母版页中 Label 的值"，查看页面的变化。再单击"获取母版页中 Label 的值"，再查看页面的变化。最后单击"获取母版页中 Name 属性的值"，再查看页面的变化，理解整个实例的内部逻辑过程。

# 8.3　站点导航

虽然使用超链接或者服务器代码可以从一个网页切换到另一个网页，但是，当网站中的页面很多时，页面之间的层次关系将会变得很复杂。ASP.NET 站点导航功能则提供了方便的导航方法。

站点导航主要提供了如下功能。

（1）使用站点地图描述站点的逻辑结构，通过 SiteMapPath 可以自动从地图文件中获取文件所在的层次，自动生成导航栏。

（2）提供导航控件在页面上显示导航菜单。

在 Visual Studio 2005 中，提供的导航控件有 SiteMapPath 控件、Menu 控件和 TreeView 控件。一般情况下，开发人员利用站点地图和 SiteMapPath 控件实现自动导航，利用 Menu 控件或者 TreeView 控件实现自定义导航。

## 8.3.1 利用站点地图和 SiteMapPath 控件实现站点导航

站点地图文件是用来描述站点逻辑结构的 XML 文件，该文件的扩展名为.sitemap，站点地图文件必须保存在 Web 应用程序的根目录下才起作用。

SiteMapPath 控件以导航路径的方式显示当前页在站点中的位置，定义好站点地图以后，只需要将该控件拖放到站点地图中定义过的.aspx 页面上，它就会自动实现导航，不需要开发者编写任何代码。

**注意：**只有包含在站点地图中的网页才能被 SiteMapPath 控件导航；如果将 SiteMapPath 控件放置在站点地图中未列出的网页中，该控件将不会显示任何信息。

SiteMapPath 控件的常用属性如表 8.1 所示。

表 8.1　SiteMapPath 常见属性

| 属　性　名 | 说　　　明 |
| --- | --- |
| CurrentNodeStyle | 定义当前结点的外观样式 |
| NodeStyle | 定义 SiteMapPath 中所有导航结点的外观样式 |
| PathSeparator | 设置导航路径中结点之间的分隔符 |
| PathSeparatorStyle | 定义分隔符的样式 |
| RootNodeStyle | 定义根结点样式 |

下面通过一个例子说明如何利用站点地图和 SiteMapPath 控件实现自动导航。

**【例 8-4】**　创建如图 8.17 所示的站点结构图，然后利用 SiteMapPath 控件实现自动导航。

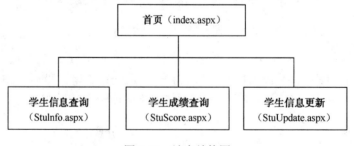

图 8.17　站点结构图

（1）运行 Visual Studio 2005，新建一个名为"SiteMapPathExample"的 ASP.NET Web 站点。

（2）通过"添加新项"，选择"站点地图"模板，如图 8.18 所示。

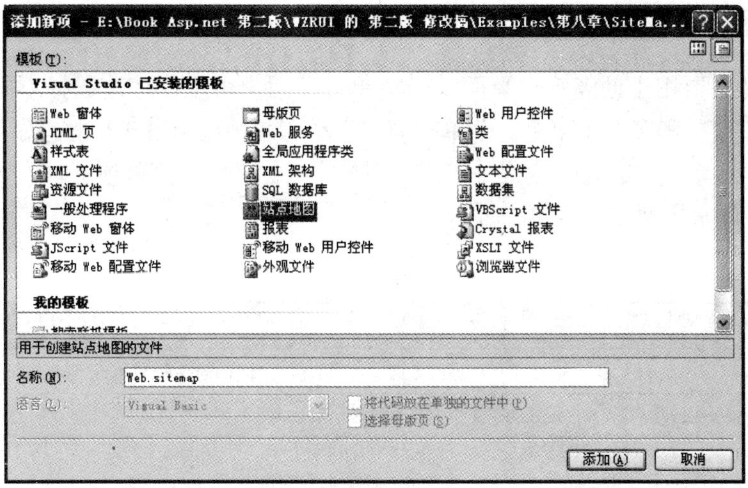

图 8.18　创建站点地图文件

（3）将 Web.config 文件中的内容修改如下，保存文件，完成站点地图设计。

```xml
<?xml version="1.0" encoding="utf-8" ?>
<siteMap xmlns="http://schemas.microsoft.com/AspNet/SiteMap-File-1.0" >
    <siteMapNode url="index.aspx" title="首页"    description="">
        <siteMapNode url="StuInfo.aspx" title="学生信息查询"    description="" />
        <siteMapNode url="StuScore.aspx" title="学生成绩查询"    description="" />
        <siteMapNode url="StuUpdate.aspx" title="学生信息更新"    description="" />
    </siteMapNode>
</siteMap>
```

**说明：** 站点地图文件中只能有一个根结点，即位于&lt;siteMap&gt;下方的第一个&lt;siteMapNode&gt;元素中，在根结点下可以嵌套任意多个子结点，子结点仍然用 SiteMapNode 定义，如果 SiteMapNode 下边嵌套子结点，则需成对形式出现，子结点位于成对标记内部，如果是叶结点，则作为单标记形式即可。

定义了站点地图后，就可以在导航控件中轻松实现导航功能。

（4）在解决方案中，分别添加名为"index.aspx""StuInfo.aspx"、"StuScore.aspx"、"StuUpdate.aspx"的网页。

（5）切换到 StuInfo.aspx 的"设计"视图，向页面内拖放一个 SiteMapPath 控件，即可看到该页面的在网站内的导航路径，结果如图 8.19 所示。

图 8.19　导航结果图

（6）同样在其他页面上拖放 SiteMapPath 控件，都会生成对应的导航路径。

### 8.3.2 利用 Menu 控件实现自定义导航

Menu 控件主要用于创建一个页面功能菜单，让用户可以快速地选择不同页面。该控件可以包括一个主菜单和多个子菜单。菜单有静态和动态两种显示模式。静态显示模式是指定义的菜单始终完全显示，动态显示模式是指需要用户将鼠标停留在菜单项上时才显示子菜单。

Menu 控件的常用属性如表 8.2 所示。

表 8.2 Menu 控件的常用属性

| 属 性 名 | 说 明 |
| --- | --- |
| Orientation | 设置菜单的展开方向。可以取值为 Horizontal 和 Vertical 两个选项 |
| MaximumDynamicDisplayLevels | 设置动态菜单的最大层数，默认为 3 |

Menu 控件的用法非常灵活，设计者可以利用它定义各种菜单样式，实现类似于 Windows 窗体菜单的功能。下面通过一个例子说明如何利用 Menu 控件实现自定义导航。

【例 8-5】 利用 Menu 控件创建自定义导航。

假定网站包含以下内容。

班级管理：班级新增（classAdd.aspx），班级查询（classSearch.aspx）。

学生管理：学生新增（studentAdd.aspx），学生查询（studentSearch.aspx）。

老师管理：老师新增（teacherAdd.aspx），老师查询（teacherSearch.aspx）。

设计步骤如下。

（1）运行 Visual Studio 2005，新建一个名为"MenuExample"的 ASP.NET Web 应用程序项目，分别在项目内添加需要的网页。

（2）在项目中添加一个名为"MenuExample.aspx"的网页，切换到"设计"视图，向页面中拖动一个 Menu 控件，将 Menu 控件的"Orientation"属性设置为"Horizontal"，以便使其横向排列，单击 Menu 控件右上方的小三角符号，选择"自动套用格式"，在打开的对话框中选择一种喜欢的样式。

（3）单击 Menu 控件右上方的小三角符号，选择"编辑菜单项"，在打开的"菜单项编辑器"对话框中，输入各菜单项，如图 8.20 所示。

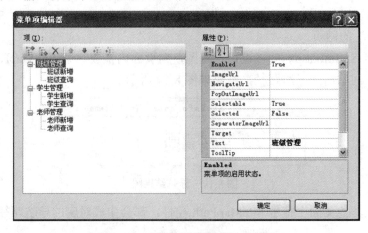

图 8.20 "菜单项编辑器"对话框

（4）在"菜单项编辑器"对话框右侧的属性选项中，利用"NavigateUrl"属性设置各菜单项链接到网页，全部设置完成后，单击"确定"按钮，在浏览器中查看本页，运行结果如图 8.21 所示。

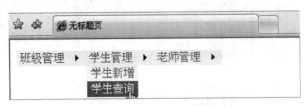

图 8.21　Menu 控件运行结果

### 8.3.3　利用 TreeView 控件实现自定义导航

TreeView 控件和 Menu 控件具有相同的功能，只是外观不同，TreeView 控件以树状结构显示结点项，根结点下也可以包含多个子结点，子结点又可以包含子结点，最下层是叶结点。

根结点可以只有一个，也可以有多个。除了叶子结点之外，每个结点还可以根据用户需要展开和折叠，让用户只观察所感兴趣的那一级数据。

TreeView 控件的常用属性如表 8.3 所示。

表 8.3　TreeView 控件的常用属性

| 属 性 名 | 说　明 |
| --- | --- |
| RootNodeStyle | 根结点的样式 |
| LeafNodeStyle | 叶子结点的样式 |
| NodeStyle | 所有结点的样式 |
| SelectedNodeStyle | 选定结点的样式 |

这一节，我们不对其进行过多深入的介绍，而是以一个简单的实例说明如何利用该控件实现自定义导航功能。

【例 8-6】　利用 TreeView 控件创建自定义导航。

（1）运行 Visual Studio 2005，打开上例所创建的"MenuExample"站点。

（2）在项目中添加一个名为"TreeViewExample.aspx"的网页，然后切换到"设计"视图，向网页中拖放一个 TreeView 控件。

（3）单击 TreeView 控件右上方的小三角符号，选择"自动套用格式"，在打开的窗口中选择一种喜欢的样式，再单击 TreeView 控件右上方的小三角符号，选择"编辑结点"，在打开的对话框中，输入上例中各结点的名称，如图 8.22 所示。

（4）在"节点编辑器"对话框右侧的属性选项中，利用"NavigateUrl"属性设置各菜单项链接到网页，全部设置完成后，单击"确定"按钮，在浏览器中查看本页，运行结果如图 8.23 所示。

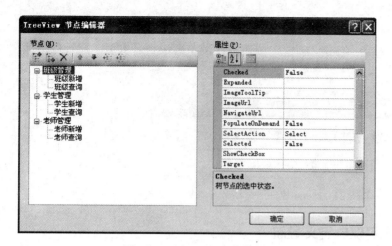
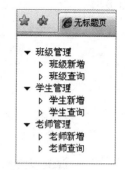

图 8.22　TreeView 中的菜单项　　　　　图 8.23　TreeView 控件运行结果图

## 本章小结

为了使得网站中的网页之间给人的总体外观和感觉都比较美观统一，ASP.NET 2.0 提供了主题和皮肤文件，母版页和内容页。主题用来对定义网站统一外观风格，便于网站外观风格的维护。皮肤文件主要用来定义服务器控件的外观，皮肤文件必须放在主题目录之下，而主题目录又必须放在专用目录 App_Themes 之下。母版页和内容页主要用来统一网站中网页的整体布局，提高页面设计和维护的效率，使不同页面的整体布局在显示风格上取得一致。站点导航功能使得网站内的网页间层次清晰，跳转便捷。

# 第9章 ASP.NET 2.0 项目开发实践

本书最后将通过一个具体的实例，介绍如何综合利用前面各章介绍的知识开发一个 ASP.NET Web 应用程序。本章所选用的系统是学生比较熟悉的学生成绩管理系统，以便减轻项目的需求分析难度，很快地理清系统的功能。

## 9.1 系统总体设计

### 9.1.1 功能模块设计

一个完善的学生成绩管理系统应当具有许多功能模块，本章着重实现其中的几个主要模块。该学生成绩管理系统包含的模块分别是学生信息查询；学生成绩查询；学生信息修改；学生成绩录入。

通过导航页的超链接可以跳转到相应的功能页面。为了使讲解更具条理，将该系统分解为多个任务模块，在每个任务模块中实现系统的部分内容。以下分别就各任务模块的实现做详细讲解。

### 9.1.2 数据库设计

学生成绩管理系统主要用来维护学生信息，课程信息，学生选课信息和课程成绩等。本系统建立数据库 XSCJ，该数据库中有 3 张表（XS、KC、XS_KC），表结构分别如表 9.1、表 9.2 和表 9.3 所示。

表 9.1 学生信息表（表名 XS）结构

| 列　名 | 数据类型 | 长　度 | 是否允许为空 | 默认值 | 说　明 | 列名含义 |
|---|---|---|---|---|---|---|
| XH | nvarchar | 6 | × | 无 | 主键 | 学号 |
| XM | nvarchar | 8 | × | 无 | | 姓名 |
| ZYM | nvarchar | 12 | √ | 无 | | 专业名 |
| XB | char | 2 | × | 无 | | 性别 |
| CSSJ | datetime | — | × | 无 | | 出生时间 |
| ZXF | int | — | √ | 无 | | 总学分 |
| BZ | ntext | — | √ | 无 | | 备注 |
| ZP | image | — | √ | 无 | | 照片 |

表 9.2 课程信息表（表名 KC）结构

| 列　名 | 数据类型 | 长　度 | 是否允许为空 | 默认值 | 说　明 | 列名含义 |
|---|---|---|---|---|---|---|
| KCH | nvarchar | 4 | × | 无 | 主键 | 课程号 |
| KCM | nvarchar | 16 | × | 无 | | 课程名 |
| KKXQ | int | — | √ | 无 | 只能为 1～8 | 开课学期 |

| 列 名 | 数据类型 | 长 度 | 是否允许为空 | 默认值 | 说 明 | 列名含义 |
|---|---|---|---|---|---|---|
| XS | int | — | √ | 无 | | 学时 |
| XF | int | — | √ | 无 | | 学分 |

**表 9.3 选课表（表名 XS_KC）结构**

| 列 名 | 数据类型 | 长 度 | 是否允许为空 | 默认值 | 说 明 | 列名含义 |
|---|---|---|---|---|---|---|
| XH | nvarchar | 6 | × | 无 | 主键 | 学号 |
| KCH | nvarchar | 4 | × | 无 | 主键 | 课程号 |
| CJ | int | — | √ | 无 | | 成绩 |

数据表内的测试数据请参见附录 C，本章不再详细列出。

## 9.2 任务一：创建连接和导航页

### 9.2.1 创建连接

Visual Studio 2005 提供了"服务器资源管理器"，它是一种便捷的数据库服务器管理控制台。使用此窗口可打开数据连接，登录服务器，浏览数据库和系统服务。在建立了连接后，可以设计相应的程序来打开连接以及检索和操作所提供的数据，或是使用可视化数据库工具直接访问和使用数据。为了方便系统的设计和编码，我们为 XSCJ 数据库在 Visual Studio 2005 中创建一个可视化的连接，当此连接建立好后，就可以直接在 Visual Studio 中查看和操作该数据库，例如显示表数据、添加触发器及存储过程等。

（1）运行 Visual Studio 2005，并新建网站"学生成绩管理系统"。

（2）运行 SqlServer 2005，把数据库"XSCJ"附加到 Sql Server 2005 服务器中。

（3）在 Visual Studio 2005 中，从菜单项"视图"中打开"服务器资源管理器"对话框，在"数据连接"上单击鼠标右键，选择"添加连接"，打开"添加连接"对话框，如图 9.1 所示。

图 9.1 "添加连接"对话框

（4）如图 9.1 所示，在"服务器名"选项中输入所要连接的服务器名，如果 SQL Server 2005 数据库安装在本机上且采用默认实例，则可以直接输入"."；在"登录到服务器"选项中，建议使用"Sql Server 身份验证"，并输入登录服务器所需要的"用户名"和"密码"；在"连接到一个数据库"选项中，选择或输入项目中将会用到的数据库名"XSCJ"，单击"确定"按钮。通过以上操作便在 Visual Studio 2005 中添加了此数据库的引用，如图 9.2 所示。

图 9.2　完成数据连接的添加

在连接创建好后就可以直接在 Visual Studio 2005 中对 XSCJ 数据库做操作，无须再通过 SQL Server 2005 的管理工具。

## 9.2.2　设计导航页

在系统的导航页上，使用 HyperLink 控件来提供到各页面的链接，为各链接配以相应的示意图片，网站图片文件夹的相对路径为"~/images/"。

学生成绩管理系统的导航页如图 9.3 所示。

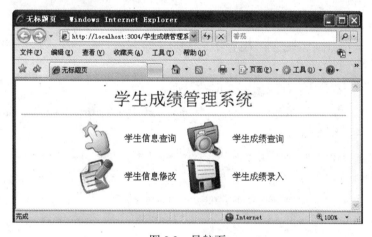

图 9.3　导航页

（1）切换到 Default.aspx 的"设计"视图，设置页面水平居中，并按照如图 9.3 所示的效果设计页面。

（2）在顶部输入"学生成绩管理系统"，并通过"属性"→style→"样式生成器"设置其外观。

（3）把"工具箱"内"HTML"标签内的"Horizontal Rule"拖放到页面内，并通过"样式生成器"设置其宽度属性。

（4）在水平线下部插入一个 2 行 4 列的表格，在对应的单元格内放置 Image 控件和 HyperLink 控件，导航页设计结果如图 9.4 所示。

图 9.4 导航页设计结果

（5）源代码如下：

```
<head runat="server">
    <title>无标题页</title>
</head>
<body style="text-align: center">
    <form id="form1" runat="server">
    <div style="font-size: 24pt; color: blue">
        学生成绩管理系统
        <hr style="width: 600px" />
    </div>
        <div style="text-align: center">
            <table style="width: 400px">
                <tr>
                    <td align="center" valign="middle">
                        <asp:Image ID="Image1" runat="server" ImageUrl="~/images/stuinfo.jpg" /></td>
                    <td align="center" valign="middle">
                <asp:HyperLink ID="HyperLink1" NavigateUrl="StuInfo.aspx" runat="server">学生信息查
询</asp:HyperLink></td>
                    <td align="center" valign="middle">
                <asp:Image ID="Image2" runat="server" ImageUrl="~/images/stuscore.jpg" /></td>
                    <td align="center" valign="middle">
                <asp:HyperLink ID="HyperLink2" NavigateUrl="StuScore.aspx" runat="server">学生成绩
查询</asp:HyperLink></td>
                </tr>
                <tr>
                    <td align="center" style="height: 21px" valign="middle">
                <asp:Image ID="Image3" runat="server" ImageUrl="~/images/stumodify.jpg" /></td>
                    <td align="center" style="height: 21px" valign="middle">
                <asp:HyperLink ID="HyperLink3" NavigateUrl="StuUpdate.aspx" runat="server">学生信
息修改</asp:HyperLink></td>
                    <td align="center" style="height: 21px" valign="middle">
```

```
                <asp:Image ID="Image4" runat="server" ImageUrl="~/images/addscore.jpg" /></td>
                <td align="center" style="height: 21px" valign="middle">
                <asp:HyperLink ID="HyperLink4" NavigateUrl="AddScore.aspx" runat="server">学生成
绩录入</asp:HyperLink></td>
                </tr>
                </table>
            </div>
        </form>
    </body>
</html>
```

## 9.3  任务二：学生信息查询

在学生信息查询任务模块中，使用 GridView 控件分页显示所有学生的信息记录，同时在页面上方提供简单的查询功能，输入查询条件可以过滤显示的记录。除此之外，学生姓名和学生照片均以链接的形式呈现在一列中，单击姓名链接将跳转到显示该学生学科成绩的页面，单击照片链接将在新窗口中显示该学生照片（如果有图片可以显示的话）。

下面演示如何实现上述功能。

### 9.3.1  显示学生记录

显示记录需要用到数据绑定控件，这里使用 GridView 数据绑定控件来分页显示所有的学生信息。

（1）新建页面"StuInfo.aspx"，切换到"设计"视图，设置页面水平居中，在顶部输入"学生信息查询"，并从"工具箱"内拖放一个水平线，设置其外观属性。从"工具箱"中将 GridView 控件拖动到页面中的水平线的下部，在"GridView 任务"菜单上的"选择数据源"列表框中，单击"新建数据源"，为 GridView 控件创建数据源，数据源类型选择"数据库"，保留默认的名称 SqlDataSource1，如图 9.5 所示。

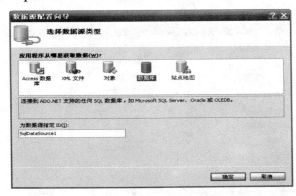

图 9.5  选择数据源类型

（2）接下来为数据源 SqlDataSource1 设置数据库连接字符串。向导会建议将连接字符串保存在 Web.config 文件中，在以后创建新的数据源时即可直接选择已保存的连接字符串作为指定的数据连接，如图 9.6 所示。

图 9.6　选择数据连接

（3）为 SqlDataSource1 配置 Select 语句。选择 XS 表的所有列，向导将自动生成查询语句"SELECT * FROM [XS]"，其可视化视图如图 9.7 所示，单击"完成"按钮配置完数据源。

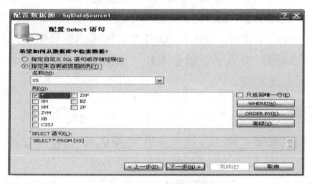

图 9.7　配置 Select 语句

（4）单击 GridView 智能标签页面中的"编辑列"链接，打开"字段"对话框，首先需要移除 XM 字段，同时添加一个模板列，移动模板列的上下位置到合适的地方，修改其 HeaderText 属性为"姓名及照片"，同时修改其他各可视列的 HeaderText 属性为合适的标题文本，如图 9.8 所示。

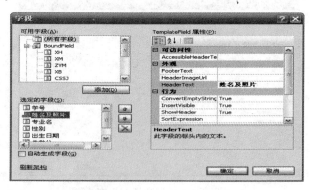

图 9.8　修改 Gridview 字段模板

（5）单击"确定"按钮回到设计视图，再从 GridView 的智能标签页面中选择"编辑模板",转到模板编辑视图,需要编辑的是刚添加的"姓名及照片"模板列。从工具箱中拖动两个 HyperLink 控件到模板列的 ItemTemplate 中,编辑第一个 HyperLink 的 DataBindings,将其 Text 属性直接绑定到 XM 字段上。对于 HyperLink 的 NavigateUrl 字段,由于这个超链接是在模板列中添加的,因此不能和 HyperLinkField 一样设置它的 DataNavigateUrlField 属性和 DataNavigateUrlFormatString 属性,但可以自定义绑定表达式,在显示姓名的 HyperLink 的 DataBindings 中,设置 NavigateUrl 绑定属性的自定义绑定表达式为"StuScore.aspx?id="+Eval("XH"),此绑定表达式表示当单击姓名超链接时将跳转到 StuScore.aspx 页面,同时以 GET 方法传递该学生的学号,如图 9.9 所示。

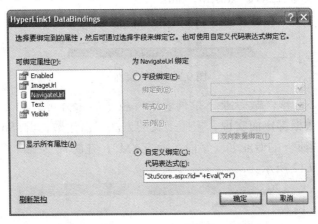

图 9.9　设置 HyperLink 控件的 DataBingdings

（6）将模板列中的第二个 HyperLink 的 Text 设为"照片",并仿照上述步骤为其 NavigateUrl 绑定属性自定义绑定表达式为"ShowPic.aspx?id="+Eval("XH")。若希望模板列中的这两个超链接单击后在新页面中打开内容,可将它们的 Target 属性设置为"_blank"。

（7）最后,为 GridView 启用内置的分页功能,并为其选择一个合适的外观格式模板。

完成上述操作后,学生的信息就可以通过 GridView 控件显示出来。运行网页,通过浏览器可以查看结果,如图 9.10 所示。

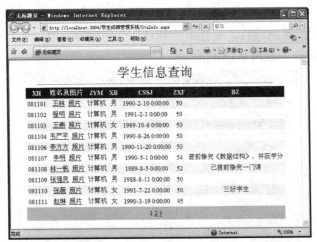

图 9.10　运行结果

### 9.3.2　查询学生记录

在任务二中还有一个目标就是要实现学生信息的简单查询功能，即通过页面上输入的查询条件显示查询结果。

在 StuInfo.aspx 页面上定义了三个可输入的查询条件：学号、姓名和专业，其中专业是必选项，其余两个是可选项。三个查询条件之间是与的关系，若可选条件为空，则匹配与该条件对应的任意记录。

（1）打开"StuInfo.aspx"页面，切换到"设计"视图，设计如图 9.11 所示的查询页面，并分别命名其 ID 为 stuXH，stuXM，stuZY。

图 9.11　查询页面

（2）因专业为必选项，故专业下拉列表中应枚举出所有可选的专业名，可以通过为 DropDownList 进行数据绑定而实现。按照上文的方法，新建数据源 SqlDataSource2，该数据源从 XS 表中检索唯一的专业名（字段名为 ZYM），在配置 Select 语句时要勾选上"只返回唯一行"，如图 9.12 所示。

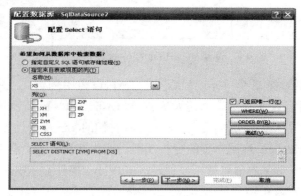

图 9.12　配置 Select 语句

（3）完成数据源配置向导后，配置下拉列表控件的绑定字段，使其显示绑定字段和值绑定字段均为 ZYM 即可，如图 9.13 所示。

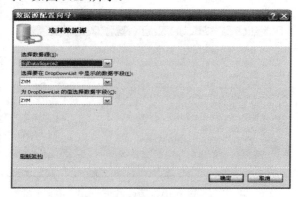

图 9.13　选择 DropDownList 控件的数据源

当在查询页面中单击"查询"按钮时，需要根据页面上的输入情况构造新的 Select 语句，然后将其作为 SqlDataSoure1 的 SelectCommand 的值，这样才能经过回发后根据查询条件检索出符合要求的记录，然后重新将结果绑定到 GridView 控件上。

（4）在 StuInfo.aspx 的代码隐藏文件 StuInfo.aspx.cs 中定义一个名为 MakeSelectSql 的函数，该函数根据页面输入的查询条件构造新的 Select 语句并返回，具体代码如下：

```
private string MakeSelectSql()
{
        string queryString = "SELECT * FROM XS WHERE 1=1";
        if (stuXH.Text.Trim() != string.Empty)
            queryString += " and XH like '%" + stuXH.Text.Trim() + "%'";
        if (stuXM.Text.Trim() != string.Empty)
            queryString+= " and XM like '%" + stuXM.Text.Trim() + "%'";
        if (stuZY.Text != "所有专业")
            queryString += " and ZYM like '%" + stuZY.SelectedValue + "%'";
        return queryString;
}
```

在"查询"按钮的 Click 事件的处理程序中添加如下代码：

```
SqlDataSource1.SelectCommand = MakeSelectSql();
```

由于查询时所使用的 Select 语句是动态生成的，因此在查询结果中进行翻页时数据源控件的 SelectCommand 属性将会重置为页面第一次加载时的初始值。这需要在 GridView 控件的 PageIndexChanging 事件处理中设置数据源的 SelectCommand 属性来解决这个问题，代码如下：

```
protected void GridView1_PageIndexChanging(object sender, GridViewPageEventArgs e)
{
    SqlDataSource1.SelectCommand = MakeSelectSql();
}
```

运行网页，输入查询条件后测试查询功能，查询结果如图 9.14 所示。

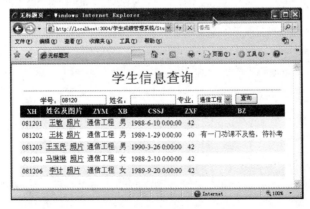

图 9.14　查询结果

### 9.3.3　显示学生照片

在学生信息的查询页面中，每个学生的照片均为超链接字段，单击该链接将在 ShowPic.aspx 页面中显示该学生的照片。由于照片字段可为空，因此在无照片数据可显示时应该给出相应提示。

照片字段的数据类型为 Image，该数据类型以二进制存储数据，这意味着学生照片都是以二进制的形式直接存储在数据库中的，通过程序获取的此字段数据并不能直接在诸如 Image 等的控件中呈现。为了能正确地显示学生图片，需要设置页面的输出类型为流式输出，并且调用 Response 对象的 BinaryWrite 方法将图片的二进制数据输出到页面上。

在 StuInfo.aspx 中，已经设置了"照片"超链接的 URL 以 GET 方法向 ShowPic.aspx 页面传递学号作为参数，可见在 ShowPic.aspx 中可以通过 Request 对象的 QueryString 方法获取该参数。为了防止用户跳过 StuInfo.aspx 直接访问 ShowPic.aspx 页面或者输入一个包含错误参数的 URL 来访问数据，必须在向数据库请求数据之前验证参数的正确性，如果参数不合法则给出提示信息。

（1）从解决方案资源管理器中新建 ShowPic.aspx，设置页面居中，并切换到页面的代码文件 ShowPic.aspx.cs，在页面 Load 事件的处理程序中输入如下代码：

```
protected void Page_Load(object sender, EventArgs e)
{
    if (!Page.IsPostBack)
    {
        //用以存储获取的图片数据
        byte[] picData;
        //获取传入参数
        string id = Request.QueryString["id"];
        //参数验证
        if (!CheckParameter(id, out picData))
            Response.Write("没有可以显示的照片。");
        else
        {
            //设置页面的输出类型
            Response.ContentType = "application/octet-stream";
            //以二进制输出图片数据
            Response.BinaryWrite(picData);
            //清空缓冲，停止页面执行
            Response.End();
        }
    }
}
```

并在顶部引入命名空间，代码如下：

```
using System.Data.SqlClient;
```

（2）在以上代码中，获取传入参数 id 后调用 CheckParameter 方法验证参数的正确性，该方法接受页面传入参数 id 和一个 out 参数 picData。如果方法返回 True，标记为 out 参数的 picData 中存放的即是学生的照片数据。如果返回 False，picData 保持为 Null。参数验证通过后，设置页面的输出类型为 Application/octet-stream，该类型允许输出二进制数据，接着调用 Response.BinaryWrite 方法输出照片数据。

验证传入参数有效性的 CheckParameter 方法的代码如下：

```
private bool CheckParameter(string id, out byte[] picData)
{
    picData = null;
    //判断传入参数是否为空
    if (string.IsNullOrEmpty(id))
    {
        return false;
    }
    //从配置文件中获取连接字符串
    string connStr = ConfigurationManager.ConnectionStrings["XSCJConnectionString"].ConnectionString;
    SqlConnection conn=new SqlConnection(connStr);
    string query = string.Format("select ZP from XS where XH='{0}'", id);
    SqlCommand cmd = new SqlCommand(query, conn);
    try
    {
        conn.Open();
        //根据参数获取数据
        object data = cmd.ExecuteScalar();
        //如果照片字段为空或者无返回值
        if (Convert.IsDBNull(data) || data == null)
            return false;
        else
        {
            picData = (byte[])data;
            return true;
        }
    }
    finally
    {
        conn.Close();
    }
```

再次运行网页"StuInfo.aspx",单击学号为 081101 学生的照片链接,结果如图 9.15 所示。

图 9.15　显示学生照片

## 9.4　任务三:学生成绩查询

学生成绩查询页面 StuScore.aspx 可以根据 GET 或 POST 两种方法提交参数来显示相关学生的成绩。通过 GET 方法获取参数时,使用 Request.QueryString 方法获取学生学号;通过 POST 方法获取参数时,使用二级联动下拉列表确定学生学号。另外,StuScore.aspx 上使用一个 DetailsView 控件显示当前学生的基本信息,使用一个 GridView 控件显示该学生的课程成绩信息。StuScore.aspx 页面的设计视图如图 9.16 所示。

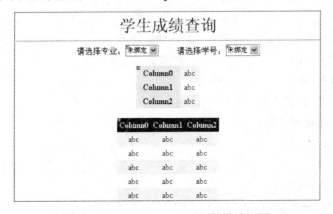

图 9.16　StuScore.aspx 页面的设计视图

下面分别讲解如何通过这两种不同的参数传递方式查询学生成绩信息。

### 9.4.1　根据 URL 参数查询

在 StuInfo.aspx 页面中,已经通过使用 GridView 控件的模板列设置了学生姓名超链接的 URL 包含该学生的学号,例如,学号为 061104 的学生姓名的超链接指向的 URL 为"~/StuScore.aspx?xh=061104",在 StuScore.aspx 中可以直接获取该参数。

（1）首先，为 DetailsView 控件新建数据源，数据源类型选择"数据库"，保留默认的名称 SqlDataSource1。由于该页面上需要显示的信息来自多个表连接操作的结果集，因此在"配置 Select 语句"的向导页中就不能再像以前一样通过选择来指定表或视图的数据了，必须手动填入自定义的 SQL 语句，如图 9.17 所示。

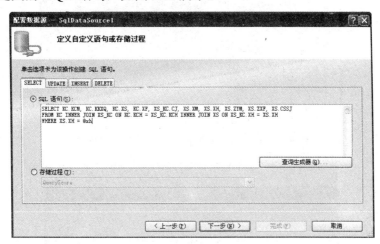

图 9.17　自定义的 SQL 语句

（2）单击"下一步"按钮，为该 SQL 语句设定参数来源，如图 9.18 所示。

图 9.18　定义 SQL 语句参数来源

（3）完成数据源配置向导，回到 StuScore.aspx 设计视图。DetailsView 控件和 GridView 控件均可从该数据源获取所需的数据，将它们的数据源均设置为 SqlDataSource1。

（4）接下来需要为 DetailsView 和 GridView 编辑可视字段和显示格式。通过 DetailsView 的智能标签页面打开"字段"对话框，在"选定的字段"列表中仅保留 XH、XM、CSSJ、ZYM 和 ZXF 这几个字段，适当地调整上下顺序并修改它们 HeaderText 属性，如图 9.19 所示。

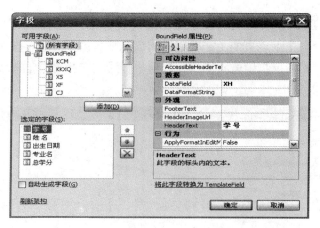

图 9.19　编辑 DetailsView 的可视列及其格式

用同样的方法修改 GridView 控件的可视列和可视格式，如图 9.20 所示。

图 9.20　编辑 GridView 的可视列及其格式

至此，根据 URL 传递的参数检索学生成绩信息的功能就完成了，在浏览器内查看页面 "StuInfo.aspx"，单击姓名为"程明"超链接，会出现"学生成绩查询"页面，学生成绩查询结果如图 9.21 所示。

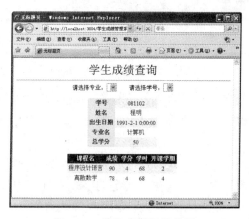

图 9.21　学生成绩查询结果

### 9.4.2　根据表单提交参数查询

StuScore.aspx 页面不仅可以通过 GET 方法获取"StuInfo.aspx"页面传递的学生学号，同样也可以通过表单来提交学生学号，这正是所谓的 POST 方法传递参数。在 StuScore.aspx 页面上设计了一个二级联动下拉列表，通过选择专业再选择该专业下的某个学生学号提交即可。首先要实现这个二级联动下拉列表。

（1）分别修改 DropDownList 控件的 ID 为 zymlist，xhlist。

（2）为 zymlist 下拉列表创建新数据源控件 SqlDataSource2，该数据源控件从 XS 表中检索唯一的专业名，其配置 Select 语句的向导页如图 9.22 所示。

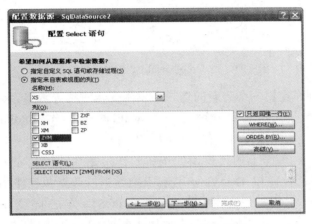

图 9.22　配置 Select 语句的向导页

（3）完成该数据源向导后继续为 xhlist 下拉列表创建数据源控件 SqlDataSource3，该数据源从 zymlist 控件获取专业名作为输入参数，返回与该专业名相同的所有学生学号。在配置该数据源的 Select 语句时需要为其添加 WHERE 子句，添加 WHERE 子句的向导页如图 9.23 所示（在"配置 Select 语句"窗口的右侧单击"WHERE"按钮会出现向导页面）。

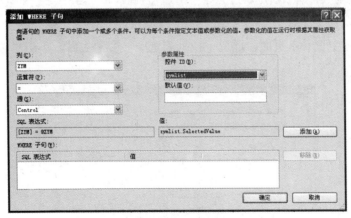

图 9.23　添加 WHERE 子句

（4）设置结束后单击"添加"按钮，再单击"确定"按钮返回到"配置 Select 语句"对话框，单击"下一步"按钮，完成数据源的配置向导后，为 DropDownList 控件选择数据源，如图 9.24 所示。

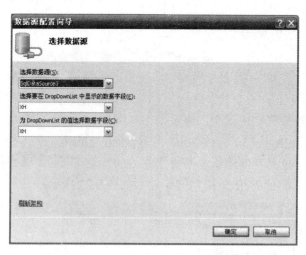

图 9.24  为 DropDownList 控件选择数据源

（5）联动下拉列表在第一个列表的选择项发生变化时将导致第二个列表中的项发生变化。为能实现联动效果，应将第一个 DropDownList 控件的 AutoPostBack 属性设置为 True，这样才能在列表选择项发生变化时自动产生回发。

（6）StuScore.aspx 页面上的"查询"按钮的作用是手动提交表单，引起一次回发过程。由于 DetailsView 控件和 GridView 控件获取数据的数据源控件 SqlDataSource1 接收的输入参数已声明在代码中，所以当通过 POST 方法提交学生参数时应清除 SqlDataSource1 的 QueryString 参数而动态添加从页面控件获取的参数。

在"查询"按钮的 Click 事件处理程序中添加如下代码：

```
protected void Button1_Click(object sender, EventArgs e)
{
    SqlDataSource1.SelectParameters.Clear();
    SqlDataSource1.SelectParameters.Add("xh", xhlist.SelectedValue);
}
```

（7）在浏览器中查看本页面，通过下拉列表选中一个学生后，单击"查询"按钮，结果如图 9.25 所示。

图 9.25  运行结果

## 9.5 任务四：学生信息更新

在学生信息更新页面 StuUpdate.aspx 中，仍然利用一个二级联动下拉列表来确定需要更新信息的学生学号。除此之外，页面上还将使用一个 DetailsView 控件来显示该学生的详细信息，当 DetailsView 控件正确地绑定到数据源控件上时就可启用控件内置的编辑、删除和添加功能，通过模板列可以自定义更加复杂的功能。

关于如何创建二级联动下拉列表，请参阅上一节中的讲解。需要注意的是，本节中的二级联动下拉列表与上节中的略有不同，由于在本节中没有提供如上一节中的"查询"按钮以手动引起回发，因此如果需要在第二级的下拉列表选择项发生变化时自动引起回发，则必须将其 AutoPostBack 属性设置为 True。

### 9.5.1 更新学生照片

更新学生照片的步骤如下。

（1）创建"StuUpdate.aspx"，切换到"设计"视图，设置页面居中，在顶部输入"学生信息修改"，拖放一个横线，分别设置其外观样式。在下部按照上例的方法拖放两个 DropDownList 控件，并设置其数据源，设置它们的 AutoPostBack 属性为 True。

（2）从工具箱中拖动一个 DetailsView 控件到 StuUpdate.aspx 的设计视图上，为其新建数据源，为数据源配置 Select 语句，选择 XS 表，在列选择框中选中除"ZP"字段以外的所有字段。

因为 ZP 字段是 Image 类型，该数据类型默认不会自动绑定到数据绑定控件上，所以为了防止在使用数据绑定控件的内置更新功能来更新数据时产生类型不匹配的错误，在此暂时不选择该字段。

（3）选择数据列后继续为 Select 语句添加 WHERE 子句，该子句表明仅检索出学号与从页面控件获取的学号相符的学生记录。配置 WHERE 子句的向导页如图 9.26 所示，设置好后，单击"添加"按钮，然后单击"确定"按钮。

图 9.26 添加 WHERE 子句

（4）返回到配置 Select 语句向导页，单击"高级"按钮，将打开框中的第一个复选框选中，这样数据源将自动生成与 Select 语句对应的 Insert、Update、Delete 语句，以实现数据绑定控件的内置插入、更新和删除数据的功能，如图 9.27 所示。

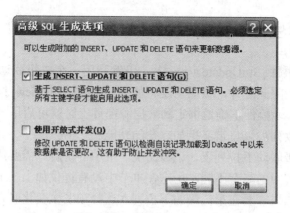

图 9.27 允许生成 Insert、Update、Delete 语句

（5）回到设计页面，在 DetailsView 控件的智能标签页面中为其启用内置的插入、编辑、删除功能，继续从智能标签页面中单击"编辑字段"，打开"字段"对话框，与前面一样，设置各选定字段的 HeaderText 属性和样式外观等。接下来为 DetailsView 添加一个 TemplateField，将其 HeaderText 属性设置为"学生照片"，我们正是利用这个模板列来进行学生照片的更新操作，单击"确定"按钮。

（6）在 DetailsView 的智能标签页面中单击"编辑模板"链接，转到模板列的设计视图，分别编辑此模板列的 ItemTemplate、EditItemTemplate 和 InsertItemTemplate。在 ItemTemplate 中，仿照在 StuInfo.aspx 中的做法为每个学生添加一个到 ShowPic.aspx 的链接即可。编辑模板列的 EditItemTemplate，这个模板在编辑记录时显示，需要在其中提供上传学生照片的功能。在 EditItemTemplate 的设计视图中添加一个 FileUpload 控件和一个 Button 控件，修改它们的控件 ID 为 EditUpload、uploadBtn，如图 9.28 所示。

图 9.28 编辑 DetailsView 模板列

（7）双击"上传"按钮，转到 Click 事件的处理代码段中，添加如下代码以实现学生照片的上传功能：

```
protected void uploadBtn_Click(object sender, EventArgs e)
{
    //获取当前学生的学号
    string xh = xhlist.SelectedValuc;
    //查找上传控件并检查是否选择了文件
    FileUpload fu = DetailsView1.FindControl("EditUpload") as FileUpload;
    if (fu != null && !string.IsNullOrEmpty(fu.FileName))
    {
        //获取连接字符串
        string connStr =
                ConfigurationManager.ConnectionStrings["XSCJConnectionString"].ConnectionString;
        SqlConnection conn = new SqlConnection(connStr);
        //设置 Sql 语句
        string sqlStr = "update [XS] set [ZP]=@zp where [XH]=@xh";
        SqlCommand cmd = new SqlCommand(sqlStr, conn);
        //添加参数
        cmd.Parameters.Add("@zp", SqlDbType.Image);
        cmd.Parameters.Add("@xh", SqlDbType.NVarChar);
        cmd.Parameters[0].Value = fu.FileBytes;
        cmd.Parameters[1].Value = xh;
        try
        {
            conn.Open();
            cmd.ExecuteNonQuery();
        }
        finally
        {
            conn.Close();
        }
    }
}
```

（8）在浏览器中查看本页，选择 DetailsView 中某条记录进行编辑，在记录编辑页面中为该学生上传一张照片。回到记录显示页面，单击"查看图片"链接，可以看到刚刚上传的照片已经能正确地显示在 ShowPic.aspx 页面中了，如图 9.29 和图 9.30 所示。

图 9.29    更新学生信息                             图 9.30    显示上传的图片

## 9.5.2    验证表单输入

在编辑记录和插入新记录时，常常需要进行输入验证，例如，验证姓名文本框不为空，生日文本框输入的日期格式无误等。在 ASP.NET 中，基本的输入验证都可以使用验证控件完成。在本例中，编辑学生记录和添加新学生界面均包含可编辑文本框，在提交前有必要对所有可编辑字段进行有效性检验。为了在 DetailsView 中添加验证控件，可以将 DetailsView 控件的所有可编辑字段转换为 TemplateField，然后再进行模板编辑。

（1）从 StuUpdate.aspx 页面上的 DetailsView 控件的智能标签页面中单击"编辑字段"链接，打开"字段"对话框，依次选中"选定的字段"列表中的绑定列，将除 BZ 以外的字段全部转换为 TemplateField，如图 9.31 所示。

图 9.31    将绑定列转换为模板列

（2）按"确定"后回到设计视图，从 DetailsView 的智能标签面板中选择"编辑模板"，转到模板编辑视图。以 CSSJ（出生日期）字段为例，从 DetailsView 控件的智能标签面板中选择"出生日期"列的 EditItemTemplate，向设计视图中添加一个 RequiredFieldValidator 和一个 CompareValidator，分别对两个验证控件进行验证，如图 9.32 所示。注意将 CompareValidator 控件的 Operator 属性设置为 DataTypeCheck。

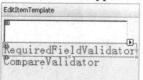

图 9.32    为 EditItemTemplate 添加验证控件

（3）根据需要，按照上述方法为其他可编辑字段添加合适的验证控件。最后再为 StuUpdate.aspx 页面添加一个 ValidationSummary 控件，设置其 ShowMessageBox 属性为 True，该控件用于统一显示验证控件的提示信息。需要注意的是，如果在页面上使用了 ValidationSummary 控件，为了达到统一显示的效果，应该将所有验证控件的 Display 属性设置为 None。

（4）完成 EditItemTemplate 模板的验证要求之后，继续为 InsertItemTemplate 模板中的可编辑字段添加验证控件，具体方法同上，这里不再赘述。

（5）全部操作完成后运行网页，此时可以测试验证控件的验证效果，如图 9.33 所示。

图 9.33　编辑学生记录时的有效性验证

### 9.5.3　删除学生信息

至此，在学生信息更新页面 StuUpdate.aspx 中还有一项删除功能没有完全实现。虽然已经启用了 DetailsView 控件的内置删除功能，但这还不能完全达到我们的需求。数据绑定控件的内置删除只是根据基本表的主键删除对应的记录，这项内置功能在执行时并不考虑基本表之间是否有约束条件，是否能保持基本表的完整性，也不会在删除操作之前要求用户确认。

上述有关删除记录的问题应当妥善解决。可以看到，在本示例中用到的 XSCJ 数据库虽然只有三张基本表，但是表之间还是有一定的联系的。XS 表的 XH 字段和 KC 表的 KCH 字段分别与 XS_KC 表中的 XH 字段和 KCH 字段相对应。显然，当在删除 XS 表中的某条记录的时候必须保证 XS_KC 表中具有相同 XH 的课程成绩记录也一并被删除，这样才能保证表间完整性。可见，不能简单地依靠 DetailsView 的删除功能从一张表内删除记录，需要通过编写程序来实现上述功能要求。

（1）通过 DetailsView 控件的智能标签页面打开"字段"对话框，在"选定的字段"列表中将 CommandField 转换为 TemplateField，转换后的 CommandField 并不会丢失内置的编辑、删除和插入功能，外观也与转换前保持一致。

（2）通过 DetailsView 控件的智能标签页面打开"编辑模板"对话框，对 CommondField 进行模板设计，单击"删除"按钮，修改其"CommondName"为"MyDelete"，则以前的"删除"按钮不会调用数据源控件内的删除指令。

（3）双击"删除"按钮，在其事件内编写如下的代码：

```
//在 DetailsView 控件内获取显示学号的 Label 的引用
Label XH = (Label)DetailsView1.FindControl("Label1");
//先从 XS_KC 表中把给学号的学生选课成绩给删除
SqlDataSource3.DeleteCommand = "delete from    XS_KC where XH ='" + XH.Text + "'";
SqlDataSource3.Delete();
//再从 XS 表中把该学号对应的学生删除
SqlDataSource3.DeleteCommand = "delete from XS where XH='" + XH.Text + "'";
SqlDataSource3.Delete();
```

（4）通过 DetailsView 控件的智能标签页面打开"编辑模板"对话框，对 CommondField 进行模板设计，单击"删除"按钮，设置其"OnClientClick"值为"return confirm('确认删除该记录吗？');"。

（5）在浏览器中查看本页面，单击"删除"按钮，查看运行结果如图 9.34 所示，单击"确定"按钮，则对应的记录将会被删除，其所选课程信息也会被删除。

图 9.34 查看运行结果

## 9.6 任务五：学生成绩录入

在本节中，我们将实现学生成绩的录入功能。当用户选择专业后，系统将列出本专业所有学生的学号。选择某课程后，如果学生选过该课程，就会显示此课程的成绩、学分，此时可以修改该学生的课程成绩；如果学生的成绩为空，则可以添加此课程的成绩。单击"上一条"按钮、"下一条"按钮时，会自动从学号列表中取出上一条、下一条学生的学号，并显示此学生的当前课程信息。AddScore.aspx 页面的最终结果如图 9.35 所示。

图 9.35 学生成绩录入页面

### 9.6.1 绑定 DropDownList 控件

从图 9.35 中可以看到，AddScore.aspx 页面上有三个 DropDownList 控件需要进行数据绑定，它们分别用于显示专业名、课程名和学生学号，从页面功能分析中还可以得知，用于显示专业名和学生学号的两个下拉列表之间存在着联动关系，当专业名列表中选择项改变时，学生学号下拉列表中应绑定被选专业下的所有学生学号。

（1）首先我们来实现专业列表与学号列表的联动功能。为专业列表框 StuZY 新建数据源，其中配置 Select 语句的向导页如图 9.36 所示，其余操作同前。

图 9.36　配置 Select 语句

（2）为学号列表框 StuXH 配置数据源，其中配置 Select 语句的向导页如图 9.37 所示，并按任务四中的方法，为其添加 WHERE 语句，如图 9.38 所示。

（3）为了实现专业名选择项改变后自动产生回发而重新绑定学号列表，需要将 StuZY 的 AutoPostBack 设置为 True。

绑定课程列表框，具体过程同绑定专业名列表，这里不再赘述。

当完成上述所有操作后，AddScore.aspx 页面上所有下拉列表的数据绑定工作就已经完成了，下面我们还需要继续处理当改变学号选择项时学生成绩的显示及提交修改后的成绩等过程。

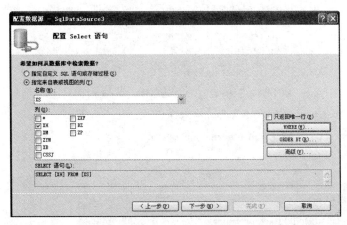

图 9.37　自定义 SQL 语句

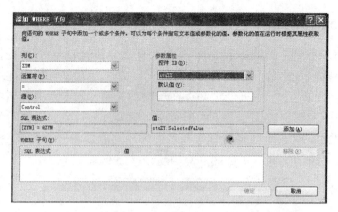

图 9.38　添加 WHERE 语句

## 9.6.2　更新学生成绩

更新学生成绩的步骤如下。

（1）当用户改变学号下拉框的选择项时，处理其相应事件，显示学生的成绩信息。为了在更新的时候能够区别是增加新记录还是更新已有记录，在窗体页上增添了一个 Hidden 控件用以标志更改状态。Hidden 控件的值为"Yes"表示新记录，为"No"表示修改已有记录。将学生学号下拉列表 StuXH 的 AutoPostBack 属性设置为 True，并添加如下 SelectedIndexChanged 事件处理代码：

```
protected void stuXH_SelectedIndexChanged(object sender, EventArgs e)
{
    //首先清空文本框
    stuXM.Text = string.Empty;
    stuCJ.Text = string.Empty;
    stuXF.Text = string.Empty;
    string xh = stuXH.Text;
    string kcm = stuKCM.Text;
    string connStr = ConfigurationManager.ConnectionStrings["XSCJConnectionString"].ConnectionString;
    //定义 SQL 语句
    string sql = @"select count(*) from XS_KC,XS where XS_KC.XH= XS.XH and
            XS_KC.KCH=(select KCH from KC
            where KCM='"+ kcm + "') and XS.XH='" + xh + "'";
    SqlConnection conn = new SqlConnection(connStr);
    SqlCommand cmd = new SqlCommand(sql, conn);
    try
    {
        conn.Open();
        int cnt = (int)cmd.ExecuteScalar();
        //如果有成绩记录存在
```

```csharp
            if (cnt != 0)
            {
                sql = @"select XS.XM,XS_KC.CJ,KC.XF from XS_KC,XS,KC
                        where XS_KC.XH= XS.XH and XS_KC.KCH=
                        (select KCH from KC where KCM='" + kcm + "') and XS.XH='" + xh + "'";
                cmd = new SqlCommand(sql, conn);
                //获得记录行
                SqlDataReader sdr = cmd.ExecuteReader();
                sdr.Read();
                stuXM.Text = sdr[0].ToString();
                stuCJ.Text = sdr[1].ToString();
                stuXF.Text = sdr[2].ToString();
                sdr.Close();
                //设置状态标志
                IsNew.Value = "No";
            }
            //没有成绩记录则仅显示姓名和学分
            else
            {
                sql = @"select XS.XM,KC.XF from XS,KC
                        where XS.XH='" + xh + "' and KC.KCM='" + kcm + "'";
                cmd = new SqlCommand(sql, conn);
                //获得记录行
                SqlDataReader sdr = cmd.ExecuteReader();
                sdr.Read();
                stuXM.Text = sdr[0].ToString();
                stuXF.Text = sdr[1].ToString();
                sdr.Close();
                //设置状态标志
                IsNew.Value = "Yes";
            }
        }
        finally
        {
            conn.Close();
        }
    }
```

（2）课程列表框 StuKC 的选项改变时应和学号列表框选项改变产生同样的效果，为其

SelectedIndexChanged 事件处理添加代码如下，并将其 AutoPostBack 属性修改为 True。

```
protected void stuKCM_SelectedIndexChanged(object sender, EventArgs e)
{
    stuXH_SelectedIndexChanged(null, null);
}
```

（3）用户可以编辑学生成绩并单击"更新"按钮提交，由于 AddScore.aspx 页面并没有使用具有内置更新功能的数据绑定控件，因此更新学生成绩到数据库的功能必须用手工编写代码来实现。为"更新"按钮添加 Click 事件处理代码如下：

```
protected void update_btn_Click(object sender, EventArgs e)
{
    string xh = stuXH.Text;
    string kcm = stuKCM.Text;
    int cj = int.Parse(stuCJ.Text);
    string connStr = ConfigurationManager.ConnectionStrings["XSCJConnectionString"].ConnectionString;
    SqlConnection conn = new SqlConnection(connStr);
    SqlCommand cmd = null;
    try
    {
        conn.Open();
        //定义 SQL 语句
        string sql = null;
        //如果是已有记录则更新
        if (IsNew.Value == "No")
        {
            sql = "update XS_KC set CJ='"+ cj + "'
                where XH='" + xh + "' and KCH=(select KCH from KC where KCM='" + kcm + "')";
        }
        else
        {
            string _sql = "select kch from KC where KCM='" + kcm + "'";
            cmd = new SqlCommand(_sql, conn);
            sql = "insert into XS_KC values('" + xh + "'," + cmd.ExecuteScalar() + "," + cj + ")";
        }
        cmd = new SqlCommand(sql, conn);
        int rows = cmd.ExecuteNonQuery();
        if (rows == 1)
        {
            Response.Write("<script>alert('更新学生成绩成功！')</script>");
```

```
            }
        }
        finally
        {
            conn.Close();
        }
    }
```

（4）最后处理"上一条"、"下一条"导航按钮，其作用是设置当前下拉列表框的 SelectedIndex 属性以实现记录的前后移动，其代码比较简单：

```
protected void prev_btn_Click(object sender, EventArgs e)
{
    if (stuXH.SelectedIndex > 0)
    {
        stuXH.SelectedIndex--;
        stuXH_SelectedIndexChanged(null, null);
    }
    else
    {
        Response.Write("<script>alert('已经到达第一条记录！')</script>");
    }
}
protected void next_btn_Click(object sender, EventArgs e)
{
    if (stuXH.SelectedIndex < stuXH.Items.Count - 1)
    {
        stuXH.SelectedIndex++;
        stuXH_SelectedIndexChanged(null, null);
    }
    else
    {
        Response.Write("<script>alert('已经到达最后一条记录！')</script>");
    }
}
```

在网页中查看本页，运行测试本页功能。

## 本章小结

在本章中，我们学习了如何实现一个完整的学生成绩管理系统。通过学习掌握如何将一个功能比较复杂的 Web 应用程序划分成多个任务模块，在每个模块中再细分出不同需求，从而在整体上把握住整个 Web 应用程序的框架结构。

通过本章学生成绩管理系统的学习，可以看到 ASP.NET 2.0 中新增的 GridView、DetailsView 和 FormView 这三种数据绑定 Web 服务器控件在 Web 应用程序中的重要作用。它们均具有非常强大的功能，不仅能用于显示数据表中的数据和图像，还能够编辑和删除数据表中的数据。除此以外，这三种数据绑定控件均提供了模板功能，使得定制页面和功能变得更加容易。

此外，本章的示例中还多次出现了在 Web 应用中较常见的主/从报表。在 ASP.NET 2.0，通过配置数据源并将其与合适的数据绑定控件进行绑定，可以轻松地实现多种主/从报表。需要注意的是，同页面的主/从报表和跨页面的主/从报表在传递参数上是有区别的：对于前者而言，从表直接从页面上的控件获取参数进行绑定，而在后者中，从表则是使用主表所在页面通过 URL 传递参数获得绑定；前者是 POST 方法传递参数，后者是 GET 方法传递参数。

# 2 部分　实　　　验

## 实验 1　配置并测试 ASP.NET 2.0 运行环境

**目的与要求**

（1）掌握 ASP.NET 2.0 运行环境的安装和配置。

（2）熟悉 ASP.NET 2.0 应用程序的创建。

（3）掌握 Web 页的发布。

**内容和步骤**

【练习 1】　配置 ASP.NET 2.0 的运行环境。

（1）参照附录 D 中的内容安装 Visual Studio 2005 集成开发环境，安装完成后打开 Visual Studio 2005，从"工具"菜单中打开"选项"，熟悉 Visual Studio 2005 的各选项并根据需要调整，如图 T.1 所示。

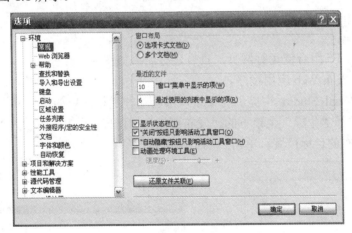

图 T.1　Visual Studio 2005 的选项设置

（2）安装数据库系统，如 SQL SERVER 2000/2005 等，熟悉 SQL SERVER 2000/2005 的使用。

【练习 2】　创建并发布 ASP.NET 应用程序。

（1）打开 Visual Studio 2005，单击"文件"下的"新建网站"，创建一个使用文件系统的 ASP.NET 网站，仿照如图 T.2 所示的布局创建一个简单的 Web 窗体页。

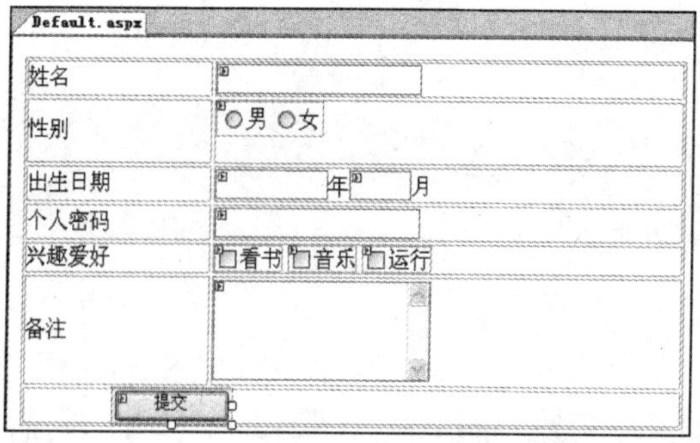

図 T.2　新建一个 Web 窗体页

（2）在设计视图中双击"确定"按钮，为其 Click 事件添加事件处理代码如下：

```
protected void Button1_Click(object sender, EventArgs e)
{
    Response.Write("姓名：" + TextBox1.Text + "<br />");
    Response.Write("性别：" + RadioButtonList1.SelectedItem.Text + "<br/>");
    Response.Write("出生年月：" + TextBox2.Text + "年" + TextBox3.Text + "月" + "<br/>");
    Response.Write("个人密码：" + TextBox4.Text + "<br />");
    Response.Write("兴趣爱好：" + (CheckBox1.Checked ? "看书 " : "")
                    + (CheckBox2.Checked ? "音乐 " : "")
                    + (CheckBox1.Checked ? "运行 " : "") + "<br/>");
    Response.Write("备注："+TextBox5.Text);
}
```

（3）按 Ctrl + F5 组合键运行网页，查看运行结果如图 T.3 所示。

【练习3】　发布 Web 应用程序。

这里选择 Visual Studio 中提供的预编译部署功能进行简单的网站部署测试。在 Visual Studio 2005 中选择"生成"菜单下的"发布网站"，打开如图 T.4 所示的"发布网站"对话框，选择网站发布的目标位置，单击"确定"按钮。

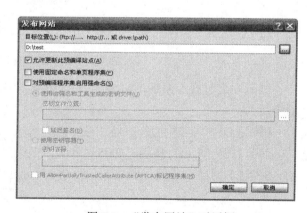

图 T.3　运行结果

图 T.4　"发布网站"对话框

# 实验 2　HTML 网页制作

**目的与要求**

（1）掌握 HTML 常用网页标记的使用。

（2）掌握表格的建立方法。

（3）掌握表单的建立方法。

**内容和步骤**

【练习 1】　在网页上创建一个课表。

（1）新建网站，并添加新项，选择"HTML 页"，并以 test2_1.html 为文件名保存该文件，切换到"源"代码视图，在页面的\<body\>标记内，输入如下的代码：

```
<table>
    <tr><td colspan="6" style="text-align: center">课表</td></tr>
    <tr>
        <td style="width: 100px">节次</td>
        <td style="width: 100px">星期一</td>
        <td style="width: 100px">星期二</td>
        <td style="width: 100px">星期三</td>
        <td style="width: 100px">星期四</td>
        <td style="width: 100px">星期五</td>
    </tr>
    <tr>
        <td style="width: 100px">1、2</td>
        <td style="width: 100px">专业英语</td>
        <td style="width: 100px">操作系统</td>
        <td style="width: 100px">网络基础</td>
        <td style="width: 100px">专业外语</td>
        <td style="width: 100px">操作系统</td>
    </tr>
    <tr>
        <td style="width: 100px">3、4</td>
        <td style="width: 100px">Java</td>
        <td style="width: 100px">数据库</td>
        <td style="width: 100px">实验</td>
        <td style="width: 100px">Java</td>
        <td style="width: 100px">操作系统</td>
    </tr>
    <tr>
```

```
        <td style="width: 100px">5、6</td>
        <td style="width: 100px">网络基础</td>
        <td style="width: 100px">实验</td>
        <td style="width: 100px">实验</td>
        <td style="width: 100px">实验</td>
        <td style="width: 100px">操作系统</td>
    </tr>
</table>
```

（2）切换到设计视图，得到如图 T.5 所示的结果。

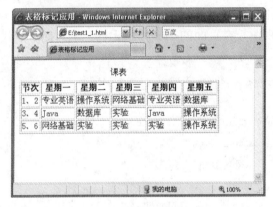

图 T.5　"课表"网页运行结果

【练习 2】　创建一个新用户注册的表单。

（1）添加页面，并以 test2_2.html 为文件名保存该文件，在"源"视图中输入如下的代码：

```
<body>
    <form action="userreg.aspx" method="post">
        <h3>
            新用户注册</h3>
        姓名:<input type="text" id="姓名" name="姓名"/><br/>
        性别:<select size="1" name="usersex" tabindex="5">
            <option value="男">男</option>
            <option value="女">女</option>
        </select>
        <br/>
        地址:<input type="text" id="地址" name="地址" /><br/>
        邮政编码:<input type="text" id="邮政编码" name="邮政编码" /><br/>
        电话:<input type="text" id="电话" name="电话" /><br/>
        电子邮件:<input type="text" id="电子邮件" name="电子邮件" /><br/>
        个人爱好: <br/>
        <input type="checkbox" name="checkbox" value="checkbox" />体育
```

```
        <input type="checkbox" name="checkbox" value="checkbox" />音乐
        <input type="checkbox" name="checkbox" value="checkbox" />上网
        <input type="checkbox" name="checkbox" value="checkbox" />旅游
        <p>
            <input type="submit" id="btnSub" name="btnSub" value="注册"/>
            <input type="reset" value="重写" name="B2" tabindex="9"/></p>
    </form>
</body>
```

（2）通过浏览器打开该文件，得到该程序的执行结果，如图 T.6 所示。

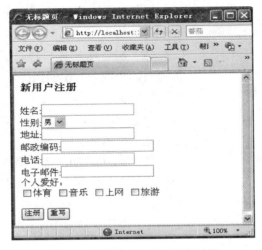

图 T.6　"新用户注册"运行结果

# 实验 3  标准控件的使用

## 目的与要求

（1）熟悉在 Visual Studio 2005 中建立项目的方法。

（2）掌握常用的 Html 服务器控件和 Web 服务器控件的主要属性、方法、事件。

## 内容和步骤

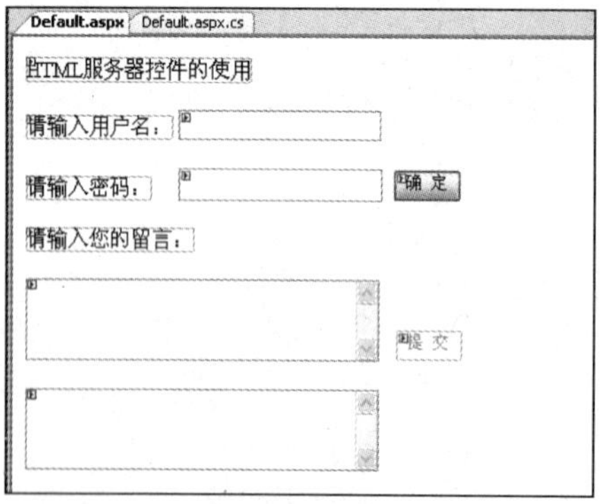

图 T.7  Default.aspx 设计页面

【练习1】  利用 Html 服务器控件完成以下功能。

（1）输入用户名和密码。

（2）验证用户名和密码是否正确，若正确可以输入留言，否则，给出错误提示。

步骤如下。

（1）启动 Visual Studio 2005，使用 Visual C# 语言新建一个 ASP.NET 网站。

（2）向 Default.aspx 窗体中拖动控件并设置控件属性，同时选中窗体中的文本框和按钮，单击鼠标右键，选择"作为服务器控件运行"。设计好的窗体页面如图 T.7 所示。窗体中所用控件的属性设置见表 T.1。

表 T.1  Default.aspx 窗体中各控件的属性设置

| 控 件 名 | 控 件 标 记 | 属　　性 | 属 性 值 | 备　　注 |
|---|---|---|---|---|
| Label | 说明：界面中共有 4 个标签，标签文本分别为 HTML 服务器控件的使用、请输入用户名:、请输入密码:、请输入您的留言: | | | |
| Text Field | User1 | Text | | 用于输入用户名和口令 |
| | password | Text | | |
| Text Area | TextArea1 | Text | | 输入留言 |
| | | Disabled | True | |
| | message | Text | | |
| Button | Button1 | Text | 确定 | 提交按钮 |
| | | Disabled | True | |
| | Button2 | 提交 | | |

（3）双击"确定"按钮，在 Button1_ServerClick()处理事件中编写代码：

```
protected void Button1_ServerClick(object sender, EventArgs e)
{
    if (User1.Value == "aaa" && password.Value == "123456")
```

```
    {
        TextArea1.Disabled = false;
        Button2.Disabled = false;
        message.Value = "成功登录系统";
    }
    else
    {
        message.Value = "用户名或密码错误";
    }
}
```

双击"提交"按钮，在 Button2_ServerClick()处理事件中编写代码：

```
protected void Button2_ServerClick(object sender, EventArgs e)
{
    message.Value = "您的留言是：" + TextArea1.Value;
}
```

（4）运行网页，运行结果如图 T.8（a）所示；输入正确的用户名和密码后单击"确定"按钮，运行结果如图 T.8（b）所示；在图 T.8（b）中输入留言后，单击"提交"按钮，运行结果如图 T.8（c）所示。

（a）

（b）

（c）

图 T.8　运行结果

**【练习 2】**　利用 Web 服务器控件完成书籍订购信息的填写。

（1）选择不同的书籍类别，供选择的书籍列表相应变化。

（2）可将供选择的书籍列表中的书籍添加到选取的书籍列表。

（3）可选择付款方式。

（4）提交后，在文本框中显示订购信息。

步骤如下。

（1）启动 Visual Studio 2005，使用 Visual C# 语言新建一个 ASP.NET 网站。

（2）向 Default.aspx 窗体中拖动控件并设置控件属性。设计好的页面如图 T.9 所示。窗体中所用控件的属性设置见表 T.2。

表 T.2　Default.aspx 窗体中各控件的属性设置

| 控 件 类 别 | 控 件 名 | 控 件 标 记 | 属　　性 | 属 性 值 |
|---|---|---|---|---|
| Web 控件 | TextBox | name | Text | |
| | RadioButtonList | xb | Items | （男，女） |
| | | | RepeatDirection | Horizontal |
| | | paymode | Items | （信用卡，自动提款机转账，传真订购） |
| | | | RepeatDirection | Horizontal |
| | ListBox | sourcelist | Items | （计算机基础教程，用实例学 ASP.NET，数据结构教程，Delphi 7.0 基础教程，编译原理教程，多媒体原理与技术，软件工程，计算机辅助设计，ASP.NET 基础教程） |
| | | targetlist | Items | |
| | | | SelectionMode | Multiple |
| | Label | message | Text | |
| | | | Backcolor | #E0E0E0 |
| | Button | btnadd | Text | > |
| | | btnalladd | Text | >> |
| | | btnremove | Text | < |
| | | btnallremove | Text | << |
| Web 控件 | | tj | Text | 提交 |
| | DropdownList | lbxz | Items | （计算机类，社会科学类） |
| | | | AutoPostBack | True |

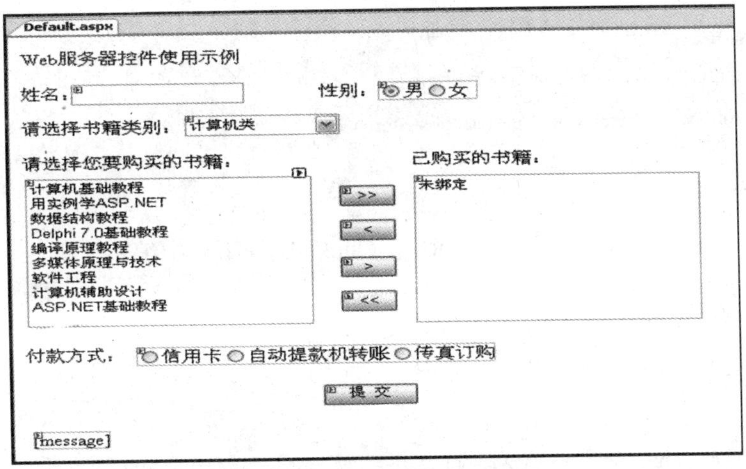

图 T.9 Default.aspx 页面

（3）双击"提交"按钮，在 tj_Click()处理事件中编写代码：

```
message.Text = "图书定单信息：" + name.Text + " " + xb.SelectedItem.Text + " 共选择了 ";
message.Text = message.Text + targetlist.Items.Count.ToString + " 本书籍，采用";
message.Text = message.Text + paymode.SelectedItem.Text + "付款方式";
```

双击"btnadd"按钮，在 btnadd _Click()处理事件中编写代码：

```
protected void btnadd_Click(object sender, EventArgs e)
{
    int i;
    i = 0;
        while (i <= sourcelist.Items.Count - 1)
        {
            if ((sourcelist.Items(i).Selected))
            {
                    targetlist.Items.Add(sourcelist.Items(i));
                    sourcelist.Items.Remove(sourcelist.Items(i));
            }
            else
                i = i + 1;
        }
}
```

双击"btnalladd"按钮，在 btnalladd _Click()处理事件中编写代码：

```
protected void btnalladd_Click(object sender, EventArgs e)
{
    int i;
    i = 0;
    while (i <= sourcelist.Items.Count - 1)
```

```
        {
            targetlist.Items.Add(sourcelist.Items(i));
            sourcelist.Items.Remove(sourcelist.Items(i));
        }
    }
```

双击"btnremove"按钮，在 btnremove _Click()处理事件中编写代码：

```
protected void btnremove_Click(object sender, EventArgs e)
{
    int i;
    i = 0;
    while (i <= targetlist.Items.Count - 1)
    {
        if ((targetlist.Items(i).Selected))
        {
            sourcelist.Items.Add(targetlist.Items(i));
            targetlist.Items.Remove(targetlist.Items(i));
        }
        else
            i = i + 1;
    }
}
```

双击"btnallremove"按钮，在 btnallremove _Click()处理事件中编写代码：

```
protected void btnallremove_Click(object sender, EventArgs e)
{
    int i;
    i = 0;
    while (i <= targetlist.Items.Count - 1)
    {
        sourcelist.Items.Add(targetlist.Items(i));
        targetlist.Items.Remove(targetlist.Items(i));
    }
}
```

双击"lbxz"下拉列表，在 lbxz_SelectedIndexChanged()事件中编写代码：

```
protected void lbxz_SelectedIndexChanged(object sender, EventArgs e)
{
    sourcelist.Items.Clear();
    if (lbxz.SelectedIndex == 0)
    {
        sourcelist.Items.Add("计算机基础教程");
```

```
        sourcelist.Items.Add("用实例学 ASP.NET");

        sourcelist.Items.Add("数据结构教程");

        sourcelist.Items.Add("Delphi 7.0 基础教程");

        sourcelist.Items.Add("编译原理教程");

        sourcelist.Items.Add("多媒体原理与技术");

        sourcelist.Items.Add("软件工程");

        sourcelist.Items.Add("计算机辅助设计");

    }
    else
    {

        sourcelist.Items.Add("大众科学");

        sourcelist.Items.Add("人性论");

        sourcelist.Items.Add("地球故事");

        sourcelist.Items.Add("演讲与口才");

        sourcelist.Items.Add("毛泽东选集");

        sourcelist.Items.Add("自然辩证法");

    }
}
```

（4）编译、运行程序，输入订购信息后，单击"提交"按钮，运行结果如图 T.10 所示。

图 T.10　程序运行结果

# 实验 4  访问计数器

## 目的与要求

（1）熟练掌握 Application 对象的使用。

（2）熟练掌握 Session 对象的使用。

（3）利用 ASP.NET 对象实现并显示当前网页的访客计数器。

## 内容和步骤

【练习 1】　使用 Application 对象实现访客计数器。

（1）启动 Visual Studio 2005，使用 Visual C# 语言新建一个 ASP.NET 网站。

（2）在 Default.aspx 设计视图中放置两个 Label 控件，所包含的控件及属性列于表 T.3 中。

表 T.3　Default.aspx 文件控件及其属性

| 控件类别 | 控件名 | 控件标记 | 属 性 | 属 性 值 | 备 注 |
|---|---|---|---|---|---|
| Web 控件 | Label | Label1 | Text | （空） | 用于显示计数值 |
| | Label | Label2 | Text | （空） | 用于显示当前时间 |

（3）在 Default.aspx 页面的空白处双击，进入程序编辑窗口，在 Page_load()事件处理中输入以下程序代码：

```
protected void Page_Load(object sender, EventArgs e)
{
    Application.Lock();
    Application.Set("Counter", (int)Application["Counter"] + 1);
    Application.UnLock();
    Label1.Text = "您是第  " + Application["Counter"] + "  位访客";
    Label2.Text = "最近一次浏览日期时间：" + System.DateTime.Now;
}
```

（4）运行程序，结果如图 T.11 所示。连续单击"刷新"按钮，观察网页上访客人数的变化。

【练习 2】 使用 Session 对象实现访客计数器。

（1）启动 Visual Studio 2005，使用 Visual C# 语言新建一个 ASP.NET 网站。

（2）设计程序主页面——Default2.aspx 页面。

（3）在 Default2.aspx 页面的空白处双击，进入程序编辑窗口，在 Page_load()事件处理中输入以下程序代码：

图 T.11 运行结果

```csharp
protected void Page_Load(object sender, EventArgs e)
{
    if (Session.IsNewSession)
    {
        Session["Counter"] = 1;
    }
    else
    {
        Session["Counter"] = ((int)Session["Counter"]) + 1;
    }
    Label1.Text = "这是您第 " + Session["Counter"] + " 次访问本网站。";
    Label2.Text = "最近一次浏览日期时间：" + System.DateTime.Now;
}
```

（4）运行程序，结果如图 T.12 所示。连续单击"刷新"按钮，观察网页上访客人数是否变化。

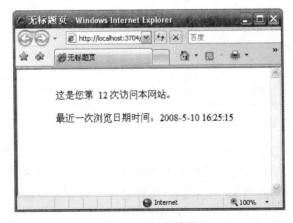

图 T.12 运行结果

# 实验 5　数据库基本操作

**目的与要求**

（1）掌握在 SQL Server 2005 中创建数据库、表的方法。

（2）掌握使用 ADO.NET 模型操作数据库的基本步骤。

（3）掌握 SqlDataReder 对象和 SqlCommand 对象的使用方法。

**内容与步骤**

**【练习】**　本实验要求完成以下任务。

（1）在 SQL Server 2005 中建立数据库 BBS，并在该数据库中创建数据表 member。member 表包含 3 个字段，分别是：昵称、密码、电子邮件。

（2）实现会员注册：提供会员信息输入页面，由用户输入数据，再将用户所输入的数据添加到 member 表。

（3）实现会员登录：由用户输入昵称和密码，通过与 member 表中的数据对照，给出登录成功或失败的提示。

步骤如下。

**1. 在 SQL Server 2005 中创建数据库 BBS，并创建数据表 member**

（1）登录到 SQL Server 2005 的 Management Studio，在如图 T.13 所示的对话框中，用鼠标右键单击"数据库"，选择"新建数据库"。

（2）在如图 T.14 所示的"新建数据库"对话框中选择路径，输入数据库名 BBS，单击"确定"按钮。

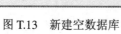
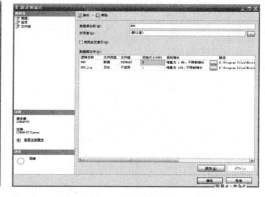

图 T.13　新建空数据库　　　　　　　　　图 T.14　"新建数据库"对话框

（3）在"数据库"分支下展开 BBS 数据库分支，在"表"项上单击鼠标右键，选择"新建表"，在如图 T.15 所示的表设计窗口中输入 member 表的各字段名和数据类型。

（4）保存修改，在如图 T.16 所示的"选择名称"对话框中输入表名"member"，单击"确定"按钮。

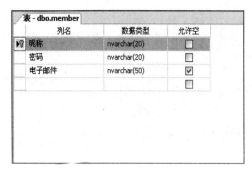

图 T.15　输入字段名　　　　　图 T.16　在"选择名称"对话框中输入表名

## 2. 实现会员注册

实现会员注册的步骤如下。

（1）设计"会员注册"应用程序页面。启动 Visual Studio 2005，使用 Visual C# 语言新建一个 ASP.NET 网站，命名为 BBS；将项目主页面文件名由 Default.aspx 改为 Register.aspx，然后按如图 T.17 所示设计项目的 Register.aspx 主页面，所包含的控件及各控件的属性列于表 T.4 中。

图 T.17　设计项目的 Register.aspx 主页面

表 T.4　Register.aspx 文件包含的控件及其属性

| 控件类别 | 控件名 | 控件标记 | 属性 | 属性值 | 备注 |
|---|---|---|---|---|---|
| Web 控件 | TextBox | TxtName | Text | （空） | |
| | TextBox | TxtPass | Text | （空） | |
| | TextBox | TxtPassConf | Text | （空） | |
| | | | TextMode | Password | |
| | TextBox | TxtEmail | Text | （空） | |
| | Button | BtnReg | Text | 注册 | |
| | | | BackColor | #C0C0FF | |
| | | | BorderColor | #C0C0FF | |
| | Button | BtnCancel | Text | 取消 | |
| | | | BackColor | #C0C0FF | |
| | | | BorderColor | #C0C0FF | |
| | Label | LblCaution | Text | （空） | 显示提示 |

（2）编写程序。双击 Register.aspx 页面的空白处，打开 Register.aspx.cs 程序编辑窗口，

输入以下函数 ChecKInput()的程序代码（用于检查用户输入的正确性）：

```
public object CheckInput()
{
    if (TxtName.Text == "" || TxtPass.Text == "" || TxtPassConf.Text == "" || TxtEmail.Text == "")
    {
        LblCaution.Text = "你输入的信息不正确，请重新输入！";
        TxtName.Text = "";
        TxtPass.Text = "";
        TxtPassConf.Text = "";
        TxtEmail.Text = "";
        return false;
    }
    else
    {
        if (TxtPass.Text != TxtPassConf.Text)
        {
            LblCaution.Text = "你两次输入的密码不同，请重新输入！";
            TxtPass.Text = "";
            TxtPassConf.Text = "";
            return false;
        }
    }
    return true;
}
```

双击 Register.aspx 页面上的"注册"按钮，打开程序编辑窗口，输入 BtnReg_Click()事件处理程序代码：

```
protected void BtnReg_Click(object sender, EventArgs e)
{
    if (CheckInput())
    {
        SqlConnection conn =
      new SqlConnection("Data Source=.;Initial Catalog=BBS;Integrated Security=true");
        conn.Open();
        //检查用户是否已存在
        SqlCommand Cmd = new SqlCommand();
        Cmd.Connection = conn;
        Cmd.CommandText = "select [昵称] from member";
        SqlDataReader dr = Cmd.ExecuteReader();
        while (dr.Read())
```

```
            {
                if (dr.GetString(0) == TxtName.Text)
                {
                    LblCaution.Text = TxtName.Text + "已经存在，请你选择另外的昵称！";
                    conn.Close();
                    return;
                }
            }
            conn.Close();
            string SqlStr;
            SqlStr = "Insert into member([昵称],[密码],[电子邮件])
                values('" + TxtName.Text + "','" + TxtPass.Text + "','" + TxtEmail.Text + "')";
            Cmd.CommandText = SqlStr;
            conn.Open();
            Cmd.ExecuteNonQuery();
            conn.Close();
            LblCaution.Text = "恭喜你，你已注册成功！";
        }
    }
```

双击 Register.aspx 页面上的"取消"按钮，打开程序编辑窗口，输入 BtnCancel_Click()事件处理程序代码：

```
    protected void BtnCancel_Click(object sender, EventArgs e)
    {
        Response.Write("<script language=javascript>alert('用户已取消注册！');</script>");
    }
```

（3）运行程序，结果如图 T.18 和图 T.19 所示。程序生成一个信息输入表单，由用户输入注册信息。当单击"注册"按钮后，若用户所输入的昵称未被使用过，并且其他信息输入均正确，则提示他注册成功，否则，提示注册失败的信息。

图 T.18　输入注册信息　　　　　　　图 T.19　显示注册成功

### 3. 实现会员登录

实现会员登录的步骤如下。

（1）设计"会员登录"应用程序页面。

① 在项目 BBS 中添加一个新 Web 窗体页，将其名称改为 Login.aspx，单击"确定"按钮。

② 按如图 T.20 所示设计 Login.aspx 的页面，所包含的控件及各控件的属性列于表 T.5 中。

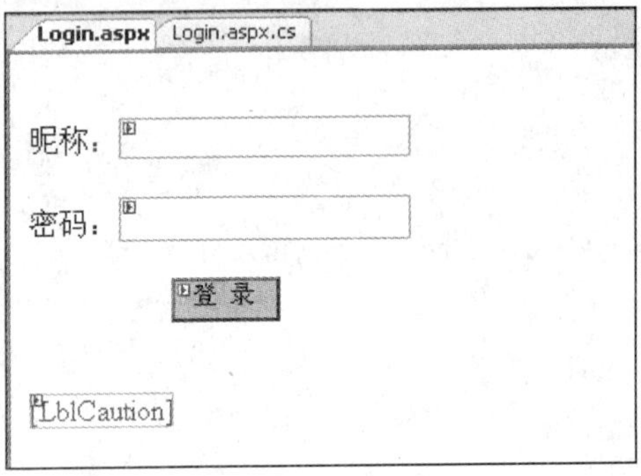

图 T.20　会员登录页面（设计时）

表 T.5　Login.aspx 文件包含的控件及其属性

| 控 件 类 别 | 控 件 名 | 控 件 标 记 | 属　　性 | 属 性 值 | 备　注 |
|---|---|---|---|---|---|
| Web 控件 | TextBox | TxtName | Text | （空） | |
| | TextBox | TxtPass | Text | （空） | |
| | | | TextMode | Password | |
| | Button | BtnLogin | Text | 登录 | |
| | | | BackColor | #C0C0FF | |
| | | | BorderColor | #8080FF | |
| | Label | LblCaution | Text | （空） | 显示提示 |

（2）编写程序。双击 Login.aspx 页面上的"登录"按钮，打开程序编辑窗口，输入 BtnLogin_Click()事件处理程序代码：

```
protected void BtnLogin_Click(object sender, EventArgs e)
{
    if (TxtName.Text == "" || TxtPass.Text == "")
    {
        LblCaution.Text = "必须输入账号和密码！";
        return;
    }
    else
    {
        SqlConnection conn = new SqlConnection("Data Source=.;
            Initial Catalog=BBS;Integrated Security=true");
```

```
conn.Open();
SqlCommand Cmd = new SqlCommand();
Cmd.Connection = conn;
Cmd.CommandText = "select [昵称] from [member] where [昵称]='"
    + TxtName.Text + "' and [密码]='" + TxtPass.Text + "'";
SqlDataReader dr = Cmd.ExecuteReader();
if (dr.Read())
{
        Session["mem"] = TxtName.Text;
        //登录成功后记下该用户昵称，以便后续功能使用
        LblCaution.Text = "登录成功！";
        TxtName.Text = "";
        TxtName.Enabled = false;
        TxtPass.Text = "";
        TxtPass.Enabled = false;
        dr.Close();
}
else
{
        LblCaution.Text = "昵称不存在或密码不对！";
}
        conn.Close();
    }
}
```

（3）运行程序，结果如图 T.21、图 T.22 和图 T.23 所示。程序生成一个信息输入表单，由用户输入登录信息。当单击"登录"按钮后，若所输入信息均正确，则提示登录成功。否则，提示登录失败的信息。

图 T.21　输入登录信息　　　　　　图 T.22　显示登录成功

图 T.23　登录失败

# 实验 6　数据访问

**目的与要求**

（1）掌握 DataAdapter 对象和 DataSet 对象的使用方法。

（2）掌握将 DataSet 对象绑定到 GridView 控件进行数据显示的方法。

（3）掌握并熟练使用 GridView 控件。

**内容与步骤**

【练习】　本实验要求完成以下任务。

（1）在实验 5 所建立的数据库 BBS 中，创建数据表 Info。Info 表包含 5 个字段，分别是主题、张贴者昵称、内容、张贴时间、回复编号，ID（由系统自动编号的字段）。

（2）实现 Info 表数据的添加：提供用户输入消息的页面（包括主题和内容输入），将用户从页面上输入的消息存入 Info 数据表。

（3）实现 Info 表数据的显示：以数据网格形式分页显示 Info 表中的数据。

步骤如下。

## 1. 在数据库 BBS 中创建数据表 Info

登录到 SQL Server 2005 的 Management Studio，在"数据库"分支下展开 BBS 数据库分支，在"表"项上单击鼠标右键，选择"新建表"，按"目的与要求"（1）中的字段名创建 Info 表，创建好的 Info 表结构如图 T.24 所示。

| 表 - dbo.Info | | |
|---|---|---|
| 列名 | 数据类型 | 允许空 |
| ID | int | ☐ |
| 主题 | nvarchar(20) | ☐ |
| 张贴者昵称 | nvarchar(20) | ☐ |
| 内容 | ntext | ☑ |
| 张贴时间 | datetime | ☐ |
| 回复编号 | nvarchar(50) | ☐ |
|  |  | ☐ |

图 T.24　Info 表结构

## 2. 实现 Info 表数据的添加

实现 Info 表数据的添加步骤如下。

（1）设计"发送消息"页面，如图 T.25 所示。

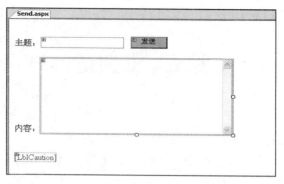

图 T.25　设计"发送消息"页面

在实验 5 创建的 BBS 项目中添加新项 Send.aspx。按图 T.25 设计 Send.aspx 的页面,所包含的控件及各控件的属性列于表 T.6 中。

表 T.6　Send.aspx 文件包含的控件及其属性

| 控 件 类 别 | 控 件 名 | 控 件 标 记 | 属　　性 | 属 性 值 | 备　　注 |
|---|---|---|---|---|---|
| Web 控件 | TextBox | TxtSubject | Text | (空) | |
| | TextBox | TxtContent | Text | (空) | |
| | | | TextMode | MultiLine | |
| | Button | BtnSend | Text | 发送 | |
| | | | BackColor | #C0C0FF | |
| | | | BorderColor | #C0C0FF | |
| | Label | LblCaution | Text | (空) | 显示提示 |

(2)编写程序。双击 Send.aspx 页面上的"发送"按钮,打开程序编辑窗口,输入 BtnSend_Click()事件处理程序代码:

```
protected void BtnSend_Click(object sender, EventArgs e)
{
    if (Session["mem"] == null)
    {
        //只有成功登录后才能发送消息
        return;
    }
    if (TxtSubject.Text == "" || TxtContent.Text == "")
    {
        //输入不能为空
        LblCaution.Text = "你必须输入主题和内容! ";
        return;
    }
    SqlConnection conn = new SqlConnection("Data Source=.;Initial Catalog=BBS;Integrated Security=true");
```

```
            string SqlStr;
            SqlStr = "Insert into info(主题,张贴者昵称,内容,张贴时间,回复编号) ";
            SqlStr = SqlStr + " values('" + TxtSubject.Text + "','" + Session["mem"] + "','" +
TxtContent.Text;
            SqlStr = SqlStr + "','" + DateTime.Now + "','0')";
            SqlCommand Cmd = new SqlCommand(SqlStr, conn);
            conn.Open();
            Cmd.ExecuteNonQuery();
            conn.Close();
            LblCaution.Text = "已成功发帖！";
            TxtSubject.Text = "";
            TxtContent.Text = "";
        }
```

（3）运行程序。首先要运行实验 5 中的"会员登录"程序，登录成功后，再运行本程序，运行结果如图 T.26 和图 T.27 所示。程序生成一个消息输入表单，由用户输入消息的主题和内容。当单击"发送"按钮后，若所输入消息均正确，则提示他发帖成功。否则，提示发送失败信息。

图 T.26　用户输入主题和内容

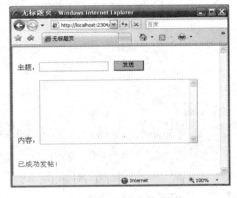

图 T.27　发帖成功

### 3. 实现 Info 表数据的显示

实现 Info 表数据的显示步骤如下。

（1）设计"数据显示"应用程序页面。

在实验 5 创建的 BBS 项目中添加新项 Show.aspx。Show.aspx 的页面上仅包含一个 GridView 控件。

从 GridView 的智能标签页面中单击"自动套用格式"，为其选择一个合适的样式。

继续从 GridView 的智能标签页面中单击"编辑列"，打开"字段"对话框，为"选定的字段"添加 5 个 BoundField，将它们的 HeaderText 依次改为"编号"、"主题"、"内容"、"发帖者"、"发帖时间"，再将它们的 DataField 依次改为"ID"、"主题"、"内容"、"张贴者昵称"、"张贴时间"，最后，为了防止运行时自动生成列而产生重复，可以去掉"自动生成字段"复选框前面的勾，单击"确定"按钮完成 GridView 的配置，配置后的 GridView 的设计视图如图 T.28 所示。

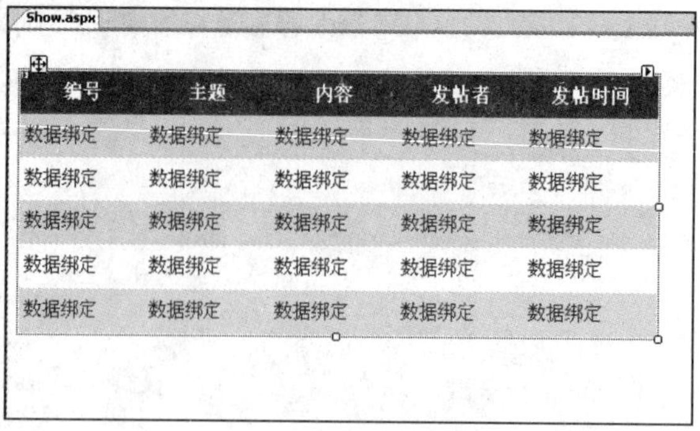

图 T.28　配置后的 GridView 的设计视图

（2）编写程序。双击 Show.aspx 页面上的空白处，打开程序编辑窗口，输入 Page_Load()
事件处理程序代码：

```
protected void Page_Load(object sender, EventArgs e)
{
    if (Session["mem"] == null)
    {
        //只有成功登录后才能查看消息
        Response.Write("<script language=javascript>alert('你尚未登录，请先登录');</script>");
        Response.Redirect("Login.aspx");
    }
    SqlConnection conn = new SqlConnection("Data Source=.;Initial Catalog=BBS;Integrated Security=true");
    SqlDataAdapter adapter = new SqlDataAdapter("select * from [Info]", conn);
    DataSet ds = new DataSet();
    adapter.Fill(ds, "InfoTable");
    GridView1.DataSource = ds.Tables[0].DefaultView;
    GridView1.DataBind();
}
```

将 GridView 的 AllowPaging 属性设置为 True，为其启用分页功能，由于 GridView 的数据源未
绑定任何数据源控件，因此分页功能的代码需要手工编写，为 GridView 的 PagePageIndexChanging
事件添加处理代码如下：

```
protected void GridView1_PageIndexChanging(object sender, GridViewPageEventArgs e)
{
    GridView1.PageIndex = e.NewPageIndex;
    GridView1.DataBind();
}
```

（3）运行程序。首先要运行实验 5 中的"会员登录"程序，登录成功后，再运行本程序，
运行结果如图 T.29 所示。

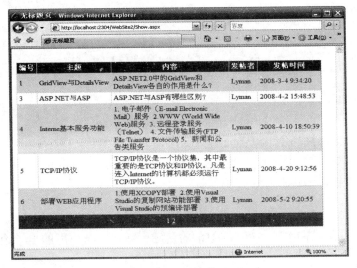

图 T.29　运行结果

# 实验 7　综合应用编程

**目的与要求**

（1）进一步掌握应用 ADO.NET 进行数据库访问的方法。

（2）掌握在 ASP.NET 中进行数据库应用程序开发的方法和步骤。

（3）掌握用户控件的设计和使用方法。

**内容与步骤**

【练实】　本实验将在实验 5 和实验 6 的基础上完成一个小型的电子论坛系统，该系统具有以下功能。

（1）会员注册。

（2）会员登录。

（3）查看论坛消息（帖子和跟帖）。

（4）发送消息（帖子）。

（5）发送跟帖。

说明：在 ASP.NET 中进行数据库应用开发通常包括数据库设计和应用程序设计两大部分。本实验题中所使用的数据库 BBS 已在实验 5 和实验 6 中设计好了，本实验不再进行。而应用程序设计和实现也已在前两个实验中完成了一部分，包括会员注册、会员登录、发送消息和查看论坛消息（列出各消息条目）。本实验主要完成显示选择的消息详情、发送跟帖和查看跟帖等三个功能。另外，为了在各功能页面之间方便地切换，将各主要功能按钮设计为一个用户控件 menu.asax，在各功能页面上均放置该用户控件。实验步骤如下。

## 1．设计用户控件 menu.asax

设计用户控件 menu.asax 的步骤如下。

（1）在 BBS 项目中添加新项，新项的类型为"Web 用户控件"，输入用户控件文件名 menu.asax。menu 用户控件的页面如图 T.30 所示，所包含的控件及属性列于表 T.7 中。

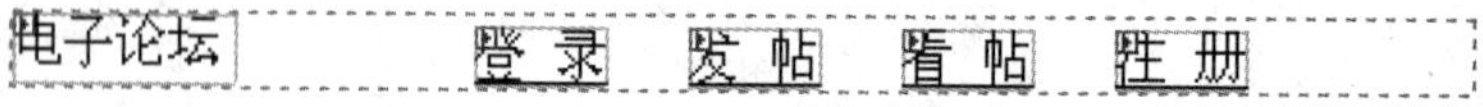

图 T.30　menu 用户控件的页面

（2）编写程序。双击 menu.asax 页面上的"登录"按钮，打开程序编辑窗口，输入 Login_Click()事件处理程序代码：

| 控件类别 | 控件名 | 控件标记 | 属性 | 属性值 |
|---------|--------|---------|------|--------|
| Web 控件 | Panel | Panel1 | BorderColor | #8080FF |
| | | | BorderStyle | Dashed |
| | Label | Label1 | Text | 电子论坛 |
| | LinkButton | Login | Text | 登录 |
| | LinkButton | Send | Text | 发帖 |
| | LinkButton | Browse | Text | 看帖 |
| | LinkButton | Register | Text | 注册 |

```
protected void Login_Click(object sender, EventArgs e)
{
    Response.Redirect("Login.aspx");
}
```

双击 menu.asax 页面上的"发帖"按钮,输入 Send_Click()事件处理程序代码:

```
protected void Send_Click(object sender, EventArgs e)
{
    if( Session["mem"] == null)
        Response.Redirect("Login.aspx");
    else
        Response.Redirect("Send.aspx");
}
```

双击 menu.asax 页面上的"看帖"按钮,输入 Browse_Click()事件处理程序代码:

```
protected void Browse_Click(object sender, EventArgs e)
{
    if( Session["mem"] == null)
        Response.Redirect("Login.aspx");
    else
        Response.Redirect("Show.aspx");
}
```

双击 menu.asax 页面上的"注册"按钮,输入 Register_Click()事件处理程序代码:

```
protected void Register_Click(object sender, EventArgs e)
{
    Response.Redirect("Register.aspx");
}
```

### 2. 将 menu 用户控件添加到已设计的程序页面

在"解决方案管理器"中选中"menu.asax"文件,拖动它到页面中,即可将用户控件加入到窗体页,如图 T.31 所示。将 menu 用户控件分别加入到 Register.aspx、Login.aspx、

Send.aspx 和 Show.aspx 应用程序页面中。

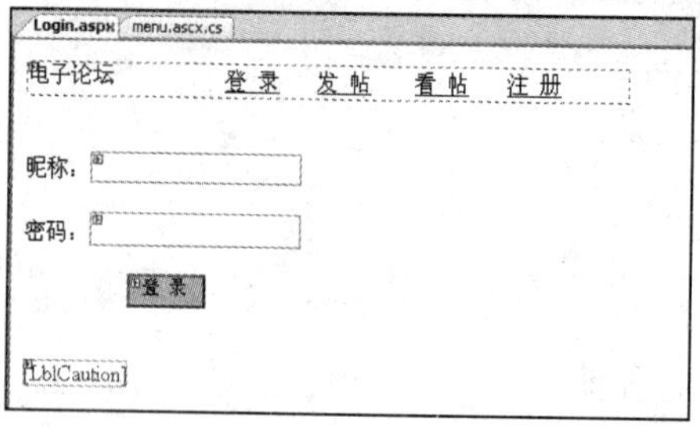

图 T.31　加入用户控件的 Login.aspx 界面

### 3. 实现"消息详情显示"和"跟帖发送"功能

实验 6 所完成的消息条目列表（Show.aspx）程序中，GridView 控件中已显示出 Info 表中的所有内容，而在实际 Web 应用中，往往使用 GridView 显示基本表的部分摘要信息，并且为每一个数据行提供一个链接，当用户单击行链接后，会将该行消息的 ID 值作为参数值传递给另一个页面，这个新页面将显示由 ID 参数指定的消息详情。修改 Show.aspx 页面并且增加一个名为 ShowArticle.aspx 的页面来实现上述想法。此外，在新增的 ShowArticle.aspx 页面中还包含"发送跟帖"和"所有跟帖"两个按钮，单击它们将分别启动"跟帖发送"功能和转入"显示所有跟帖"处理。

（1）修改 Show.aspx 页面。从 GridView 的智能标签页面中单击"编辑列"，打开"字段"对话框，在"选定的字段"中去掉"内容"和"发帖者"这两个 BoundField，同时添加一个 HyperLinkField，将其 HeaderText 属性设为"查看"，Text 属性设为"查看详情"，DataNavigateUrlFormatString 属性设为"ShowArticle.aspx?id={0}"，DataNavigateUrlFields 属性设为"ID"，如图 T.32 所示。

图 T.32　配置 GridView 字段

（2）在 BBS 项目中添加新 Web 窗体页 ShowArticle.aspx，其设计页面如图 T.33 所示，所包含的控件及其属性列于表 T.8 中。

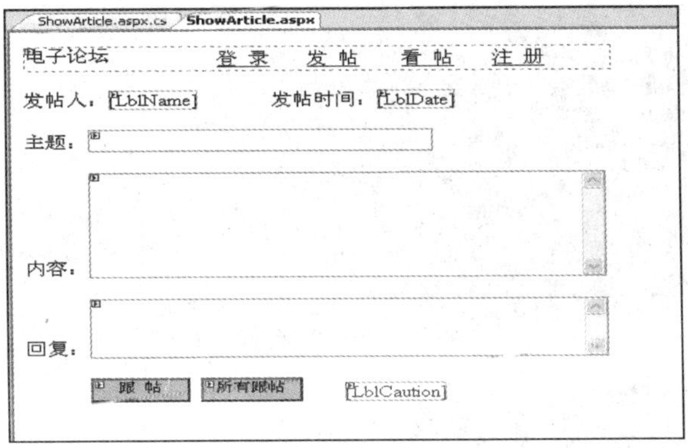

图 T.33　ShowArticle.aspx 的设计页面

表 T.8　ShowArticle.aspx 文件包含的控件及其属性

| 控件类别 | 控件名 | 控件标记 | 属性 | 属性值 | 备注 |
|---|---|---|---|---|---|
| Web 控件 | TextBox | TxtSubject | Text | （空） | 显示主题 |
| | | | ReadOnly | True | |
| | TextBox | TxtContent | Text | （空） | 显示内容 |
| | | | ReadOnly | True | |
| | | | TextMode | MultiLine | |
| | TextBox | TxtRe | Text | （空） | 用于输入回复 |
| | | | TextMode | MultiLine | |
| | | | Enabled | False | |
| | Label | LblName | Text | （空） | |
| | Label | LblDate | Text | （空） | |
| | Button | BtnReply | Text | 跟帖 | |
| | | | BackColor | #C0C0FF | |
| | | | BorderColor | #8080FF | |
| | Button | BtnAllRe | Text | 所有跟帖 | |
| | | | BackColor | #C0C0FF | |
| | | | BorderColor | #8080FF | |
| | Label | LblCaution | Text | （空） | 显示提示 |

（3）编写程序。

双击 ShowArticle.aspx 页面上空白处，打开程序编辑对话框，输入 Page_Load()事件处理程序代码：

```
protected void Page_Load(object sender, EventArgs e)
{
    SqlConnection conn = new SqlConnection("Data Source=.;Initial Catalog=BBS;Integrated Security=true");
    SqlCommand Cmd = new SqlCommand("select * from [Info] where ID=" + int.Parse(Request.QueryString ["id"]), conn);
```

· 261 ·

```
                conn.Open();
                SqlDataReader obj = Cmd.ExecuteReader();
                while (obj.Read())
                {
                    LblName.Text = obj.GetValue(2).ToString();
                    LblDate.Text = obj.GetValue(4).ToString();
                    TxtSubject.Text = obj.GetValue(1).ToString();
                    TxtContent.Text = obj.GetValue(3).ToString();
                }
                conn.Close();
            }
```

双击 ShowArticle.aspx 页面上的 "跟帖" 按钮，输入 BtnReply_Click()事件处理程序代码：

```
        protected void BtnReply_Click(object sender, EventArgs e)
        {
            if (Session["mem"] == null)
            {
                //只有成功登录后才能发送消息
                Response.Redirect("Login.aspx");
            }
            else
            {
                if (TxtRe.Text == "")
                    LblCaution.Text = "请输入回帖内容！";
                else
                {
                    string SqlStr;
                    SqlStr = "Insert into info([主题],[张贴者昵称],[内容],[张贴时间],[回复编号]) ";
                    SqlStr = SqlStr + " values('Re:" + TxtSubject.Text + "','" + Session["mem"] + "','" +
TxtRe.Text;
                    SqlStr = SqlStr + "','" + DateTime.Now + "','" + Request.QueryString["ID"] + "')";
                    SqlConnection conn = new SqlConnection("Data Source=.;Initial Catalog=BBS; Integrated
Security=true");
                    SqlCommand Cmd = new SqlCommand(SqlStr, conn);
                    conn.Open();
                    Cmd.ExecuteNonQuery();
                    conn.Close();
                    LblCaution.Text = "已成功回帖！";
                }
```

```
        }
    }
```

双击 ShowArticle.aspx 页面上的"所有跟帖"按钮，输入 BtnAllRe_Click()事件处理程序代码：

```
protected void BtnAllRe_Click(object sender, EventArgs e)
{
    Response.Redirect("ShowAll.aspx?id=" + Request.QueryString["id"]);
}
```

（4）运行程序。首先要运行实验 5 中的"会员登录"程序，登录成功后，再访问实验 6 中的 Show.aspx 页面。运行 Show.aspx 将分页显示论坛中的消息，单击某行中的"查看详情"链接，将转到 ShowArticle.aspx 显示帖子的详细信息，输入回复内容，单击"跟帖"可以回复当前帖子，如图 T.34 和图 T.35 所示。

图 T.34　显示详细消息

图 T.35　发送跟帖

### 4．实现"查看跟帖"功能

实现"查看跟帖"功能的步骤如下。

（1）ShowArticle.aspx 程序中"所有跟帖"按钮用于转向查看跟帖处理，查看跟帖的程序是 ShowAll.aspx。ShowAll.aspx 程序的页面如图 T.36 所示，所包含的控件及其属性列于表 T.9 中。

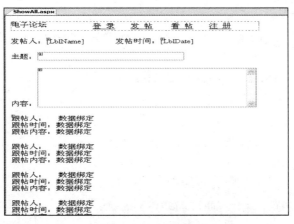
图 T.36　ShowAll.aspx 的设计页面

表 T.9　ShowAll.aspx 文件包含的控件及其属性

| 控件类别 | 控件名 | 控件标记 | 属　性 | 属性值 | 备　注 |
|---|---|---|---|---|---|
| Web 控件 | TextBox | TxtSubject | Text | （空） | 显示主题 |
| | | | ReadOnly | True | |
| | TextBox | TxtContent | Text | （空） | 显示内容 |
| | | | ReadOnly | True | |
| | | | TextMode | MultiLine | |
| | Label | LblName | Text | （空） | |
| | Label | LblDate | Text | （空） | |
| | Label | LblCaution | Text | （空） | 显示提示 |
| | DataList | DataList1 | — | — | 按说明编辑项模板 |

说明：编辑 DataList1 控件的 HTML 代码。转到"源"视图，修改 DataList1 的标记代码如下：

```
<asp:DataList ID="DataList1" runat="server">
<ItemTemplate>
跟帖人：　  
<asp:Label ID="Label1" runat="server" Text='<%# Eval("张贴者昵称") %>'></asp:Label><br /><br />
跟帖时间：<asp:Label ID="Label2" runat="server" Text='<%# Eval("张贴时间") %>'></asp:Label>
<br /><br />
跟帖内容：<asp:Label ID="Label3" runat="server" Text='<%# Eval("内容") %>'></asp:Label>
</ItemTemplate>
</asp:DataList>
```

（2）编写程序。双击 ShowAll.aspx 页面上空白处，打开程序编辑对话框，输入 Page_Load()事件处理程序代码：

```
protected void Page_Load(object sender, EventArgs e)
{
    SqlConnection conn = new SqlConnection("Data Source=.;Initial Catalog=BBS;Integrated Security=true");
    SqlCommand Cmd = new SqlCommand("select * from [Info] where ID=" + Request.QueryString["id"],conn);
    conn.Open();
    SqlDataReader obj = Cmd.ExecuteReader();
    while (obj.Read())
    {
        LblName.Text = obj.GetValue(2).ToString();
        LblDate.Text = obj.GetValue(4).ToString();
        TxtSubject.Text = obj.GetValue(1).ToString();
```

```
                TxtContent.Text = obj.GetValue(3).ToString();
        }
        obj.Close();
        conn.Close();
        string sql = "Select * From [info] where  回复编号='" + Request.QueryString["id"] + "'";
        SqlDataAdapter adapter = new SqlDataAdapter(sql, conn);
        DataSet ds = new DataSet();
        adapter.Fill(ds, "info");
        DataList1.DataSource = ds.Tables[0].DefaultView;
        DataList1.DataBind();
    }
```

（3）运行程序。在如图 T.37 所示的页面中单击"所有跟帖"按钮，将转到 ShowAll.aspx 页面，此页面显示该帖的所有回复，结果如图 T.37 所示。

图 T.37　运行结果

# 第3部分  附  录

## 附录 A  C#常用语法简介

C# 是微软公司专为 .NET 平台量身打造的一门系统性的程序设计语言，这里提供给读者 C# 快速入门的指导，仅对 C# 的基本语法做一介绍，并不包含 C# 的所有特性和功能。如果需要了解更为详细的语言特性和语法细节，请参阅微软公司的 MSDN 帮助文档。

### A.1  C#简介

作为编程语言，C#是现代的、简单的、完全面向对象的和类型安全的。重要的是，C#是一种现代编程语言。在类、名字空间、方法重载和异常处理等方面，它去掉了 C++中的许多复杂性，借鉴和修改了 Java 的许多特性，使其变得更加易于使用，不易出错。

（1）简单性。没有指针是 C#的一个显著特性。在默认情况下，使用一种可操控的（Managed）代码进行工作，此时一些不安全的操作如直接的内存存取将是不允许的。

在 C# 中不再需要记住那些源于不同处理器结构的数据类型，例如，可变长的整数类型，C#在 CLR 层面统一了数据类型，使得.NET 上的不同语言具有相同的类型系统。可以将每种类型看做一个对象，不管它是初始数据类型还是完全的类。

整型和布尔数据类型是完全不同的类型。这意味着 if 判别式的结果只能是布尔数据类型，如果是别的类型则编译器会报错。那种搞混了比较和赋值运算的错误不会再发生了。

（2）现代性。许多在传统语言中必须由自己来实现或者干脆没有的特征，都成为基础 C#实现的一个部分。金融类型对于企业级编程语言来说是很受欢迎的一个附加类型。可以使用一个新的 decimal 数据类型进行货币计算。

安全性是现代应用的头等要求，C#通过代码访问安全机制来保证安全性。根据代码的身份来源，可以分为不同的安全级别，不同级别的代码在被调用时会受到不同的限制。

（3）面向对象。C# 支持面向对象的所有关键概念：封装、继承和多态性。整个 C# 的类模型是建立在.NET 虚拟对象系统（Virtual Object System，VOS）之上的，而这个对象模型是基础架构的一部分而不再是编程语言的一部分——它们是跨语言的。

C# 中没有全局函数、变量或常数。每样东西必须被封装在一个类中，或者作为一个实例成员（通过类的一个实例对象来访问），或者作为一个静态成员（通过类型来访问），这会使 C#代码具有更好的可读性，并且减小了发生命名冲突的可能性。

多重继承的优劣一直是面向对象领域争论的话题之一，然而在实际的开发中很少用到，在多数情况下从多个基类派生所带来的问题比这种做法所能解决的问题要更多，可见 C#的继承机制只允许一个基类。如果需要多重继承，可以使用接口。

（4）类型安全性。当在 C/C++中定义了一个指针后，可以自由地把它指向任意一个类型，包括做一些相当危险的事，如将一个整型指针指向双精度型数据。只要内存支持这一操作，它就会凑合着工作，这当然不是所设想的企业级编程语言类型安全性。与此相反，C#实施了最严格的类型安全来保护它自身及其垃圾收集器。程序员必须遵守关于变量的一些规定，如，不能使用未初始化变量。对于对象的成员变量，编译器负责将它们置零。局部变量应自己负责。如果使用了未经初始化的变量，编译器会提醒你。这样做的好处是，你可以摆脱因使用未初始化变量得到一个未知结果的错误。

边界检查。当数组实际上只有 $n-1$ 个元素时，不可能访问到它"额外"的数组元素 $n$，这使重写未经分配的内存成为不可能。

算术运算溢出检查。C#允许在应用级或者语句级检查这类操作中的溢出，使用溢出检查，当溢出发生时会出现一个异常。

# A.2  基本类型

在 C#中数据类型分成两大类：一个是值类型（Value Types）；另一个是引用类型（Reference Types）。

## A.2.1  值类型

所谓值类型是一个包含实际数据的量，即当定义一个值类型的变量时，C# 会根据它所声明的类型，以堆栈方式分配一块大小相适应的存储区域给这个变量，随后对这个变量的读或写操作就直接在这块内存区域进行。

C# 中的值类型包括：简单类型、枚举类型和结构类型。

### 1．简单类型

简单类型是系统预置的，一共有 13 个数值类型，如表 A.1 所示。

表 A.1   C#简单类型

| C#关键字 | .NET CTS 类型名 | 说　明 | 范围和精度 |
|---|---|---|---|
| bool | System.Boolean | 逻辑值（真或假） | True,　False |
| sbyte | System.SByte | 8 位有符号整数类型 | −128～127 |
| byte | System.Byte | 8 位无符号整数类型 | 0～255 |
| short | System.Int16 | 16 位有符号整数类型 | −32 768～32 767 |
| ushort | System.UInt16 | 16 位无符号整数类型 | 0～65 535 |
| int | System.Int32 | 32 位有符号整数类型 | −2147 483 648～2 147 483 647 |
| uint | System.Uint32 | 32 位无符号整数类型 | 0～4 294 967 295 |
| long | System.Int64 | 64 位有符号整数类型 | −9 223 372 036 854 775 808<br>～9 223 372 036 854 775 807 |
| ulong | System.UInt64 | 64 位无符号整数类型 | 0～18 446 744 073 709 551 615 |
| char | System.Char | 16 位字符类型 | 所有的 Unicode 编码字符 |

| C#关键字 | .NET CTS 类型名 | 说　明 | 范围和精度 |
|---|---|---|---|
| float | System.Single | 32 位单精度浮点类型 | $\pm1.5*10^{-45} \sim \pm3.4*10^{38}$<br>（大约 7 个有效十进制数） |
| double | System.Double | 64 位双精度浮点类型 | $\pm5.0*10^{-324} \sim \pm3.4*10^{308}$<br>（大约 15～16 个有效十进制数） |
| decimal | System.Decimal | 128 位高精度十进制数类型 | $\pm1.0*10^{-28} \sim \pm7.9*10^{28}$<br>（大约 28～29 个有效十进制数） |

从表 A.1 可见，C#的简单数据类型可以分为整数类型（包括字符类型）、实数类型和布尔类型。

整数类型共有 9 种，它们的区别在于所占存储空间的大小，带不带符号位以及所能表示数的范围，这些是程序设计时定义数据类型的重要参数。char 类型归属于整型类别，但它与整型有所不同，不支持从其他类型到 char 类型的隐式转换。即使 sbyte、byte、ushort 这些类型的值也在 char 表示的范围之内，不存在其隐式转换。

实数类型有 3 种，由于其中浮点类型 float，double 采用了 IEEE 754 格式来表示，因此浮点运算一般不产生异常。decimal 类型主要适用于财务和货币计算，它可以精确地表示十进制小数数字（如 0.001）。虽然它具有较高的精度，但取值范围较小，从浮点类型到 decimal 的转换可能会产生溢出异常；而从 decimal 到浮点类型的转换则可能导致精度的损失，可见浮点类型与 decimal 之间不存在隐式转换。

bool 类型表示布尔逻辑量，它与其他类型之间不存在标准转换，即不能用一个整型数表示 True 或 False，反之亦然，这点与 C/C++不同。

### 2. 枚举类型

枚举实际上是为一组在逻辑上密不可分的整数值提供便于记忆的符号。

例如，声明一个代表颜色的枚举类型的变量：

```
enum Color {red,yellow,blue,green,black,white};
Color cl;
```

枚举类型的变量在某一时刻只能取枚举中某一个元素的值。例如，上面 cl 这个表示颜色的枚举类型变量，在某一时刻只能为 Color 枚举中的一种颜色。

枚举中的每一个元素类型都是整数类型，第一个元素的值为 0，其后每一个连续的元素依次加 1 递增。也可以给元素直接赋值，如把 red 的值设为 1，其后的元素的值分别为 2、3、……。例如：

```
enum Color {red=1,yellow,blue,green,black,white};
```

为枚举元素所赋的值的类型限于 long、int、short 和 byte 等整数类型。

### 3. 结构类型

结构类型是指把各种不同类型的数据信息组合在一起形成的类型。结构类型的变量采用 struct 来声明，例如，定义学生成绩表记录结构如下：

```
struct Student
{
```

```
        public string number;
        public string name;
        public int score;
    }
    Student stu1;
```

stu1 是一个 Student 结构类型的变量。对结构成员的访问通过结构变量名加上访问符
"." 号，再跟成员名，如 stu1.name="Jacky";。

结构类型包含的成员类型没有限制，结构类型的成员还可以是结构类型。

## A.2.2 引用类型

C#中的另一大数据类型为引用类型，引用类型与值类型的区别在于：引用类型变量不
直接存储所包含的值，而是实际数据的地址。C#中的引用类型有 4 种：类、数组、委托和
接口。

### 1. 类

类是面向对象编程的基本单位，其中包含数据成员、函数成员和嵌套类型的数据结构。
类的数据成员有常量、字段和事件。函数成员包括方法、属性、索引指示器、运算符、构造
函数和析构函数。类支持继承机制，派生类可以扩展基类的数据成员和函数成员。

### 2. 数组

数组是同一类型数据的有序集合。有关数组的详解介绍请参见 A.8 节。

### 3. 委托

C#的委托相当于在 C/C++中的函数指针。函数指针用指针获取一个函数的入口地址，
实现对函数的操作。委托与 C/C++中的函数指针不同在于委托是面向对象的，是引用类型。
对委托的使用要先定义后实例化，最后才调用。

定义委托使用关键字 delegate，例如：

```
delegate int SomeDelegate(int nID, string sName);
```

再实例化：

```
SomeDelegate d1 = new SomeDelegate(wr.InstanceMethod);
```

最后调用：

```
d1(5, "aaa");
```

通过委托 SomeDelegate 实现对方法 InstanceMethod 的调用，调用的前提条件：方法
InstanceMethod 参数和定义 SomeDelegate 的参数一致，并且返回值为 int。方法
InstanceMethod 定义如下：

```
public int InstanceMethod(int nID, string sName)
```

委托的实例化中的参数既可以是非静态方法，也可以是静态方法。

### 4. 接口

接口中不能定义数据，只能定义方法（包括方法、属性、索引指示器等），而且只能定
义方法的首部，不包括这些方法的实现。在接口中所定义的实际上是一组为所有继承者必须

遵守的契约。对于使用者来说，只要知道某个类是从哪个接口继承的，就知道这个类能提供什么样的服务，以及如何调用这些提供服务的方法。

接口与接口之间可以继承，类（或结构）也可以继承接口。类与类之间只能单端继承，但类可以在继承一个基类的同时继承一个或多个接口。在继承接口的类中必须实现全部在接口中定义的方法。接口的声明用 interface 关键字。

接口声明语法格式：

```
[修饰符] interface 接口名称 [：基接口表 ]
{
    // 声明接口成员
}
```

例如，

```
using System;
interface IPoint
{
    void Print(Object o);
    int X {get; set;}
    int Y { get; set;}
}
```

## A.3  变量与常量

无论使用何种程序设计语言编写程序，变量和常量都是构成一个程序的基本元素，我们可以从它们的定义、命名、类型、初始化等几个方面来认识和理解变量和常量。

### A.3.1  常量

#### 1. 整数常量

对于一个整数数值，默认的类型是能保存它的最小整数类型，根据常量的值其类型可以分为 int、unit、long 或 ulong。如果默认的类型不是想要的类型，可以通过在常量后面加后缀（U 或 L）来明确指定其类型。

（1）在常量后面加 L 或 l（不区分大小写）表示长整型。

（2）在常量后面加 U 或 u（不区分大小写）表示无符号整数。

（3）整型常量既可以采用十进制，也可以采用十六进制，不加特别说明就默认为十进制，在数值前面加 0x（或 0X）则表示十六进制数，十六进制基数用 0～9、A～F（或 a～f）。

#### 2. 浮点常量

一般带小数点的数或用科学计数法表示的数都被认为是浮点数，它的数据类型默认为 double 类型，但也可以加后缀符表明三种不同的浮点格式数。

（1）在数字后面加 F（f）表示是 float 类型。

（2）在数字后面加 D（d）表示是 double 类型。

（3）在数字后面加 M（m）表示是 decimal 类型。

### 3．字符常量

字符常量简单地说是用单引号括起的单个字符，如：'A'，它占 16 位，以无符号整型数的形式存储这个字符所对应的 Unicode 代码。这对于大多数图形字符是可行的，但对于一些非图形的控制字符（如：回车符）则行不通，显然字符常量的表达形式有若干种形式。

（1）单引号括起的一个字符，如：'A'。

（2）十六进制的换码系列，以"\x"或"\X"开始，后面跟 4 位十六进制数，如：'\X0041'。

（3）Unicode 码表示形式，以"\U"或"\u"开始，后面跟 4 位十六进制数，如：'\U0041'。

（4）显式转换整数字符代码，如：(char) 65。

（5）字符转义系列，如表 A.2 所示。

表 A.2　转义字符

| 转 义 字 符 | 含　　义 | Unicode 码 |
|---|---|---|
| \' | 单引号 | \u0027 |
| \" | 双引号 | \u0022 |
| \\ | 反斜线字符 | \u005C |
| \0 | 空字符 | \u0000 |
| \a | 警铃符 | \u0007 |
| \b | 退格符 | \u0008 |
| \f | 走纸换页符 | \u000C |
| \n | 换行符 | \u000A |
| \r | 回车符 | \u000D |
| \t | 水平制表符 | \u0009 |
| \v | 垂直制表符 | \u000B |

### 4．字符串常量

字符串常量是用双引号括起的零个或多个字符序列。C#支持两种形式的字符串常量，一种是常规字符串，另一种是逐字字符串。

（1）常规字符串。常规字符串是双引号括起的一串字符，可以包括转义字符。

例如：

```
"Hello, world\n"
"C:\\windows\\Microsoft"        // 表示字符串  C:\windows\Microsoft
```

（2）逐字字符串。在常规的字符串前面加一个@，就形成了逐字字符串，它的意思是字符串中的每个字符均表示本意，不使用转义字符。如果在字符串中需用到双引号，则可连写两个双引号来表示一个双引号。

例如：

```
@"C:\windows\Microsoft"         // 与   "C:\\windows\\Microsoft" 含义相同
@"He said" "Hello" "to me"      // 与"He said\"Hello\ to me" 含义相同
```

### 5. 布尔常量

布尔常量只有两个值：True 和 False。

### 6. 符号常量

在声明语句中，可以声明一个标识符常量，但必须在定义标识符时就进行初始化并且定义之后就不能再改变该常量的值。

符号常量声明语法格式：

```
const   类型   标识符=初值
```

例如：

```
const   double   PI=3.14159
```

## A.3.2  变量

变量是在程序的运行过程中其值可以改变的量，它是一个已命名的存储单元，通常用来记录运算中间结果或保存数据。C#中的变量必须先声明后使用。声明变量包括变量的名称、数据类型以及必要时指定变量的初始值。

变量声明语法格式：

```
类型   标记符 [,标记符]0+ ；
或
类型   标记符[=初值]opt [,标记符[=初值]opt]0+ ；
```

标记符是变量名的符号，它的命名规则：[字母 | _ | @ ]1   [字母 | 数字| _ ]0+

说明：

[  ]0+   表示[ ]内的内容可以出现 0 次或任意多次。

[  ]opt   表示[ ]内的内容是可选的，最多出现一次。

[  ]1   表示[ ]内的内容必须出现 1 次。

|   由竖线分隔的内容任意选择一个。

通过上述的命名规则可以看出，标记符必须以字母或下画线开头，后面可以和字母、数字和下画线组合而成。例如，name、 _Int、 Name、 x_1 等都是合法的标记符，但 C#是大小写敏感的语言，name、Name 分别代表不同的标记符，在定义和使用时要特别注意。另外变量名不能与 C# 中的关键字相同，除非标记符是以@作为前缀的。

例如：

```
int   x ;                        // 合法
float y1=0.0, y2 =1.0, y3 ;      // 合法，变量说明的同时可以设置初始数值
string   char                    // 不合法，char 是关键字
string   @char                   // 合法
```

C#允许在任何模块内部声明变量，模块开始于"｛"，结束于"｝"。每次进入声明变量所在的模块时，则创建变量分配存储空间，离开这个模块时，则销毁这个变量收回分配的存储空间。实际上变量只在这个模块内有效，称为局部变量，这个模块区域是变量的作用域。

## A.4　运算符与表达式

C#提供了大量的运算符，按需要操作数的数目来分，可以有一元运算符（如++）、二元运算符（如+，*）、三元运算符（如? :）。按运算功能来分，基本的运算符可以分：① 算术运算符；② 关系运算符；③ 逻辑运算符；④ 位运算符；⑤ 赋值运算符；⑥ 条件运算符；⑦ 其他（分量运算符 "."，下标运算符 "[ ]"等）。

本节主要介绍前6种运算符以及这些运算符的优先级、结合性等。

### A.4.1　算术运算符

算术运算符作用的操作数类型可以是整型，也可以是浮点型，算术运算符如表 A.3 所示。

表 A.3　算术运算符

| 运　算　符 | 含　　义 | 示例（假设 $x$、$y$ 是某一数值类型的变量） |
|---|---|---|
| + | 加 | $x+y$；　$x+3$； |
| − | 减 | $x-y$；　$y-1$； |
| * | 乘 | $x*y$；　$3*4$； |
| / | 除 | $x/y$；　5/2；　5.0/2.0； |
| % | 取模 | $x\%y$；　11%3；　11.0 % 3； |
| ++ | 递增 | ++$x$；　$x$++； |
| −− | 递减 | −$x$；　$x$−； |

其中：

（1）"+、−、*、/ "运算与一般代数意义及其他语言相同，但需要注意的是：当"/"作用到的两个操作数都是整型数据类型时，其计算结果也是整型。

（2）"%"取模，即获得整数除法运算的余数，也称取余。

（3）"++"和"−−"递增和递减运算符是一元运算符，它作用的操作数必须是变量，不能是常量或表达式。它既可出现在操作数之前（前缀运算），亦可出现在操作数之后（后缀运算），前缀和后缀有共同之处，也有很大区别。

### A.4.2　关系运算符

关系运算符用来比较两个操作数的值。

关系运算语法格式：

> Exp1　关系运算符　Exp2

运算结果为 bool 类型的值（True 或 False）。

关系运算符包括：

> \>　　　　　大于
> \>=　　　　大于等于
> <　　　　　小于
> <=　　　　小于等于
> ==　　　　等于

| != | 不等于 |

C# 中，简单类型和引用类型都可以通过= =或!=来比较它们的数据内容是否相等。对简单类型，比较的是它们的数据值；而对引用类型来说，由于它的内容是对象实例的引用，所以若相等，则说明这两个引用指向同一个对象实例，如果要测试两个引用对象所代表的内容是否相等，则通常会使用对象本身所提供的方法，例如：Equals( )。

如果操作数是 string 类型的，则在下列两种情况下被视为两个 string 值相等。

（1）两个值均为 null。

（2）两个值都是对字符串实例的非空引用，这两个字符串不仅长度相同，并且每一个对应的字符位置上的字符也相同。

关系比较运算 ">、 >=、 <、 <=" 是以顺序作为比较的标准，它要求操作数的数据类型只能是数值类型，即整型数、浮点数、字符以及枚举等。

bool 类型的值之所以只能比较是否相等，不能比较大小，是因为 True 值和 False 值没有大小之分。例如，表达式 True > Flase 在 C# 中是没有意义的。

## A.4.3 逻辑运算符

逻辑运算符是用来对两个 bool 类型的操作数进行逻辑运算的，运算的结果也是 bool 类型，如表 A.4 所示。

表 A.4 逻辑运算符

| 运 算 符 | 含 义 |
|---------|------|
| & | 逻辑与 |
| l | 逻辑或 |
| ^ | 逻辑异或 |
| && | 短路与 |
| ll | 短路或 |
| ! | 逻辑非 |

运算符 "&&" 和 "ll" 的操作结果与 "&" 和 "l" 一样，但它们的短路特征，使代码的效率更高。所谓短路就是在逻辑运算的过程中，如果计算第一个操作数时，就能得知运算结果而不会再计算第二个操作数。

例如：

```
int  x，y；
bool  z；
x = 1； y = 0；
z = ( x >1) & (++ y >0 )          // z 的值为 False，y 的值为 1
z = ( x >1) && (++ y >0 )         // z 的值为 False，y 的值为 0
```

逻辑非运算符 "!" 是一元运算符，它对操作数进行非运算，即真/假值互为非（反）。

## A.4.4 位运算符

位运算符主要分为逻辑运算和移位运算，它的运算操作直接作用于操作数的每一位，显然操作数的类型必须是整数类型，不能是 bool 类型，float 或 double 等类型。

位运算符如表 A.5 所示。借助这些位运算符可以完成对整型数的某一位测试、设置以及对一个数的位移动等操作，这对许多系统级程序设计是非常重要的。

表 A.5　位运算符

| 运　算　符 | 含　　义 |
|---|---|
| & | 按位与 |
| \| | 按位或 |
| ^ | 按位异或 |
| ~ | 按位取反 |
| >> | 右移 |
| << | 左移 |

## A.4.5　赋值运算符

赋值运算语法格式：

> Var = Expression

赋值运算符左边的称为左值，右边的称为右值。右值是一个与左值类型兼容的表达式，它可以是常量、变量或者表达式。因为赋值运算的操作就是将右值复制到左值，因此左值必须是一个已定义的变量或对象，是内存中已分配的实际物理空间。

赋值运算的值是右边表达式的值，类型是左值类型。如果左值和右值的类型不一致，在兼容的情况下，则需要进行自动转换（隐式转换）或强制类型转换（显式类型转换）。一般的原则是，从占用内存较少的短数据类型向占用内存较多的长数据类型赋值时，可以不做显式的类型转换，C#会进行自动类型转换。反之当从较长的数据类型向占用较少内存的短数据类型赋值时，则必须做强制类型转换。

## A.4.6　条件运算符

条件运算符 ?: 是 C# 中唯一一个三元运算符。

条件运算语法格式：

> Exp1　? Exp2 : Exp3

其中表达式 Exp1 的运算结果必须是一个 bool 类型值，表达式 Exp2 和 Exp3 可以是任意数据类型，但它们返回的数据类型必须一致。

条件运算符的运算过程：首先计算 Exp1 的值，如果其值为 True，则计算 Exp2 值，这个值就是整个表达式的结果；否则，取 Exp3 的值作为整个表达式的结果。

例如：

> z = x > y ? x : y ;　　　// z 的值就是 x，y 中较大的一个值
> z = x >=0 ? x : -x ;　　　// z 的值就是 x 的绝对值

## A.4.7　运算符的优先级与结合性

当一个表达式含有多个运算符时，C# 编译器需要知道先做哪个运算，即所谓的运算符

的优先级，它控制各运算符的运算顺序。

表 A.6 列出了 C# 运算符的优先级与结合性，其中表顶部的优先级较高。

表A.6 运算符的优先级与结合性

| 类 别 | 运 算 符 | 结 合 性 |
|---|---|---|
| 初等项 | ( ) [ ] new typeof checked unchecked | 从左到右 |
| 一元后缀 | ++ −− | 从右到左 |
| 一元前缀 | ++ −− + − ! ~ (T) （表达式） | 从右到左 |
| 乘法 | * / % | 从左到右 |
| 加法 | + − | 从左到右 |
| 移位 | << >> | 从左到右 |
| 关系和类型检测 | < > <= >= is as | 从左到右 |
| 相等 | == != | 从左到右 |
| 逻辑与 | & | 从左到右 |
| 逻辑异或 | ^ | 从左到右 |
| 逻辑或 | \| | 从左到右 |
| 条件与 | && | 从左到右 |
| 条件或 | \|\| | 从左到右 |
| 条件 | ? : | 从右到左 |
| 赋值 | = *= /= %= += −= <<= >>= &= ^= \|= | 从右到左 |

# A.5 分支语句

分支语句就是条件判断语句，它能让程序在执行时根据特定条件是否成立而选择执行不同的语句块。C#提供两种分支语句结构：if 语句和 switch 语句。

## A.5.1 if 语句

if 语句是最常用的选择语句，用来判断是否满足给定的条件，根据判定的结果决定执行给出的两种操作之一。

if 语句有两种基本语法格式：

(1) if （布尔表达式）语句;

当布尔表达式的值为真时，执行 if 后面的内嵌语句；当布尔表达式的值为假时则继续执行 if 语句的后继语句。

(2) if (布尔表达式) 语句 1 else 语句 2;

当布尔表达式的值为真时，则执行内嵌语句 1，否则执行内嵌语句 2。

程序的逻辑判断关系比较复杂，通常还可以采用条件判断嵌套语句。

判断嵌套语法格式：

```
if (布尔表达式)  {     if(布尔表达式)  语句1  else  语句2;}
else {     if(布尔表达式)  语句3  else  语句4;}
```

此时每一条 else 与离它最近且没有其他 else 与之对应的 if 相搭配。

## A.5.2  switch 语句

switch 语句是一个多分支结构的语句，它所实现的功能与 if_else if 结构很相似，但在大多数情况下，switch 语句表达方式更直观、简单、有效。

语法格式：

```
switch   (表达式)
{
    case   常量1:
        语句序列1;                 // 由零个或多个语句组成
        Break;
    case   常量2:
        语句序列2;
        Break;
    ...
    [ default:                    // default 是任选项，可以不出现
        语句序列n;
        Break;]
}
```

switch 语句的执行流程是，首先计算 switch 后的表达式，然后将结果值一一与 case 后的常量值比较，如果找到相匹配的 case，程序就执行相应的语句序列，直到遇到跳转语句（break），switch 语句执行结束；如果找不到匹配的 case，就归结到 default 处，执行它的语句序列，直到遇到 break 语句为止；当然如果没有 default，则不执行任何操作。

C#的 switch 语句需要注意以下几点。

（1）switch 语句的表达式必须是整数类型，如 char、sbyte、byte、ushort、short、uint、int、ulong、long 或 string、枚举类型。case 常量必须与表达式类型相兼容，其值必须互异，不能有重复。

（2）将与某个 case 相关联的语句序列接在另一个 case 语句序列之后是错误的，这称为"不穿透"规则，需要跳转语句结束这个语句序列，通常选用 break 语句作为跳转，也可以用 goto 转向语句等。"不穿透"规则是 C# 对 C、C++、Java 这类语言中的 switch 语句的一个修正，这样做的好处：一是允许编译器对 switch 语句做优化处理时可自由地调整 case 的顺序；二是防止程序员不经意地漏掉 break 语句而引起错误。

（3）虽然不能让一个 case 的语句序列穿透到另一个 case 语句序列，但是可以有两个或多个 case 前缀指向相同的语句序列。

## A.6　循环语句

循环语句是指在一定条件下，重复执行一组语句，它是程序设计中的一个非常重要也是非常基本的方法。C#提供了 4 种循环语句：while、do_while、for 和 foreach。

### A.6.1　while 语句

语法格式：

```
while (条件表达式)
    循环体语句；
```

如果条件表达式为真（True），则执行循环体语句。while 语句执行流程如图 A.1 所示。

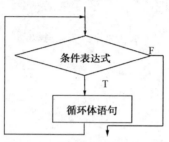

图 A.1　while 语句执行流程图

### A.6.2　do_while 语句

语法格式：

```
do
{
    循环体语句 ；
}while (条件表达式)
```

该循环首先执行循环体语句，再判断条件表达式。如果条件表达式为真（True），则继续执行循环体语句。do_while 循环语句执行流程如图 A.2 所示。

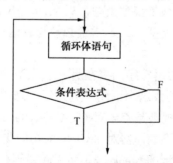

图 A.2　do_while 语句执行流程图

while 语句与 do_while 语句很相似，它们的区别在于 while 语句的循环体有可能一次也不执行，而 do_while 语句的循环体至少执行一次。

### A.6.3　for 语句

在事先知道循环次数的情况下，使用 for 语句比较方便。

语法格式：

>   for(表达式 1;表达式 2;表达式 3)　语句

其中表达式 1 为循环控制变量初始化，循环控制变量可以有一个或多个，若有多个则用逗号隔开；表达式 2 为循环控制条件；表达式 3 按规律改变循环控制变量的值。3 个表达式都是可选的，默认某个表达式时，其后的分号 ";" 不能省略，3 个表达式都默认的情况：for(;;){语句}

for 语句的执行顺序如下。

（1）按书写顺序将表达式 1 执行一遍，为循环控制变量赋初值。

（2）测试表达式 2 是否为真。

（3）若没有表达式 2 或表达式 2 为真，则执行内嵌语句一遍，按表达式 3 的规律改变循环控制变量的值，回到第二步执行。

（4）若表达式 2 不满足，则 for 循环终止。

图 A.3 也说明了 for 语句的执行流程。

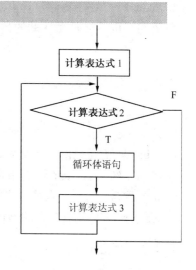

图 A.3　for 语句执行流程图

### A.6.4　foreach 语句

foreach 语句是 C# 中新引入的，它表示收集一个集合中的各元素，并针对各元素执行内嵌语句。

语法格式：

>   foreach (类型　标记符　in　集合表达式 ) 语句;

其中：

（1）标记符。标记符是 foreach 循环的迭代变量，它只在 foreach 语句中有效，并且是一个只读局部变量，也就是说在 foreach 语句中不能改写这个迭代变量。它的类型应与集合的基本类型相一致。

（2）集合表达式。集合表达式是被遍历的集合，如数组。

在 foreach 语句执行期间，迭代变量按集合元素的顺序依次将其内容读入。

## A.7　跳转语句

跳转语句用于改变程序的执行流程，转移到指定之处。C#中有 4 种跳转语句：continue 语句、break 语句、return 语句、goto 语句。它们具有不同的含义，用于特定的上下文环境之中。

### A.7.1　continue 语句

语法格式：

>   continue ;

continue 语句只能用于循环语句之中，它的作用是结束本轮循环，不再执行余下的循环体语句，对 while 结构和 do_while 结构的循环，在 continue 执行之后就立刻测试循环条件，以决定循环是否继续下去；对 for 结构循环，在 continue 执行之后，先求表达式 3（即循环增量部分），然后再测试循环条件。通常它会和一个条件语句结合起来用，不会是独立的一条语句，也不会是循环体的最后一条语句，否则没有任何意义。

如果 continue 语句陷于多重循环结构之中，它只对包含它的最内层循环有效。

## A.7.2　break 语句

语法格式：

```
break;
```

break 语句只能用于循环语句或 switch 语句中，如果在 switch 语句中执行到 break 语句，则立刻从 switch 语句中跳出，转到 switch 语句的下一条语句；如果在循环语句执行到 break 语句，则会导致循环立刻结束，跳转到循环语句的下一条语句。不管循环有多少层，break 语句只能从包含它的最内层循环跳出一层。

## A.7.3　return 语句

语法格式：

```
return；
```

或

```
return　表达式；
```

return 语句出现在一个方法内，在方法中执行到 return 语句时，程序流程转到调用这个方法处。如果方法没有返回值（返回类型修饰为 void），则使用 return 返回；如果方法有返回值，那么使用 return 表达式格式，其后面的表达式就是方法的返回值。

## A.7.4　goto 语句

goto 语句可以将程序的执行流程从一个地方转移到另一个地方，非常灵活，但正因为它太灵活，所以容易造成程序结构混乱的局面，应该有节制地、合理地使用 goto 语句。

语法格式：

```
goto　标号；
```

其中标号是定位在某一语句之前的一个标记符，称为标号语句，它的格式是

```
标号：语句；
```

它给出 goto 语句转向的目标。值得注意的是，goto 语句不能使控制转移到另一个语句块内部，更不能转移到另一个函数内部。

另外，goto 语句如果用在 switch 语句中，它的格式是

```
goto　case 常量；
goto　default ；
```

它只能在本 switch 语句中从一种情况转向另一种情况。

# A.8  数组

数组是一种包含若干变量的数据结构，这些变量都具有相同的数据类型并且排列有序，可以用一个统一的数组名和下标唯一地确定数组中的元素。C# 中的数组主要有 3 种形式：一维数组、多维数组和不规则数组。

## A.8.1  数组的定义

一般而言，数组都必须先声明后使用。在 C/C++ 这类语言中，数组在声明时，就要明确数组的元素个数，由编译器分配存储空间。但在 C# 中，数组是一个引用型类型，声明数组时，只是预留一个存储位置以引用将来的数组实例，实际的数组对象是通过 new 运算符在运行时动态产生的。在数组声明时，不需要给出数组的元素个数。

### 1．一维数组

关于一维数组介绍如下。

（1）一维数组声明。

语法格式：

```
type  [ ]  arrayName ;
```

其中：

① type：可以是 C#中任意的数据类型。

② [ ]：表明后面的变量是一个数组类型，必须放在数组名之前。

③ arrayName：数组名，遵循标记符的命名规则。

例如：

```
int [ ] a1;              // a1 是一个含有 int 类型数据的数组
double [ ] f1;           // f1 是一个含有 double 类型数据的数组
string [ ] s1;           // s1 是一个含有 string 类型数据的数组
```

（2）创建数组对象。用 new 运算符创建数组实例，有两种基本形式。

① 声明数组和创建数组分别进行。

语法格式：

```
type [ ] arrayName ;              // 数组声明
arrayName = new type [size];      // 创建数组实例
```

其中：

● size：表明数组元素的个数。

② 声明数组和创建数组实例合在一起写。

语法格式：

```
type [ ] arrayName = new type [size] ;
```

例如：

```
int [ ] a1;
a1 = new int [10];                    // a1 是一个有 10 个 int 类型元素的数组
string [ ] s1 = new string [5];       // s1 是含有 5 个 string 类型元素的数组
```

### 2．多维数组

关于多维数组介绍如下。

（1）多维数组声明。

语法格式：

```
type  [ ,  ,  ,] arrayName ;
```

多维数组是指能用多个下标访问的数组。在声明时方括号内加逗号，就表明是多维数组，有 $n$ 个逗号，就是 $n+1$ 维数组。

例如：

```
int [ , ] score;                        // score 是一个 int 类型的二维数组
float [ , , ] table;                     // table 是一个 float 类型的三维组数
```

（2）创建数组对象。

创建数组对象也可以分两种基本形式。

① 声明数组和创建数组分别进行。

语法格式：

```
type [ ,   , ] arrayName ;               // 数组声明
arrayName = new type [size1, size2, size3];   // 创建数组实例
```

size1、size2、 size3 分别表明多维数组每一维的元素个数。

② 声明数组和创建数组实例合在一起写。

语法格式：

```
type [,   , ,] arrayName = new type [size1, size2, size3] ;
```

例如：

```
int [, ] score ;
score = new int [3, 4] ;                 // score 是一个 3 行 4 列的二维数组
float [ , , ] table=new float [2, 3, 4]   // table 是一个三维数组，每维分别是 2、3、4
```

（3）不规则数组。一维数组和多维数组都属于矩形数组，而 C#所特有的不规则数组是数组的数组，在它的内部，每个数组的长度可以不同，就像一个锯齿形状。

① 不规则数组声明。

```
type [ ] [ ] [ ] arrayName ;
```

方括号[]的个数与数组的维数相关。

例如：

```
int   [ ] [ ] jagged ;                    // jagged 是一个 int 类型的二维不规则数组
```

② 创建数组对象。以二维不规则数组为例：

```
int [ ] [ ] jagged;
jagged = new int [3][ ];
jagged[0] = new int [4];
jagged[1] = new int [2];
jagged[2] = new int [6];
```

## A.8.2 数组的初始化

在用 new 运算符生成数组实例时，若没有对数组元素初始化，则取它们的默认值，对数值型变量默认值为 0，引用型变量默认值为 null。当然数组也可以在创建时按照自己的需要进行初始化，需要注意的是初始化时，不论数组的维数是多少，都必须显式地初始化所有数组元素，不能进行部分初始化。

### 1. 一维数组初始化

语法格式：

```
type [ ] arrayName = new type [size] { val1, val2, …,valn };
```

数组声明与初始化同时进行时，size 也就是数组元素的个数，必须是常量，而且应该与大括号内的数据个数一致。

语法格式：

```
type [ ] arrayName = new type [ ] { val1, val2, …,valn };
```

省略 size，由编译系统根据初始化表中的数据个数，自动计算数组的大小。

语法格式：

```
type [ ] arrayName = { val1, val2, …,valn };
```

数组声明与初始化同时进行，还可以省略 new 运算符。

语法格式：

```
type [ ] arrayName ;
arrayName = new type [size] { val1, val2 …,valn };
```

把声明与初始化分开在不同的语句中进行时，size 同样可以默认，也可以是一个变量。

例如：    以下数组初始化实例都是等同的。

```
int [ ] nums = new int [10] {0, 1, 2, 3, 4, 5, 6, 7, 8, 9 };
int [ ] nums = new int [ ] {0, 1, 2, 3, 4, 5, 6, 7, 8, 9};
int [ ] nums = {0, 1, 2, 3, 4, 5, 6, 7, 8, 9 };
int [ ] nums ;
nums = new int [10] { 0, 1, 2, 3, 4, 5, 6, 7, 8, 9 };
```

### 2. 多维数组初始化

多维数组初始化是通过将对每维数组元素设置的初始值放在各自的一个大花括号内完成，以最常用的二维数组为例来讨论。

语法格式：

```
type [ , ] arrayName = new type [size1, size2 ] {{ val11, val12, …,val1n },
                       { val21, val22, …,val2n }, … { valm1, valm2, …,valmn };
```

数组声明与初始化同时进行，数组元素的个数是 size1*size2，数组的每一行分别用一个花括号括起来，每个花括号内的数据就是这行的每一列元素的值，初始化时的赋值顺序按矩阵的"行"存储原则。

语法格式：

```
type [ ] arrayName = new type [ , ] {{ val11, val12, …,val1n },
```

$$\{ val21, val22, \cdots, val2n \}, \cdots \{ valm1, valm2, \cdots, valmn \};$$

省略 size，由编译系统根据初始化表中花括号 {} 的个数确定行数，再根据 {} 内的数据确定列数，从而得出数组的大小。

语法格式：

```
type [ , ] arrayName ={{ val11, val12, ···,val1n },
                    { val21, val22, ···,val2n }, ··· { valm1, valm2, ···,valmn };
```

数组声明与初始化同时进行，还可以省略 new 运算符。

语法格式：

```
type [ , ] arrayName ;
arrayName = new type [size1, size2] { { val11, val12, ···,val1n },
            { val21, val22, ···,val2n }, ··· { valm1, valm2, ···,valmn };
```

把声明与初始化分开在不同的语句中进行时，size1、size2 同样可以默认，但也可以是变量。

例如： 以下数组初始化实例都是等同的。

```
int [, ] a = new int [3,4] {{0, 1, 2, 3}, {4, 5, 6, 7}, {8, 9, 10, 11} };
int [, ] a = new int [, ] {{0, 1, 2, 3}, {4, 5, 6, 7}, {8, 9, 10, 11} };
int [, ] a = {{0, 1, 2, 3}, {4, 5, 6, 7}, {8, 9, 10, 11} };
int [ ] a ;
a = new int [3, 4] {{0, 1, 2, 3}, {4, 5, 6, 7}, {8, 9, 10, 11} };
```

### 3. 不规则数组初始化

下面以二维不规则数组为例来讨论。

不规则数组是一个数组的数组，它的初始化通常是分步骤进行的。

语法格式：

```
type [ ] [ ] arrayName = new type [ size] [ ];
```

size 可以是常量或变量，后面一个中括号 [ ] 内是空着的，表示数组的元素还是数组且每一个数组的长度是不一样的，需要单独再用 new 运算符生成。

```
arrayName[0] = new type [size0] { val1, val2, ···, valn1};
arrayName[1] = new type [size1] { val1, val2, ···, valn2};
...
```

例如：

```
char [ ] [ ] st1 = new char [3][ ];     // st1 是由 3 个数组组成的数
st1[0] = new char [ ] {'S', 'e', 'p', 't', 'e', 'm', 'b', 'e', 'r' }
st1[1] = new char [ ] {'O', 'c', 't', 'o', 'b', 'e', 'r' }
st1[2] = new char [ ] {'N', 'o', 'v', 'e', 'm', 'b', 'e', 'r' };
```

## A.8.3 数组元素的访问

一个数组具有初值时，就可以像其他变量一样被访问，既可以取数组元素的值，又可以修改数组元素的值。在 C# 中是通过数组名和数组元素的下标来引用数组元素。

### 1. 一维数组的引用

语法格式：

数组名[下标]

下标是数组元素的索引值，实际上就是要访问的那个数组元素在内存中的相对位移，记住，相对位移是从 0 开始的，下标的值从 0 到数组元素的个数-1 为止。

### 2. 多维数组的引用

语法格式：

数组名[下标 1, 下标 2, …, 下标 n]

### 3. 不规则数组的引用

语法格式：

数组名[下标 1][下标 2]…[下标 n]

## A.9　综合应用实例

**【例 A-1】**　扑克牌游戏。 用计算机模拟洗牌，分发给 4 个玩家并将 4 个玩家的牌显示出来。

**【基本思路】**

一维数组 Card 存放 52 张牌（不考虑大、小王），二维数组 Player 存放 4 个玩家的牌。用 3 位整数表示一张扑克牌，最高位表示牌的种类，后两位表示牌号。例如：

101，102，…，113，分别表示红桃 A，红桃 2，…，红桃 K；

201，202，…，213，分别表示方块 A，方块 2，…，方块 K；

301，302，…，313，分别表示梅花 A，梅花 2，…，梅花 K；

401，402，…，413，分别表示黑桃 A，黑桃 2，…，黑桃 K。

**【程序清单】**

```
using System;
class TestCard
  {
      static void Main(string[] args)
      {
          int i, j, temp;
          Random Rnd = new Random();
          int k;
          int [] Card = new int [52];
          int [,] Player=new int [4,13];
          for (i=0; i<4; i++)                        //   52 张牌初始化
                for (j=0; j<13; j++)
                        Card[i*13+j]=(i+1)*100+j+1;
          Console.Write ("How many times for card: ");
          string s=Console.ReadLine ();
```

```
        int times=Convert.ToInt32 (s);
        for (j=1;j<=times; j++)
            for (i=0;i<52;i++)
            {
                k=Rnd.Next (51−i+1)+i;        // 产生 i 到 52 之间的随机数
                temp=Card[i];
                Card[i]=Card[k];
                Card[k]=temp;
            }
        k=0;
        for (j=0;j<13;j++)                    // 52 张牌分发给 4 个玩家
            for (i=0;i<4;i++)
                Player[i,j]=Card[k++];
        for (i=0;i<4;i++)                     // 显示 4 个玩家的牌
        {
            Console.WriteLine ("玩家{0}的牌：",i+1);
            for (j=0;j<13;j++)
            {
                k=(int)Player[i,j]/100;       // 分离出牌的种类
                switch (k)
                {
                    case 1:                   // 红桃
                        s=Convert.ToString ('\x0003');
                        break;
                    case 2:                   // 方块
                        s=Convert.ToString ('\x0004');
                        break;
                    case 3:                   // 梅花
                        s=Convert.ToString ('\x0005');
                        break;
                    case 4:                   // 黑桃
                        s=Convert.ToString ('\x0006');
                        break;
                }
                k=Player[i,j]%100;            // 分离出牌号
                switch (k)
                {
                    case 1:
                        s=s+"A";
                        break;
                    case 11:
```

```
                        s=s+"J";
                        break;
                    case 12:
                        s=s+"Q";
                        break;
                    case 13:
                        s=s+"K";
                        break;
                    default:
                        s=s+Convert.ToString (k);
                        break;
                }
                Console.Write (s);
                if (j<12)
                    Console.Write (", ");
                else
                    Console.WriteLine (" ");
            }
        }
        Console.Read ();
    }
}
```

运行结果如图 A.4 所示。

```
How many times for card: 5
玩家1的牌：
♥K, ♠8, ♥J, ♣9, ♦6, ♥8, ♠10, ♦3, ♦2, ♣A, ♦K, ♣5, ♠A
玩家2的牌：
♥3, ♣2, ♣7, ♦5, ♠J, ♣Q, ♦7, ♥10, ♠6, ♥4, ♣3, ♠5, ♠K
玩家3的牌：
♥7, ♣J, ♥5, ♦4, ♠4, ♣8, ♠Q, ♦8, ♦J, ♥9, ♦A, ♥A, ♦10
玩家4的牌：
♥6, ♠3, ♣10, ♦9, ♣6, ♠2, ♠9, ♠7, ♣4, ♣K, ♥2, ♥Q, ♦Q
```

图 A.4　4 个玩家的牌

# 附录 B  ASP.NET 2.0 常用控件列表

## 1. HTML 服务器控件

HTML 服务器控件的图标、语法标记及用途列入表 B.1 中。

表 B.1  HTML 服务器控件的图标、语法标记及用途

| 控 件 名 | 控 件 图 标 | 对应的 HTML 标记 | 用 途 |
|---|---|---|---|
| Input(Button) | Input (Button) | \<input type="button"> | 可以以编程方式访问服务器上的 HTML \<button> 标记 |
| Input(Reset) | Input (Reset) | \<input type="Reset"> | 用户可以利用该控件创建重置按钮 |
| Input(Submit) | Input (Submit) | \<input type="Submit"> | 用户可以利用该控件创建提交按钮 |
| Image | Image | \<img> \</img> | 用于在窗体页上显示图像 |
| Input(CheckBox) | Input (Checkbox) | \<input type="checkbox"> | 创建使用户可以选择 True 或 False 状态的复选框控件 |
| Input(File) | Input (File) | \< input type="file"> | 可使用该控件方便地设计页，该页允许用户将二进制文件或文本文件从浏览器下载到在 Web 服务器上指定的目录中 |
| Input(Hidden) | Input (Hidden) | \<input type="Hidden"> | 将信息存储在窗体上不可查看的控件中 |
| Input(Radio) | Input (Radio) | \<input type="radio"> | 创建单选按钮 |
| Input(Text) | Input (Text) | \<input type="text"> 和\<input type="password"> | 创建单行文本框以接收用户输入 |
| Select | Select | \<select> \</select> | 用来创建列表控件和下拉列表 |
| Table | Table | \<table> \</table> | 允许以编程方式访问 HTML 的表元素 |
| TextArea | Textarea | \<textarea> \</textarea> | 创建多行文本框 |

## 2. Web 服务器控件

Web 服务器控件的图标、语法标记及用途列入表 B.2 中。

表 B.2  Web 服务器控件的图标、语法标记及用途

| 控 件 名 | 控 件 图 标 | 语 法 标 记 | 用 途 |
|---|---|---|---|
| AdRotator | AdRotator | \<asp:AdRotator/> | 提供在移动页上显示随机选择的广告的功能 |
| Button | Button | \<asp: Button/> | 在网页上显示按钮控件 |
| BulletedList | BulletedList | \<asp:BulletedList/> | 该控件生成一个采用项目符号格式的项列表 |

| 控 件 名 | 控 件 图 标 | 语 法 标 记 | 用 途 |
|---|---|---|---|
| Calendar | Calendar | <asp:Calendar/> | 显示日历以允许用户选择日期 |
| CheckBox | CheckBox | < asp:CheckBox/> | 显示允许用户选择 True 或 False 条件的复选框 |
| CheckBoxList | CheckBoxList | < asp:CheckBoxList/> | 创建一组复选框。该列表控件使得可以使用数据绑定创建复选框 |
| DropDownList | DropDownList | < asp: DropDownList/> | 允许用户从列表中选择或者输入文本 |
| FileUpload | FileUpload | <asp:FileUpload /> | 显示一个文本框控件和一个浏览按钮，使用户可以选择要下载到服务器的文件 |
| Hyperlink | HyperLink | < asp: hyperlink/> | 创建 Web 导航链接 |
| Image | Image | < asp: Image/> | 显示图像 |
| ImageButton | ImageButton | < asp: ImageButton/> | 与 Button 控件相同，但包含图像而不是文本 |
| Label | Label | < asp: Label/> | 显示用户无法直接编辑的文本 |
| LinkButton | LinkButton | < asp: LinkButton /> | 与 Button 控件相同，但具有超级链接的外观 |
| ListBox | ListBox | < asp: ListBox /> | 显示选择列表，列表可以允许多重选择（可选） |
| Literal | Literal | <asp:Literal/> | 呈现为文本（无 HTML 标记），从而提供一种将文本放入服务器代码所产生的页面中的简便方法 |
| MultiView | MultiView | <asp:MultiView/> | 用做一组 View 控件的容器控件 |
| Panel | Panel | <asp:Panel/> | 在窗体上创建无边框间隔区域，用做其他控件的容器 |
| PlaceHolder | PlaceHolder | <asp:PlaceHolder/> | 提供一个容器，以存储动态添加到 Web 页中的服务器控件。它不生成任何可见输出，只用做 Web 页上其他控件的容器 |
| RadioButton | RadioButton | < asp: RadioButton /> | 显示可以打开或关闭的单个按钮 |
| RadioButtonList | RadioButtonList | <asp:RadioButtonList/> | 创建一组单选按钮。在该组中，只能选择一个按钮 |

| 控 件 名 | 控 件 图 标 | 语 法 标 记 | 用 途 |
|---|---|---|---|
| Table | Table | < asp: Table /> | 创建表。可以在服务器代码中添加行和列 |
| TextBox | abl TextBox | < asp: TextBox /> | 显示设计时输入的文本,用户可以在运行时编辑此文本,或者编程更改此文本 |
| View | View | <asp:View/> | 该控件作为 MultiView 控件中的一组控件的容器 |
| Wizard | Wizard | <asp:Wizard/><wizardsteps><asp:WizardStep/></wizardsteps> | 提供导航和用户界面 (UI),以多个步骤收集相关数据 |
| XML | Xml | <asp:Xml/> | 显示来自 XML 文件或流的信息,还可以用于应用 XSLT 转换 |

### 3．数据控件

数据控件的图标及用途列入表 B.3 中。

**表 B.3　数据控件的图标及用途**

| 控 件 名 | 控 件 图 标 | 用 途 |
|---|---|---|
| AccessDataSource | AccessDataSource | 表示一个使用 Microsoft Access 数据库的数据源控件 |
| DataList | DataList | 显示使用模板的项的数据绑定列表控件 |
| DetailsView | DetailsView | 将数据源中单条记录的值显示在表中,该表的每一数据行表示该记录的一个字段。使用该控件可以编辑、删除和插入记录 |
| FormView | FormView | 使用用户定义的模板显示数据源中单个记录的值。使用该控件可以编辑、删除和插入记录 |
| GridView | GridView | 在表中显示数据源的值,其中每列表示一个字段,每行表示一条记录。该控件允许选择和编辑这些项以及对它们进行排序 |
| ObjectDataSource | ObjectDataSource | 表示合并参数后解析方法为多层 Web 应用程序结构中的数据绑定控件提供数据的业务对象 |
| Repeater | Repeater | 一个数据绑定列表控件,允许通过为列表中显示的每一项重复指定的模板来自定义布局 |
| SiteMapDataSource | SiteMapDataSource | 提供了一个数据源控件,Web 服务器控件及其他控件可使用该控件绑定到分层的站点地图数据 |
| SqlDataSource | SqlDataSource | 表示数据绑定控件的 SQL 数据库 |
| XmlDataSource | XmlDataSource | 表示数据绑定控件的 XML 数据源 |

## 4. 验证控件

验证控件的图标及用途列入表 B.4 中。

表 B.4   验证控件的图标及用途

| 控 件 名 | 控 件 图 标 | 用 途 |
|---|---|---|
| CompareValidator | CompareValidator | 将关联的输入控件的值与另一个输入控件或常量值进行比较 |
| CustomValidator | CustomValidator | 允许自定义代码在客户端或服务器上执行验证 |
| RangeValidator | RangeValidator | 检查输入控件的值是否在指定的值范围内 |
| RegularExpressionValidator | RegularExpressionValidator | 验证关联的输入控件的值是否与正则表达式所指定的模式匹配 |
| RequiredFieldValidator | RequiredFieldValidator | 使关联的输入控件成为必选字段 |
| ValidationSummary | ValidationSummary | 显示在 Web 页、消息框或者二者内部列出的所有验证错误的摘要 |

# 附录 C   样本数据库

学生成绩数据库（XSCJ）表结构（包括学生情况、课程和成绩等表）如表 C.1、表 C.2、表 C.3 所示。

表 C.1   学生情况表（表名 XS）结构

| 列　名 | 数据类型 | 长　度 | 是否允许为空 | 默认值 | 说　明 | 列名含义 |
|--------|----------|--------|--------------|--------|--------|----------|
| XH | nvarchar | 6 | × | 无 | 主键 | 学号 |
| XM | nvarchar | 8 | × | 无 | | 姓名 |
| ZYM | nvarchar | 12 | √ | 无 | | 专业名 |
| XB | char | 2 | × | 无 | | 性别 |
| CSSJ | datetime | | × | 无 | | 出生时间 |
| ZXF | int | | √ | 无 | | 总学分 |
| BZ | ntext | | √ | 无 | | 备注 |
| ZP | image | | √ | 无 | | 照片 |

表 C.2   课程表（表名 KC）结构

| 列　名 | 数据类型 | 长　度 | 是否允许为空 | 默认值 | 说　明 | 列名含义 |
|--------|----------|--------|--------------|--------|--------|----------|
| KCH | nvarchar | 4 | × | 无 | 主键 | 课程号 |
| KCM | nvarchar | 16 | × | 无 | | 课程名 |
| KKXQ | int | — | √ | 无 | 只能为1~8 | 开课学期 |
| XS | int | — | √ | 无 | | 学时 |
| XF | int | — | √ | 无 | | 学分 |

表 C.3   选课表（表名 XS_KC）结构

| 列　名 | 数据类型 | 长　度 | 是否允许为空 | 默认值 | 说　明 | 列名含义 |
|--------|----------|--------|--------------|--------|--------|----------|
| XH | nvarchar | 6 | × | 无 | 主键 | 学号 |
| KCH | nvarchar | 4 | × | 无 | 主键 | 课程号 |
| CJ | int | — | √ | 无 | | 成绩 |

学生情况表（表名 XS）数据样本：

| 学号 | 姓名 | 专业 | 性别 | 出生日期 | 总学分 | 备注 |
|------|------|------|------|----------|--------|------|
| 081101 | 王林 | 计算机 | 男 | 1990-2-10 | 50 | |
| 081102 | 程明 | 计算机 | 男 | 1991-2-1 | 50 | |
| 081103 | 王燕 | 计算机 | 女 | 1989-10-6 | 50 | |
| 081104 | 韦严平 | 计算机 | 男 | 1990-8-26 | 50 | |
| 081106 | 李方方 | 计算机 | 男 | 1990-11-20 | 50 | |
| 081107 | 李明 | 计算机 | 男 | 1990-5-1 | 54 | 提前修完《数据结构》，并 |

获学分

| 081108 | 林一帆 | 计算机 | 男 | 1989-8-5 | 52 | 已提前修完一门课 |
| 081109 | 张强民 | 计算机 | 男 | 1988-8-11 | 50 | |
| 081110 | 张薇 | 计算机 | 女 | 1991-7-22 | 50 | 三好学生 |
| 081111 | 赵琳 | 计算机 | 女 | 1990-3-19 | 50 | |
| 081113 | 严红 | 计算机 | 女 | 1989-8-11 | 48 | 有一门功课不及格，待补考 |
| 081201 | 王敏 | 通信工程 | 男 | 1988-6-10 | 42 | |
| 081202 | 王林 | 通信工程 | 男 | 1989-1-29 | 40 | 有一门功课不及格，待补考 |
| 081203 | 王玉民 | 通信工程 | 男 | 1990-3-26 | 42 | |
| 081204 | 马琳琳 | 通信工程 | 女 | 1988-2-10 | 42 | |
| 081206 | 李计 | 通信工程 | 女 | 1990-9-20 | 42 | |
| 081210 | 李红庆 | 通信工程 | 女 | 1989-5-10 | 44 | 提前修完一门课，并获学分 |
| 081216 | 孙祥欣 | 通信工程 | 女 | 1988-3-9 | 42 | |
| 081218 | 孙研 | 通信工程 | 男 | 1990-10-9 | 42 | |
| 081220 | 吴薇华 | 通信工程 | 女 | 1990-3-18 | 42 | |
| 081221 | 刘燕敏 | 通信工程 | 女 | 1989-11-12 | 42 | |
| 081241 | 罗林琳 | 通信工程 | 女 | 1990-1-30 | 50 | 转专业学习 |

课程表（表名 KC）数据样本：

| 课程号 | 课程名 | 开课学期 | 学时 | 学分 |
| --- | --- | --- | --- | --- |
| 101 | 计算机基础 | 1 | 80 | 5 |
| 102 | 程序设计语言 | 2 | 68 | 4 |
| 206 | 离散数学 | 4 | 68 | 4 |
| 208 | 数据结构 | 5 | 68 | 4 |
| 209 | 操作系统 | 6 | 68 | 4 |
| 210 | 计算机原理 | 7 | 85 | 5 |
| 212 | 数据库原理 | 7 | 68 | 4 |
| 301 | 计算机网络 | 7 | 51 | 3 |
| 302 | 软件工程 | 7 | 51 | 3 |

选课表（表名 XS_KC）数据样本：

| 学号 | 课程号 | 成绩 |
| --- | --- | --- |
| 081101 | 101 | 80 |
| 081101 | 102 | 78 |
| 081101 | 206 | 76 |
| 081102 | 102 | 90 |
| 081102 | 206 | 78 |

| | | |
|---|---|---|
| 081103 | 101 | 62 |
| 081103 | 102 | 70 |
| 081103 | 206 | 81 |
| 081104 | 101 | 90 |
| 081104 | 102 | 84 |
| 081104 | 206 | 65 |
| 081106 | 101 | 65 |
| 081106 | 102 | 71 |
| 081106 | 206 | 80 |
| 081109 | 102 | 83 |
| 081109 | 206 | 70 |
| 081110 | 101 | 95 |
| 081110 | 102 | 90 |
| 081110 | 206 | 89 |
| 081111 | 101 | 91 |
| 081111 | 102 | 70 |
| 081204 | 101 | 91 |
| 081210 | 101 | 76 |
| 081216 | 101 | 81 |
| 081218 | 101 | 70 |
| 081220 | 101 | 82 |
| 081221 | 101 | 76 |
| 081241 | 101 | 90 |

# 附录 D  安装配置运行环境

## D.1  配置运行环境 IIS

ASP.NET 2.0 正式版要求：Windows 2000 以上版本、IIS 5.0 以上版本和浏览器 IE 5.5 以上版本。

### 1. 安装 IIS

如果操作系统是 Windows 2000/2003 Server，则 IIS 5.0/IIS 6.0 已经是默认安装上的，如果操作系统是 Windows 2000 Professional，则需要安装 IIS 5.0。如果操作系统是 Windows XP，则需要安装 IIS 5.1。

（1）从"控制面板"中的"添加或删除程序"选项中选择"添加/删除 Windows 组件"，选择"Internet 信息服务（IIS）"，然后单击"详细信息"，把所有子组件全选中，连续单击"确定"按钮和"下一步"按钮。根据要求插入系统安装盘，安装完毕后，可以在浏览器中输入http://localhost进行测试，如果安装成功的话，将会出现环境界面，现在 IIS 运行环境就建立好了。

（2）运行"控制面板"中的"管理工具"中的"Internet 信息服务"即可打开 IIS 服务管理界面，在界面中，可以设置默认站点的位置，在默认站点内建立虚拟目录，设置站点首页等操作。详细参考 IIS 管理手册。

### 2. 安装.NET FrameWork 2.0

安装完 IIS 以后，可以执行 ASP 脚本了。为了支持 ASP.NET 2.0 脚本，还必须安装对应的.NET FrameWork 2.0 版本。本版本在微软的网站上可以下载，下载后，单击运行安装即可。

安装好以后，ASP.NET 的运行环境就建立好了。

### 3. 测试 ASP.NET 的运行环境

ASP.NET 文件的扩展名为 aspx，和其他脚本语言一样也是纯文本文件。新建 Default.aspx 文件，内容如下：

```
<%@ Page Language="C#" %>
<% Response.Write("Hello ASP.NET 2.0"); %>
```

把其存放到 C:\Inetpub\wwwroot 目录下，然后在浏览器地址栏中输入 http://localhost/default.aspx，如果运行后网页显示"Hello ASP.NET 2.0"，则表示 ASP.NET 2.0 运行环境安装成功。

## D.2  安装 Visual Studio 2005

要顺利地安装与运行 Visual Studio 2005，系统配置要求如下。

（1）600 MHz Pentium 处理器，推荐采用 1GHz Pentium 处理器。

（2）RAM 最低要求：192 MB，推荐：256 MB。

（3）硬盘：如不安装 MSDN，则安装驱动器上要有 2GB 可用空间；系统驱动器上要有 1GB 可用空间。如安装 MSDN，则在完全安装 MSDN 的安装驱动器上要有 3.8GB 的可用空间；在进行默认 MSDN 安装的安装驱动器上要有 2.8GB 的可用空间；系统驱动器上要有 1GB 可用空间。

（4）显示器最低要求：800×600-256 色，推荐：1024×768 真彩色-32 位。

具体安装过程如下：

（1）关闭所有打开的应用程序，插入 Visual Studio 2005 安装光盘或者从虚拟光驱载入安装镜像文件，光盘自动运行，打开安装对话框，如图 D.1 所示。

图 D.1　安装对话框

（2）选择安装 Visual Studio 2005，进入安装向导，此时安装向导正在加载安装组件，如图 D.2 所示。

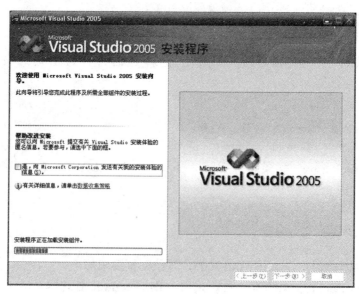

图 D.2　安装向导

（3）安装程序对已安装的组件进行扫描。在进行下一步操作前，请退出所有应用程序。接受安装协议并且输入产品密钥和用户名称，然后单击"下一步"按钮，如图 D.3 所示。

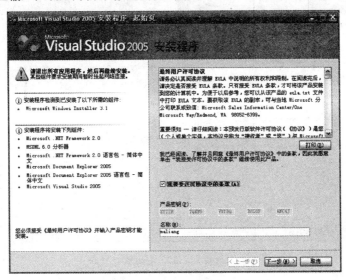

图 D.3　接受安装协议

（4）进入安装功能向导，在这里可以选择安装类型，如果不希望按默认值安装，可以选择自定义，这个选项可以自由定制安装位置和选择安装组件，如图 D.4 所示。

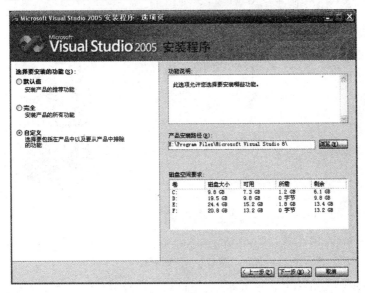

图 D.4　选择安装功能

（5）选择需要安装的组件，并自定义安装路径，单击"安装"按钮开始安装，如图 D.5 所示。

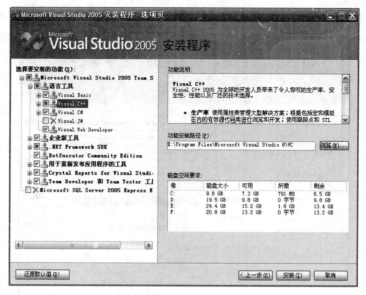

图 D.5　自定义安装

（6）安装向导将根据定制要求开始进行安装，整个过程大约需要 20min，如图 D.6 所示。

图 D.6　开始安装

（7）安装完毕后向导将返回主页面，此时可以选择继续安装产品文档，请安装 MSDN 安装向导完成安装。

一切安装完成之后，在开始菜单中单击"程序"→"Microsoft Visual Stuido 2005"→"Microsoft Visual Stuido 2005"快捷方式，单击后即可启动 IDE 开发环境。与早期 Visual Studio 不同，Visual Studio 2005 将所有开发语言都集成在同一个 IDE 开发环境之中，不会再有"Visual C++"、"Visual Basic"这样独立的程序项了。

## D.3  安装 SQL Server 2005

微软 SQL Server 2005 针对不同的目标市场共推出 4 种版本：Express、Workgroup、Standard（标准版）和 Enterprise（企业版）。不同的版本所提供的可扩展性和性能有所不同，如表 D.1 所示。

表 D.1  不同版本所提供的可扩展性和功能

| 功　　能 | Express | WorkGroup | Standard | Enterprise |
| --- | --- | --- | --- | --- |
| CPU 数目 | 1 | 2 | 4 | 没有限制 |
| 内存上限 | 1GB | 3GB | 操作系统的最大值 | 内存受限于操作系统支持的上限 |
| 数据库大小 | 4GB | 没有限制 | 没有限制 | 没有限制 |
| 64 位支持 | Windows on Windows(WOW) | WOW | √ | √ |

其中 Express 版本是微软免费提供的，附带在 Visual Studio 2005 中，安装 Visual Studio 2005 的时候可以选择一起安装。

其他版本的具体安装步骤如下。

（1）关闭所有打开的应用程序，插入 SQL Server 2005 安装光盘或者从虚拟光驱载入安装镜像文件，光盘自动运行，打开安装对话框，再选择计算机的平台类型。

（2）选择后出现"开始安装"页面，在安装页面中，单击"服务器组件、工具、联机丛书和示例"。

（3）出现协议页面，选择"接受"。

（4）出现检测必备组件的页面，如果检测系统中具备安装 SQL Server 2005 的条件，则显示"已成功安装所需的组件"，单击"下一步"按钮。

（5）出现"安装向导欢迎"页面，单击"下一步"按钮，出现"系统配置检查"页面，如图 D.7 所示。

图 D.7　"系统配置检查"页面

（6）单击"下一步"按钮，出现"输入注册信息"页面，单击"下一步"按钮，出现"安装组件选择"页面，第一个选项和最后一个选项必须选择，中间的各种服务，根据需要自主选择，如图 D.8 所示。

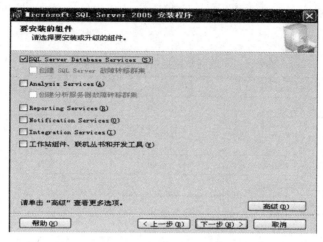

图 D.8　选择安装的组件

（7）单击"下一步"按钮，出现"实例名"页面，可以采用默认的实例，也可以自主给服务实例命名，单击"下一步"按钮，如图 D.9 所示。

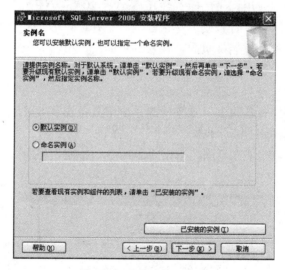

图 D.9　"实例名"页面

（8）出现"服务账户"页面，选择"使用内置的系统账户"，单击"下一步"按钮，如图 D.10 所示。

图 D.10 "服务账户"页面

（9）出现"身份验证模式"页面，选择"混合模型"，并设置 sa 用户的密码，单击"下一步"按钮，后面的内置采用默认设置，单击"下一步"按钮即可，直到安装结束，如图 D.11 所示。

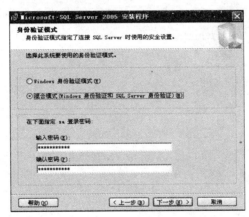

图 D.11 "身份验证模式"页面

（10）在"开始"→"所有程序" 查看，是否存在 Microsoft SQL Server 2005，如果存在则展开，单击"SQL Server Management Studio"，出现如图 D.12 所示的"连接到服务器"页面。

图 D.12    "连接到服务器"页面

（11）在"服务器名称"选择"本机的名称"，在"身份验证"选择"SQL Server 身份验证"，在"登录名"输入 sa，在"密码"输入 sa 的密码，单击"连接"按钮，如果出现如下的页面，则说明安装成功了，如图 D.13 所示。

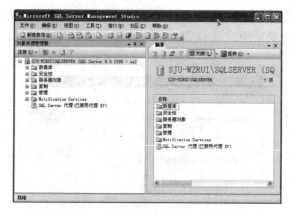

图 D.13    SQL Server 2005 主页面

# 附录 E  常见 CSS 样式属性

在 Visual Studio 2005 中可以使用可视化的样式生成器生成样式，但是对常用的样式属性了解一下，对掌握 CSS 会有很大的帮助。

CSS 属性包括字体属性、颜色和背景属性、文本属性、方框属性、分类属性和定位属性等。

## 1. 字体属性

字体属性如表 E.1 所示。

表 E.1  字体属性说明

| 样 式 名 | 取 值 | 说 明 |
|---|---|---|
| font-family | 宋体<br>隶书… | 字体 |
| font-size | 12pt …<br>8px … | 字号 |
| font-style | Italic<br>bold … | 字体风格 |
| font-weight | 100<br>200 … | 字加粗 |
| font-variant | | 字体变化 |
| font | | 字体综合设置 |

## 2. 颜色和背景属性

颜色和背景属性如表 E.2 所示。

表 E.2  颜色和背景属性说明

| 属 性 名 | 可 取 值 | 说 明 |
|---|---|---|
| color | 颜色表示 | 指定页面元素的前景色 |
| background-color | 颜色表示<br>transparent | 指定页面元素的背景色 |
| background-image | URL<br>None | 指定页面元素的背景图像 |
| background-repeat | repeat<br>repeat-x<br>repeat-y<br>no-repeat | 决定一个被指定的背景图像被重复的方式。默认值为 repeat |
| background-attachment | scroll<br>fixed | 指定背景图像是否跟随页面内容滚动。默认值为 sroll |
| background-position | 数值表示法<br>关键词表示法 | 指定背景图像的位置 |

| 属 性 名 | 可 取 值 | 说 明 |
|---|---|---|
| background | 背景颜色、背景图像、背景重复、背景位置 | 背景属性综合设定 |

### 3. 文本属性

文本属性说明如表 E.3 所示。

表 E.3　文本属性说明

| 属 性 名 | 可 取 值 | 说 明 |
|---|---|---|
| letter-spacing | 长度值<br>normal | 设定字符之间的间距 |
| text-decoration | none<br>underline<br>overline<br>line-through<br>blink | 设定文本的修饰效果，line-through 是删除线，blink 是闪烁效果。默认值为 none |
| text-align | left<br>right<br>center<br>justify | 设置文本横向排列对齐方式 |
| vertical-align | baseline<br>super<br>sub<br>top<br>middle<br>bottomltext-top<br>text-bottom<br>百分比 | 设定元素在纵向上的对齐方式 |
| text-indent | 长度值<br>百分比 | 设定块级元素第一行的缩进量 |
| line-height | normal<br>长度值<br>数字<br>百分比 | 设定相邻两行的间距 |

### 4. 列表属性

列表属性说明如表 E.4 所示。

表 E.4 列表属性说明

| 属 性 名 | 取 值 | 说 明 |
|---|---|---|
| list-style-type | 无序列表值:<br>disc<br>circle<br>square<br>有序列表值:<br>decimall<br>ower-romanl<br>upper-romanl<br>lower-alphal<br>upper-alpha<br>共用值:none | 表项的项目符号<br>disc:实心圆点<br>circle:空心圆<br>square:实心方形<br>decimal:阿拉伯数字<br>lower-roman:小写罗马数字<br>upper-roman:大写罗马数字<br>lower-alpha:小写英文字母<br>upper-alpha:大写英文字母<br>none:不设定 |
| list-style-inage | url(URL) | 使用图片作为项目符号 |
| list-style-position | Outside、Inside | 设置项目符号是否在文字中,与文字对齐 |
| list-style | 项目符号、位置 | 综合设置项目属性 |

## 5. 方框属性

方框属性说明如表 E.5 所示。

表 E.5 方框属性说明

| 属 性 名 | 说 明 |
|---|---|
| margin-top | 设定 HTML 文件内容与块元素的上边界距离。值为百分比时依照其上级元素的设置值。默认值为 0 |
| margin-right | 设定 HTML 文件内容与块元素的右边界距离 |
| margin-bottom | 设定 HTML 文件内容与块元素的下边界距离 |
| margin-left | 设定 HTML 文件内容与块元素的左边界距离 |
| margin | 设定 HTML 文件内容与块元素的上、右、下、左边界距离。如果只给出 1 个值,则被应用于 4 个边界,如果只给出 2 个或 3 个值,则未显示给出值的边用其对边的设定值 |
| padding-top | 设定 HTML 文件内容与上边框之间的距离 |
| padding-right | 设定 HTML 文件内容与右边框之间的距离 |
| padding-botton | 设定 HTML 文件内容与下边框之间的距离 |
| padding-left | 设定 HTML 文件内容与左边框之间的距离 |
| padding | 设定 HTML 文件内容与上、右、下、左边框的距离。设定值的个数与边框的对应关系同 margin 属性 |
| border-top-width | 设置元素上边框的宽度 |
| border-right-width | 设置元素右边框的宽度 |
| border-bottom-width | 设置元素下边框的宽度 |
| border-left-width | 设置元素左边框的宽度 |
| border-width | 设置元素上、右、下、左边框的宽度。设定值的个数与边框的对应关系同 margin 属性 |
| border-top-color | 设置元素上边框的颜色 |

| 属 性 名 | 说　明 |
|---|---|
| border-right-color | 设置元素右边框的颜色 |
| border-bottom-color | 设置元素下边框的颜色 |
| border-left-color | 设置元素左边框的颜色 |
| border-color | 设置元素上、右、下、左边框的颜色。设定值的个数与边框的对应关系同 margin 属性 |
| border-style | 设定元素边框的样式。设定值的个数与边框的对应关系同 margin 属性。默认值为 none |
| border-top | 设定元素上边框的宽度、样式和颜色 |
| border-right | 设定元素右边框的宽度、样式和颜色 |
| border-bottom | 设定元素下边框的宽度、样式和颜色 |
| border-left | 设定元素左边框的宽度、样式和颜色 |
| width | 设置元素的宽度 |
| height | 设置元素的高度 |
| float | 设置文字围绕于元素周围。left—元素靠左，文字围绕在元素左边；right—元素靠右，文字围绕在元素左边。none—以默认位置显示 |
| dear | 清除元素浮动。none—不取消浮动；left—文字左侧不能有浮动元素；right—文字右侧不能有浮动元素；both—文字两侧都不能有浮动元素 |

## 6. 定位属性

定位属性说明如表 E.6 所示。

表 E.6　定位属性说明

| 属　性　名 | 说　明 |
|---|---|
| Top | 设置元素与窗口上端的距离 |
| Left | 设置元素与窗口左端的距离 |
| Position | 设置元素位置的模式 |
| z-index | z-index 将页面中的元素分成多个"层"，形成多个层"堆叠"的效果，从而营造出三维空间效果 |